面向认知物联网的
自律协同管理机制

郑瑞娟　著

U0351047

科 学 出 版 社
北 京

内 容 简 介

　　本书从全新的角度研究认知物联网的自律协同管理机制，提出基于自律计算的认知物联网安全态势感知模型、感知策略；提出基于云模型的认知物联网认知物联网安全态势评估方法；提出基于哈希编码的名字查询方法；提出基于合作博弈的认知物联网 QoS 路由算法；提出基于信誉模型的认知物联网非均匀分簇路由算法；提出基于信誉的认知物联网多域协作动态激励机制；提出物联网系统安全配置的自主协同调节策略。

　　本书可以作为计算机科学与技术、物联网、信息安全等专业硕士研究生、博士研究生的专业课教材，也可作为从事物联网、信息安全等研究领域的科技人员的参考书。

图书在版编目（CIP）数据

面向认知物联网的自律协同管理机制 / 郑瑞娟著. —北京：科学出版社，2017.8

ISBN 978-7-03-054121-5

Ⅰ．①面… Ⅱ．①郑… Ⅲ．①互联网络–应用 ②智能技术–应用

Ⅳ．①TP393.4 ②TP18

中国版本图书馆CIP数据核字（2017）第191377号

责任编辑：孙伯元 / 责任校对：孙婷婷
责任印制：张 伟 / 封面设计：蓝正设计

科 学 出 版 社 出版
北京东黄城根北街 16 号
邮政编码：100717
http://www.sciencep.com

北京建宏印刷有限公司 印刷
科学出版社发行 各地新华书店经销
*

2017 年 8 月第 一 版 开本：B5(720×1000)
2018 年 4 月第二次印刷 印张：16 3/4
字数：336 000
定价：98.00 元
（如有印装质量问题，我社负责调换）

前　　言

作为推动大数据应用迅猛发展的超大规模网络，物联网已经在生态保护、智能家居、食品安全、节能减排和物流运输等现代智慧服务领域得到广泛应用。随着物联网应用类型的不断增加和信息量的剧烈膨胀，用户对物联网海量、异质信息的高效访问需求也在同步提升。因此，过多依赖人工干预的物联网管理技术已无法适应当前的实际需求，如何提高其自主认知和自律管理能力，成为该领域的重点和难点问题。可见，物联网智慧特性成为决定其自身和拓展领域发展的关键属性，强调自主认知能力的认知物联网为该问题的解决开辟了新的思路。

认知物联网的自律管理将在现有的物联网管理方法中加入智慧元素，促使物联网从"感知"走向"认知"，利用节点间的群体协作完成共同的任务目标，以实现其智慧性、分布性和鲁棒性等特点，最终使物联网能够根据动态的需求变化，自适应地优化配置，提高物联网的整体性能。

本书在对当前认知物联网体系结构和自管理技术进行探讨和研究的基础上，将现有网络应用技术中优秀的理论知识与自管理问题做结合，尝试解决现有认知物联网管理理论及技术存在的不足，在认知物联网的自律管理研究方面做出新的尝试。本书研究的创新点和主要贡献总结如下：

（1）借鉴自律计算的思想，提出一个基于自律计算的认知物联网安全态势感知模型，能够实时地对系统的内外部环境进行监视，动态适应复杂环境和指导未来的自主决策，实现对攻击行为的主动防御。

（2）提出一种基于自律计算的认知物联网安全事件感知模型，给出设计思想、实现过程及相关模型。采用 PCA 方法的特征提取，大大减少网络训练时间，提高了事件感知的准确率。

（3）提出一种基于云模型的认知物联网多属性安全风险综合评估方法。采用一维云模型对单个安全事件进行属性概化，得到多维属性云；针对物联网各级安全评语建立其对应的多维评判云，通过相似度计算得出评估结果。

（4）将云理论引入到认知物联网安全态势评估中，提出一种基于云重心评判的认知物联网安全态势评估方法，该方法通过云重心向量的变化来反映认知物联网系统安全状态的变化，采用加权偏离度判定认知物联网安全态势级别。

（5）为了提高对数据名字的检索效率，分别提出一种基于哈希编码的名字查询方法和 BCT 名字查找算法，以实现对信息名字的快速查询和更新，分别从名字压缩效率、名字查询速率以及更新速率等方面进行优化。

（6）提出一种基于合作博弈的认知物联网 QoS 路由算法，依据 QoS 需求加入不同路径的收益情况和相应的失效处理以及路由删除策略，算法在高业务量下的时延、丢包率以及能耗上表现突出，拥有更低的能量消耗。

（7）提出一种基于信誉模型的认知物联网非均匀分簇路由算法。采用非均匀分簇方法，引入信誉机制减少正常节点与自私节点通信造成的能量浪费，有效增加网络的可靠性，优化簇首节点的选择。

（8）提出一种基于 Stackelberg 博弈的认知物联网节点择簇算法。综合考虑簇首节点的虚拟信誉价格和准备择簇节点的通信服务需求，使用多主从 Stackelberg 博弈方法分析簇首节点和普通入簇节点之间的交互关系，使网络系统达到子博弈完美纳什均衡。

（9）提出基于信誉的认知物联网多域协作动态激励机制，建立相关模型。完善节点信誉评估的方法，并通过多域协作的思想，实现节点跨自治域的信誉评估，加强节点信誉评估的客观性和准确性，最后根据计算出的节点信誉值对节点实施激励转发策略，保证网络的利用效率，提高路由传输效率。

（10）将自律计算的簇用户协作理念融入系统自主优化的过程，分别采用线性规划和多维无约束最优化方法研究并仿真一种物联网系统安全配置的自主协同调节策略。在层内调节机制的基础上，引入多维无约束最优化理论，建立系统跨层配置机制和跨层配置调度策略数学模型。在各层局部配置调节寻优的同时，完成系统配置的统一协调，提出系统整体配置调节算法，在提升局部和全局的优化效果的同时保持较小的优化代价。

在撰写本书的过程中，得到了河南科技大学的吴庆涛教授、张明川副教授、哈尔滨工程大学的王慧强教授、河南科技大学的普杰信教授、杨春蕾老师和云计算信息安全研究室的陈京、闫金荣、杨丽、杜娟同学的支持与帮助，在这里一并表示感谢。

目　　录

第1章 绪 论

1.1 物联网发展历程

物联网(internet of things, IoT)概念最早是由美国麻省理工学院于 1999 年建立的自动识别中心(Auto-ID Center)提出的，他们最初定义物联网为：使用传感、定位、无线通信等技术，以计算机网络为依托构造的一种可以连接全球各个角落所有物品的网络，从而保证自动识别物品并进行信息的交流共享[1]。2005 年，国际电信联盟正式提出物联网这一概念，并随后发布了《ITU 互联网报告 2005：物联网》(以下简称报告)，在报告中指出物联网的特点、用到的关键技术、需要解决的问题等。报告中将射频识别(radio frequency identification, RFID)以及智能计算等技术应用于网络中作为其关键技术，使网络由传统的连接到人转为物品的连接，宣告了物联网时代的到来。2009 年，IBM 公司提出智慧地球(smart planet)[2]的概念，指出信息技术产业之后的发展方向转到传统行业，如电网、铁路、建筑等行业，在这些传统行业中添加新的科学技术，为传统行业增添新的色彩。该构想被奥巴马高度认可并在全世界引起巨大反响，各个国家纷纷开启了对物联网研究的战略部署。2010 年，欧洲智能系统集成技术平台 EPoSS 在其研究报告[3]中估测了物联网未来十年的发展进度，并预测在十年后物联网将被广泛应用，达到广泛的物品互联，体现出网络充分的智慧性。在各个国家争相发展物联网之际，我国抓住了这个机遇，建立起本国的物联网产业，制定物联网标准、规范，并通过物联网的发展成为全世界智慧产业的中流砥柱。

物联网将物理空间和信息空间融合在一起，提供一种前所未有的数据采集模式，实现了一种物品之间、物品与人之间、人与社会之间的智能、高效的信息交流、处理方式，因此得到业内学者的青睐与追捧。

虽然物联网发展至今已近二十年，许多学者都对物联网进行了定义，但世界学者没有给物联网一个明确、标准的定义，目前大家常用的定义是："物联网将不同的传感设备，如 RFID、全球定位系统(global position system, GPS)等融入互联网中形成一个庞大、泛在的网络，能够智能地识别物品的状态，实现物品的控制与管理。"广大学者总结出物联网具备三个特性：全面感知、可靠传输、智能处理。全面感知指物联网借助各种不同的感知设备对物品的类别、功能状态进行感知、识别。可靠传输是根据感知到的环境状态、网络通信目标等信息，选择合适的通信渠道，将感知到的信息有序、准确地传递到目的端。智能处理是通过各种智能计算将收到的感知信息进行处理、分析，实现对物品的智慧决策和有效控制[2]。

关于物联网的定义及体系结构，已有许多研究成果。意大利帕多瓦大学提出一种物联网体系结构，其针对学校应用环境，能够提供环境监视和用户定位服务，该体系结构具有一定的鲁棒性和易扩展性[4]。文献[5]面向物联网的基本单元和泛在网络，采用神经网络和社会组织网络理论进行建模，实现对物联网结构较为精确的描述。文献[6]给出一种时钟同步的三层物联网体系结构：调节层负责解决物联网的调节问题，组织层负责管理时钟同步系统，区域层负责确保时钟的准确性和安全性。文献[7]利用网络的局部拓扑信息，分析推测全局网络拓扑的物联网定位方法，该方法能够有效地实现物联网定位，具有较高的准确性和稳定性。文献[8]在资源寻址模型上加以改进，提出一种物联网寻址层次通用模型，为物联网寻址方法提供了理论基础。文献[9]提出一个物联网的概念模型，该模型融合虚拟网络与现实世界，综合考虑物品、网络、应用三个方面，进而提出一种物联网体系结构，并详细分析了各层的功能及其关键技术。

以上针对物联网体系结构研究取得的成果，为物联网体系结构标准的提出奠定了基础。随着研究的深入，物联网各层的功能、服务特性也逐渐清晰，物联网对智慧性的需求促使物联网中认知元素的加入，由此形成了更具备智慧性的认知物联网。认知物联网在物联网的基础上，增加自感知、自决策、自学习、自优化、自调节等智慧特性，使网络中的节点能够感知网络状态，根据网络的性能目标进行路由决策，并通过历史决策信息以及节点间的协作共享进行学习、优化，进一步调节自身配置，从而逐步提升物联网的整体性能，实现物联网的智慧化。通俗地讲，就是物联网能够自主进行观察、思考、学习、决策和行动，实现网络性能的最大化。

1.2　物联网体系架构

体系架构不仅是一个关键问题，而且是未来物联网发展的基础。没有确定的架构，许多重要的内容也不能确定[5]。所以，体系架构是指导具体系统设计的首要前提。物联网应用广泛，系统规划和设计也因角度的不同而产生不同的结果，因此急需建立一个具有框架作用的体系架构。另外，随着应用需求的不断发展，各种新技术将逐渐纳入物联网体系中，体系架构的设计也将决定物联网的技术细节、应用模式和发展趋势[10]。

物联网主要解决物品到物品、人到物品、人到人之间的互联，使物体也拥有智慧[11]。物联网的特征在于感知、互联和智能的叠加，以此来构建信息社会的概貌。由于物联网感知环节具有很强的异构性，为了实现异构信息之间的互联、互通与互操作，未来的物联网需以开放、分层、可扩展的网络体系结构为框架[9]。

目前，国内大部分研究人员采用 USN(ubiquitous sensor network)高层架构作为基础，如图 1.1 所示。该架构自下而上被分为底层传感器网络、泛在传感器网络接入网络、泛在传感器网络基础骨干网络、泛在传感器网络中间件、泛在传感器网络应用平台五个层次[12]。

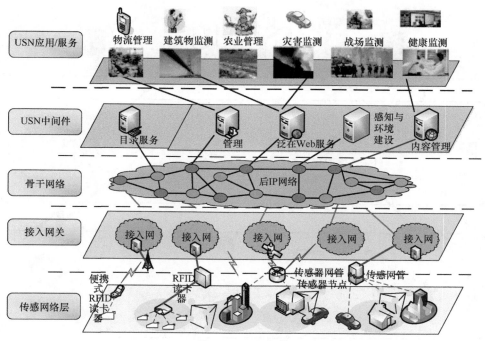

图 1.1　USN 架构

USN 分层框架依托 NGN(next generation network)架构，用户获取的服务主要由各种传感器网络在最靠近用户的地方组成的无所不在的网络环境提供。NGN 是为 USN 提供服务的核心技术设施。它的主要不足是没有对物联网进行研究，而是将人与人、人与物、物与物之间的通信作为泛在网络的一个重要功能，统一接入泛在网络的研究体系。因此应考虑在 NGN 的基础上，增加网络能力，实现人与物、物与物之间的泛在通信，扩大和增加对广大公众用户的服务。

物联网的价值在于它的智慧。在物联网体系架构的研究过程中，业界物联网体系架构是三层架构(感知层、网络层、应用层)，如图 1.2 所示。感知部分，即以二维码、RFID、传感器为主，实现对物的识别，将任何事物都连接到全球网络中，向全球网络提供各种信息，并与全球用户共享信息。网络层的主要功能是可靠传输，即通过各种网络融合、业务融合、终端融合、运营管理融合，将物体的信息实时准确地传递出去。应用层的关键技术是智能处理，即利用云计算、数据挖掘、中间件等技术实现对物品的自动控制与智能管理等[13]。该架构类似于 M2M(machine-to-machine)架构，可以看作 USN 架构的简化版。

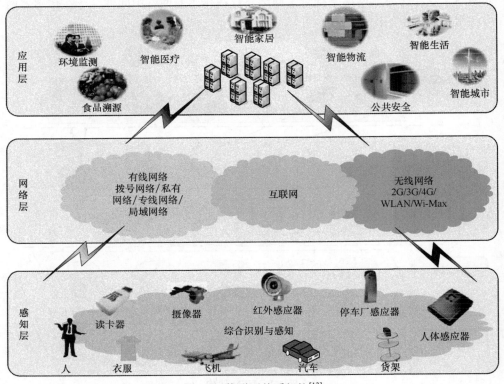

图 1.2　物联网体系架构[13]

　　物联网感知层解决人类世界和物理世界的数据获取问题，一般包括数据采集和数据短距离传输。感知层处于三层架构的最底层，是物联网发展和应用的基础，具有物联网全面感知的核心能力。物联网网络层是在现有网络的基础上建立的，主要承担数据传输的功能。物联网要求网络层能够把感知层感知到的数据无障碍、高可靠性、高安全性地进行传送[13]。物联网应用层的主要功能是为用户提供丰富多彩的业务体验。

1.3　物联网关键技术

　　物联网的体系架构主要有两种：五层架构、三层架构。五层架构主要包括信息感知层、物联网接入层、网络传输层、智能处理层、应用接口层。三层架构主要包括感知层、网络层、应用层。在具体功能上，三层体系架构可以看作五层体系架构的简化版本。本节将立足五层体系架构讨论物联网的关键技术。

1.3.1 信息感知层关键技术

信息感知层主要依靠各类传感器对互联网中物体的属性、状态、态势等进行实时监控和管理。

(1) 电子标签。作为物联网的核心技术之一，RFID 在物联网开发中发挥着至关重要的作用[14]。RFID 技术具有操作方便快捷、全天候、无磨损、识别能力强等特点，将它与互联网和通信技术结合，可实现全球范围内的物品跟踪与信息共享。该技术在物联网识别信息和近程通信的层面中起着关键的作用。产品电子代码(electronic product code, EPC)采用 RFID 电子标签作为载体，大大推动了物联网发展和应用[15]。

(2) 传感技术。物联网的基础是信息采集。物联网虽然是物物互联，但是其基础还是互联网，所以传感器网络是物联网的核心。传感器网络通过动态自组织方式，协同感知并采集覆盖区域内对象和事件的信息[16]。以互联网通信为核心，依靠传感器、RFID、红外感应器、智能 IC 卡、GPS、无线通信装置等信息传感和通信设备，按约定的协议，实现对接入互联网的物体进行监控和管理[17]。所以，传感器是连接物理实体与虚拟世界的关键。传感器技术应该在感受、拾取信息的能力及传感器智能化、网络化这两方面实现发展与突破。传感器性能的好坏会直接影响到整个网络是否正常运转以及功能是否健全。

1.3.2 物联网接入层关键技术

物联网接入层的主要任务是将信息感知层采集到的信息，通过各种网络技术进行汇总，将大范围内的信息整合到一起，以供处理[9]。在多模移动终端中，虽然无线低速网络、移动通信网络和 M2M 技术发展为实现泛在的异构介质的感知和垂直切换提供了有效的技术手段，但为了适应网络中能力较低节点的低能量、低速率、低计算能力指标要求，将各类物体连接在一起后，通过低速网络协议实现互联互通，实现智能化和交互式无缝连接，必须考虑终端设备接入不同网络的异质性，重点研究各类接入方式，如多跳移动无线网络(Ad Hoc)、传感器网络、Wi-Fi、3G/4G、Mesh 网络、Wi-Max、有线或者卫星等方式[18]。

1.3.3 网络传输层关键技术

网络传输层的主要功能是将海量的信息整合成一个大型的智能网络，为上层建立起一个高效可靠的基础设施平台。

(1) IPv6 协议栈。IPv6 作为下一代 IP 协议，具有丰富的地址资源，支持动态路由机制[9]。不仅解决了 IPv4 网址资源的限制，提高了网络的整体吞吐量、服务质量和安全性，也解决了多种接入设备接入互联网的难题，满足物联网对网络通信在地址、网络自组织一级扩展性方面的要求。以 IPv6 为核心的下一代网络为物联网的发展创造了良好的基础网条件。

(2) 网络的接入与融合。物联网的网络技术涵盖泛在接入和骨干传输等多个层面的内容。物联网以感知网络为触角，实现对现实网络的有效控制，但是各类末梢网络接入骨干网络，仍面临巨大的挑战。物联网网络传输层的 IPv6、2G/3G、Wi-Fi 等通信技术，实现了有线与无线的结合、宽带与窄带的结合、感知网与通信网的融合。

(3) 路由技术。随着因特网的迅猛发展，传统路由器因其固有局限，已成为制约发展的瓶颈。异步传送模式(asychronous transfer mode, ATM)作为宽带综合业务数字网(broadband integrated services digital network, B-ISDN)的最终解决方案，已被国际电信联盟所接受。自 20 世纪 90 年代中期以后，因特网的骨干网和高速局域网大都采用 ATM 来实现。IP over ATM 已成为跨电信产业和计算机产业持久的热点。重叠模型有基于 ATM 的传统 IP 技术、基于 ATM 的多协议技术以及集成模式的 IP。

(4) 云计算。物联网要求使用唯一标识符去检索各个物体，因此需要海量的数据库和数据平台去储存大量的数据信息。若所有的数据中心都各自为政，数据中心大量有价值的信息就会形成信息孤岛，无法被有需求的用户有效使用。云计算试图在这些信息孤岛之间通过提供灵活、安全、协同的资源共享，构造一个大规模的、地理上分布的、异构的资源池，包括信息资源和硬件资源；再结合有效的信息生命周期管理技术、节能技术。云计算是由软件、硬件、处理器、存储器构成的复杂系统，按需进行动态部署、配置、重配置以及取消服务[19]。

(5) 移动互联网。移动网和互联网的融合促使移动互联网新时代的到来。为了应对移动互联网的移动性和业务增长的需求，移动互联网必须具备内容适配、接入控制、资源调度等功能，将移动网络的特有能力通过标准的接口开放给用户，能有效解决上述问题，开发出更具特色的互联网应用[9]。

1.3.4　智能处理层关键技术

智能处理层是智慧的来源，它对下层网络传输层的网络资源进行认知，进而达到自适应传输的目的。对上层的应用接口层提供统一的接口与虚拟化支撑，虚拟化包括计算虚拟化和存储虚拟化等内容。智能处理层要完成信息的表达与处理，最终达到语义互操作和信息共享的目的。

(1) 数据融合与智能技术。数据融合指将多种数据或信息进行处理，组合出符合用户要求且高效的信息。由于异构网络相对独立自治，相互间缺乏有效的协同机制，造成系统间干扰、重叠覆盖、单一网络业务提供能力有限、频谱资源浪费、业务无缝切换等问题无法解决。面对日益复杂的异构无线环境，为了使用户能够便捷地接入网络，轻松享用网络服务，融合已成为信息通信业的发展潮流[20]。

(2) 海量数据智能分析与控制。海量数据智能分析与控制是对物联网的各种数据进行海量存储与快速处理，并将处理结果实时反馈给网络中的各种控制部件。智能技术即为有效地达到某种预期目的，对数据进行知识分析所采用的各种方法和手段，即当传感网节点具有移动能力时，网络拓扑结构应如何保持实时更新；当环境恶劣时，如何保障通信安全、进一步降低能耗等。通过在物体中嵌入智能系统，可以使物体主动或被动地实现与用户的沟通，这也是物联网的关键技术之一[9]。

(3) 云计算和云存储。云计算技术可以在数秒之内处理数以亿计的数据，优点是安全、方便，共享的资源可以按需扩展。云存储的最大特点在于存储即服务，用户可以通过公有的应用程序接口(application program interface, API)将自己的数据上传到云端保存。云计算和云存储平台作为海量感知数据的存储、分析平台，是智能处理层和应用接口层的基础。

1.3.5　应用接口层关键技术

应用接口层主要根据行业特点，开发各类行业应用接口和解决方案，将物联网的特点与行业的信息化管理、生产经营、组织调度结合起来，形成各行各业的物联网解决方案，如交通行业、电力行业、物流行业等。应用接口层主要完成服务发现和服务呈现的工作，物联网业务平台必须具有提取并抽象下层网络信息的能力并将相关的信息封装成标准的业务引擎，向上层应用提供商提供便利的业务开发环境，简化业务的开发难度，缩短业务的开发周期，降低业务的开发风险，对最终用户进行统一的用户管理和计费，以增强各种智能化应用的用户体验，同时向平台运营人员提供对用户和业务的统一管理，方便其进行安全维护[9]。

1.4　物联网发展前景

随着分布式智能信息处理技术的发展和完善，物联网系统将通过信息共享和协作来实现智能传感的广泛应用，逐步建立和完善标准体系[21]。物联网为基于网络的服务创造了机会，从而增强了自身的商业潜能[5]，具体如下。

(1) 互操作性。在物联网愿景中，人们所有的日常物品都将配备处理、感知的功能，并需要连接到互联网，以提供其潜在优势。人们的生活将被一个智能"事物"的生态系统所包围[22]。物联网集成了大量的互联异构对象，形成一个大规模的智能城市系统，也就是说，它可以通过全球网络通信进而控制其他对象[23]。物联网代表了互联网的未来状态，需要一种智能和可扩展的架构来连接信息孤岛，从而实现物理传感器的发现和物体之间消息的解释[24]。而信息互操作性将发生在不同事物、不同企业、不同行业、不同地区或国家之间，应用模式从闭环转向开环，最终形成可服务于不同行业和领域的全球化物联网应用系统。互操作性是物理设备、通信功能和应用层交叉的基本问题，它分为不同的级别，从传统意义上来说，这些级别由不同的语言和协议构建，因此需要具备语法协同工作能力。互操作性需要有一个整体的方法，允许物联网设备和服务经多协议代理架构在诸如可扩展通信和表示协议(extensible messaging and presence protocol, XMPP)、受限制的应用协议(constrained application protocol, CoAP)和消息队列遥测传输(message queuing telemetering transport, MQTT)之类的消息协议之间进行转换，与此同时，互操作性将成为物联网发展的新领域[16]。

(2) 智能系统。智能系统对物联网的发展至关重要，其关键点是上下文感知和内部信息交换。物联网通过快速可靠的网络，将无缝业务和社交网络带入社会，融入许多行业的日常运营，应用范围不再局限于智能城市、智能电网、智能家居、物理安全、电子健康、资产管理和物流等领域[25]。因此，设备级增加和调整智能将是研究的焦点，如传感器和致动器的集成、高效率、多标准和自适应通信子系统以及可适应天线的研究。针对不同的信道带宽和不同的信道情况，使用微控制单元(microcontroller unit，MCU)来引入智能，进行调制算法和纠错算法的研究；软件控制、智能半导体部件、低尺寸和低功率的传感器节点的研究等都将成为物联网发展的新方向。

(3) 能源可持续性。人们所处的物联网体系是一个以数十亿智能连接计算设备为特征的体系，它协调提供大规模、高度个性化的应用程序。这一体系中最重要的两个主题是能源消耗和安全执行，这两者对物联网生态系统的可持续性和扩散性都是至关重要的[26]。全球物联网终端的充电、全球物联网接入点和网关的功耗，以及物联网基础设施中数据处理的功耗等，将是未来世界的主要电源消费者之一。因此，从环境中获取能量、通过新电路处理通信的效率、开发新的编程范例、制定节能协议成为解决物联网高耗能问题的关键。在未来，节能和自我可持续系统将是物联网的关键问题，成为物联网发展的新前景。

1.5　物联网面临的挑战

物联网是新一代信息技术的重要组成部分，也是信息化时代的重要发展阶段，它被称为继计算机、互联网之后世界信息产业发展的第三次浪潮。毫无疑问，如果物联网时代到来，人们的生活将会发生翻天覆地的变化。

国家政策的支持、学术研究者孜孜不倦地探索、各大企业百折不挠地实践，促使物联网不断发展，取得了一系列可喜的成就。但社会和科技的进步与发展要求物联网要紧追时代脚步，所以物联网的发展道路并不是一马平川，它仍然面临着许多挑战。本节将重点讨论现阶段物联网发展面临的挑战。

(1) 基础设施不完善，关键信息提取困难。物联网要求世界上的人与人、人与物、物与物之间相连，它的规模已远远超出当前互联网的规模。联网设备规模的不断扩大，每小时有数以万计的信息，都将对现有的网络基础设施造成很大的冲击。与此同时，如何合理高效地处理从网络层传来的海量数据，并从中提取有效信息，也是物联网应用层要解决的关键问题。

(2) 认识不完整。物联网是新一代信息技术的重要组成部分，也是信息化时代的重要发展阶段，近年来一直是人们津津乐道的话题。根据不同的观点和应用场景，对物联网提出了不同的定义，如 CASAGRA、CERP-IoT、Smart Planet。但是对于"物联网是什么"这个话题，目前仍没有形成一个基本架构能够使人们对物联网有一个整体和全面的认识。

(3) 高功耗。物联网是通过各种信息传感设备将人们生活中各种各样的物体连接在一起的庞大网络。一般情况下，各种物体和传感器节点的电量由电池提供，因此，它们的电量有限。此外，面对如此庞大的网络系统，能耗问题也不容小觑。所以，低能耗是物联网发展的巨大挑战。

(4) 完美感测。传感器是构成整个物联网的基石，如果没有感测，那么物联网也就不复存在。但是传感器如何正确确定大千世界各种各样物体的形状、重量、温度等，以便在无人工干预的情况下，做出正确的决策，仍然是一个巨大的挑战。

(5) 连通性。物联网网络层将承担比现有网络更大的数据量，面临更高的服务质量要求。为了防止数据丢失，一旦传感器数据被低功耗节点采集，这些数据必须被传送到相对安全的地方。大多数情况下，它会被传送到网关等中间节点。鉴于用户需求和产品的多样性，网络路径选择是一个复杂的问题，所以如何将连通性选择由繁化简是一个具有挑战性的问题。

(6) 云端连通性。数据通过网关，在进入云端之前会进行数据分析、检查等。物联网想要获取来自云端服务上运行的数据，面临着云端服务选择的问题。目前，云端供应商的种类繁多，数量也不尽相同，并且没有针对云端设备连接和管理方式的标准。所以，云端服务的选择及管理云端连通性是一个挑战。

(7) 安全性。许多系统互联时，系统的总体安全性、隐私性通常未被充分考虑和解决，这可能带来许多严重的安全和隐私问题[27]。随着越来越多变的设备智能化，人们越来越关注潜在的安全漏洞问题。系统的安全性是制约物联网被广泛采用的最大障碍。所以如何保证物联网的安全性是一个迫切需要解决的问题，也是关乎物联网能否持续发展的关键。

(8) 高素质人才和技术问题。物联网技术是一项综合性极强的技术，仍处于探索阶段。生活中越来越多的事物正在与网络建立互联。随着物联网应用的不断普及与拓展，仍有大量的工作需要完成。因此需要大量有经验的高素质人才、完善的标准规则和卓越的技术来解决这一难题。

1.6　小　　结

　　本章主要从物联网体系架构、物联网关键技术、物联网发展前景、相关政策法规、物联网面临的挑战等方面对物联网进行全面阐述。物联网作为继计算机、互联网和移动通信之后的又一次信息产业革命，其快速发展与普及已经成为不可扭转的趋势。为了更好地推动物联网的发展，各国相继出台了一系列政策，如我国的物联网"十二五"发展规划、美国的智慧地球战略、欧盟的未来物联网战略、日本的 u-Japan 战略、韩国的 u-Korea 战略等。在相关政策的大力支持下，各类企业也进行了大刀阔斧的改革。芯片、通信协议、网络、数据存储等领域的技术研发已取得一定成果，覆盖芯片、元器件、软件、设备、系统集成和运营服务的产业链已基本形成，智能电网、智能农业、金融服务业、公共安全等领域的应用也初具规模，产业联盟陆续发展，国家级创新战略联盟初步成立。作为新一代信息技术的核心产业，物联网是许多国家未来的重要发展战略，在转变经济结构、寻求新的经济增长点、促进企业转型和社会发展方面意义重大。但是，物联网的深入发展仍面临巨大的挑战，如能耗、安全、连通性等。积极探索解决问题的办法，实现无缝、自主的物联网动态管理，推动物联网的进一步发展，将成为该领域亟待解决的核心问题。

参 考 文 献

[1] Xia F, Yang L, Wang L, et al. Internet of things. International Journal of Communication Systems, 2012, 25 (9): 1101–1109.

[2] IBM. A smarter planet. http://www.ibm.com/smarterplanet[2010-02-01].

[3] Bassi A, Horn G. Internet of things in 2020: A roadmap for the future. European Commission: Information Society and Media, 2008: 193–201.

[4] Gubbi J, Buyya R, Marusic S, et al. Internet of things (IoT): A vision, architectural elements, and future directions. Future Generation Computer Systems, 2013, 29 (7): 1645–1660.

[5] Ning H, Wang Z. Future internet of things architecture: Like mankind neural system or social organization framework? IEEE Communications Letters, 2011, 15 (4): 461–463.

[6] Lv J, Yuan X, Li H. A new clock synchronization architecture of network for internet of things//Proceedings of International Conference on Information Science and Technology, Nanjing, 2011: 685–688.

[7] 何佳鸿, 张小明, 王永恒. 基于物联网空间划分的定位算法. 计算机应用, 2012, 32 (12): 3517–3520.

[8] 孔宁, 李晓东, 罗万明, 等. 物联网资源寻址模型. 软件学报, 2010, 21(7): 1657–1666.

[9] 薛燕红. 物联网体系架构及其关键技术探讨. 陕西理工学院学报(自然科学版), 2013, 29(3): 18–22.

[10] Mahapatra C, Sheng Z, Leung V, et al. A reliable and energy efficient IoT data transmission scheme for smart cities based on redundant residue based error correction coding//Proceedings of IEEE International Conference on Sensing, Communication, and Networking-Workshops, Seattle, 2015: 1–6.

[11] 沈苏彬. 物联网技术架构. 中兴通讯技术, 2011, 17(1): 8–10.

[12] 孙其博, 刘杰, 黎羴, 等. 物联网: 概念、架构与关键技术研究综述. 北京邮电大学学报, 2010, 33(3): 1–9.

[13] 张捍东, 朱林. 物联网中的 RFID 技术及物联网的构建. 计算机技术与发展, 2011, 21(5): 56–59.

[14] Fan K, Gong Y, Liang C, et al. LRMAPC: A lightweight RFID mutual authentication protocol with cache in the reader for IoT. Security & Communication Networks, 2015, 17(16): 276–280.

[15] 刘若星. 物联网及其关键技术. 内蒙古科技与经济, 2012, (16): 70.

[16] 贺延平. 物联网及其关键技术. 电子科技, 2011, 24(8): 131–134.

[17] 闵真. 基于物联网技术的交通信息采集系统[硕士学位论文]. 南昌: 南昌大学, 2012.

[18] 王兆庆, 贺勇. 基于智慧城市建设关键技术的应用研究. 物联网技术, 2016, 6(11): 69–73.

[19] 林闯, 苏文博, 孟坤, 等. 云计算安全: 架构、机制与模型评价. 计算机学报, 2013, 36(9): 1765–1784.

[20] 朱洪波, 杨龙祥, 朱琦. 物联网技术进展与应用. 南京邮电大学学报(自然科学版), 2011, 31(1): 1–9.

[21] Chen S, Xu H, Liu D, et al. A vision of IoT: Applications, challenges, and opportunities with china perspective. Internet of Things Journal IEEE, 2014, 1(4): 349–359.

[22] Aloi G, Caliciuri G, Fortino G, et al. A mobile multi-technology gateway to enable IoT interoperability//Proceedings of IEEE First International Conference on Internet-of-Things Design and Implementation, Berlin, 2016: 259–264.

[23] Zorzi M, Gluhak A, Lange S, et al. From today's INTRAnet of things to a future internet of things: A wireless- and mobility-related view. Wireless Communications IEEE, 2010, 17(6): 44–51.

[24] Desai P, Sheth A, Anantharam P. Semantic gateway as a service architecture for IoT interoperability//Proceedings of 2015 IEEE the 4th Internation Conference on Mobile services, New York, 2015: 313–319.

[25] Pujolle G. An autonomic-oriented architecture for the internet of things//Proceedings of IEEE John Vincent Atanasoff 2006 International Symposium on Modern Computing, Sofia, 2006: 163–168.

[26] Ray S, Hoque T, Basak A, et al. The power play: Security-energy trade-offs in the IoT regime//Proceedings of IEEE, International Conference on Computer Design, Scottsdale, 2016: 690–693.

[27] Axelrod C. Enforcing security, safety and privacy for the Internet of Things//Proceedings of Systems, Applications and Technology Conference, New York, 2015: 1–6.

第 2 章　自律计算概述

2.1　自律计算的基本概念

自律计算(autonomic computing, AC)又称为自治计算或自主计算，其概念最早由 IBM 公司的 Horn 于 2001 年 3 月提出，旨在参照自主神经系统的自我调节机制，以基于策略的管理、多主体技术、自适应控制理论、优化理论等现有的理论和技术为基础，构建具有自我管理能力的 IT 系统[1]，从而降低管理的复杂性。自律计算的目的是让计算机系统与人的神经系统一样，可以在不需人工干预或少量干预的情况下自主地工作，能够根据系统内外部环境的变化参数，自主地判断系统的状态及行为，并采取适当的措施调节系统参数和结构，以适应不同的环境，达到既定的目标，从而能够使系统在整体上实现自我管理的功能。其基本思想是以技术管理技术的措施来隐匿系统本身的复杂性，并从整体上设计一种分布式的计算机系统，且此系统具有自感知、自我管理能力的特点。

依据 IBM 公司对自律计算的定义标准：最初，自律计算系统(autonomic computing system, ACS)具有自配置、自优化、自保护和自恢复四个自我管理特征。但随着对自律计算领域的研究，自律计算系统又增加了四个子特征，包括自感知、上下文感知、开放性和预测性，描述如下[2, 3]。

(1) 自配置(self-configuring)。自配置是指系统能够根据其周围环境的变化，动态地实现资源的自我配置。自配置的实现不仅提高了系统的生存能力和适应能力，也降低了用户的工作负担，避免了配置过程中的人为失误。

(2) 自优化(self-optimizing)。自优化是指当外部环境、目标、工作负载等发生变化、添加或删除服务时，系统仍能以高效的方式根据用户和自身的需求重新分配资源，从而保证服务质量的可用性和可靠性。

(3) 自保护(self-protecting)。系统通过不间断地检查和升级内部组件来保护自身，一旦检测到故障、攻击等异常行为时，系统能够及时发现并实施相应的保护措施，以将影响降到最低，使系统仍能够正常工作，提高了系统的安全性。

(4) 自恢复(self-healing)。系统在目标实施过程中能够主动监测到运行中的错误和各种攻击，并在系统维持正常工作的前提下进行自主恢复，从而提高系统的可用性。

(5) 自感知(self-awareness)。自感知是指系统为掌握自己拥有的资源和可提供给其他组件使用资源的具体数量，了解自身每个组件的当前状态、基本能力和同另一系统的连接状态等情况。这样，系统就能够感知并控制自身状态和行为，并协同其他系统工作。

(6) 上下文感知(context-awareness)。系统能够感知周围环境的变化，并做出响应，根据变化情况调整自身的结构和状态，使系统保持高效、稳定的运行。

(7) 开放性(open)。系统能够在异构、多平台的环境中实现交互操作，应为此制定开放的标准和规范，以便能吸收不同规格的组件和部分，尽可能地扩大自律计算系统的应用范围。

(8) 预测性(anticipation)。预测性是自律计算的最高目标，系统可以根据当前状态和上下文环境，提前预测到所需资源的最优化策略并自动隐藏系统的复杂性，以提高系统的性能和可生存性。

2.2　自律计算策略

自律计算系统不是完全孤立地自主运行而不需人为干预，但也不是完全需要人为干预，而是按照一种命令(command)来实现与用户之间的交互，即自律计算系统是按照称为策略(policy)的命令自主运行，实现自我管理的。在自律计算中，用户与计算机之间的交互及系统的自我管理是根据策略知识来实现的。由此可见，策略是实现人机交互和系统实现自我管理的主要方式。

策略最早被应用到网络安全领域中。由于人们逐渐认识到策略的重要性，后来又将它应用于分布式、异构、复杂系统的管理中。目前，国内外对自律计算策略技术的研究虽然取得了一定的成果，但对其研究还处在起始阶段，仍存在一些关键问题，如缺乏科学统一的策略实施方案、缺乏对自律策略知识的认识等[4]。

目前，各个研究领域对策略的定义虽然有很多，但是应用领域不同，其含义也有所差别。例如，策略曾被很多学者认为是一系列规则的集合，此定义显然过于狭隘，因此，随着对策略深入的研究，出现了一种比较广泛的定义：策略是引导系统运行的方式。另外，一些学者在对自律计算系统的运行进行一定程度抽象的基础上，从人工智能的角度给出了策略的定义及自律计算策略的概念模型[4]。在自律计算环境中，自律计算策略反映了用户的业务目标，描述了自律元素所要履行的行为，它引导自律元素运行，明确自律元素的目标、动作和效用。如图 2.1 所示，若自律计算策略引起动作 a_i 执行，那么其结果将使状态 s 跳转到状态 s_1。

策略可以看成使系统产生状态转移的函数，而自律计算系统主要依据策略来改变自身的运行状态。这里将策略 P 定义为一个四元组，$P=\langle S_{触发}, A, S_{目标}, U\rangle$，其中，$S_{触发}$ 为 P 被触发时所要执行的状态集合；A 表示 P 被实施时所要执行的动作集合；$S_{目标}$ 为 P 被实施后系统所要达到的目标状态集合；U 是对目标状态的优劣程度进行评估，并且是关于 $S_{目标}$ 的目标状态效用函数集合。需要注意的是，除

了 P 的 $S_{触发}$ 不能为空外，其他集合均可为空。为此，策略 P 可被分为以下几种[4]。

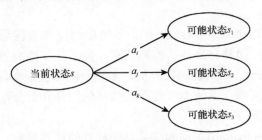

图 2.1 基于状态迁移的自律计算策略模型

(1) 动作策略(action policy, PA)。PA 中 A 为非空，U 和 $S_{目标}$ 为空。也就是说 PA 只对系统在某些状态时所需采取的动作进行了描述，而并不关心系统采取相应的措施后所要达到的目标状态，也不给出目标状态效用函数。在制定 PA 时，制定者应该知道采取相应动作后系统所达到的状态比采取其他动作更优。

(2) 目标策略(goal policy, PG)。PG 的 $S_{目标}$ 为非空集合，U 和 A 为空。也就是说，PG 描述了系统所应达到的状态，并不给出动作和效用函数。PG 主要根据目标状态自主产生合理的动作，而并不像 PA 那样需要人的参与来明确系统所采取的行动。由此可以看出，目标策略具有灵活性，这使 IT 管理员不必对底层的实现细节做具体的了解，而只需下达命令。

(3) 效用策略(utility policy, PU)。PU 中 U 和 $S_{目标}$ 为非空集合，A 为空。PU 通过效用函数评估状态的优劣程度，然后依据评估结果将最优状态作为目标状态。PU 是目标策略的泛化，与 PA 和 PG 相比，其优点是为实现系统的自主运行提供了更加详细、灵活的方法。

(4) 混合策略(mixed policy, PM)。PM 中，A、$S_{目标}$ 和 U 最多只有一个为空。由于 PA、PG 和 PU 可相互组合成 PM，因此，在这里不再详细阐述。

通过以上分析可见，PA、PG 和 PU 的层次是从低级到高级，即如何做→需要做什么→怎样做最好。随着层次的逐渐升高，策略越来越灵活，实施难度也越来越大。PA、PG 和 PU 之间的关系如图 2.2 所示。

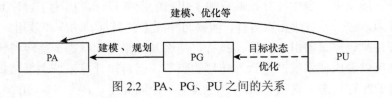

图 2.2 PA、PG、PU 之间的关系

在自律计算中，自律计算策略已被认为是实现系统的自我管理和人机交互的重要方式。它具有以下作用：

(1) 知识的复用。通过使用策略专家知识和过程知识被保存，因此将会更多地依赖策略而不是专家经验知识来管理系统，从而减少因人员交替造成的影响。

(2) 系统控制和功能的分离。系统控制和功能的分离是基于策略实现的，这意味着通过实施策略就可使系统的行为发生改变而无须重新编码，不必让系统停止就可使系统发生改变，从而减少了因系统行为的改变而花费的代价。

(3) 提高管理效率。管理员只需制定必要的策略，而不必知道该策略的具体实现方式，从而提高了系统的管理效率，使管理员从复杂的维护工作中解脱出来。通过实施策略提升了组件管理→系统管理→商业过程管理的管理层次。

2.3　自律计算现状

自 2001 年 IBM 公司提出自律计算的概念以来，自律计算相关技术的研究得到了国内外许多学者与研究机构的广泛关注。从不同的角度、采用不同的技术和方法对其展开研究，根据实现方法对自律计算研究进行分类[2]，主要分为基于框架研究自律计算[5,6]、基于特定技术实现自律计算[7~9]和基于策略管理实现自律计算[10~12]。目前，国外研究现状如图 2.3 所示。

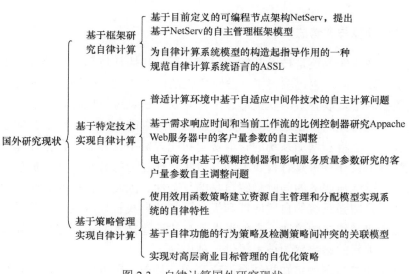

图 2.3　自律计算国外研究现状

在国内，自律计算的研究虽仍处于初级阶段，但也取得了一些进展，比较典型的研究有：刘文洁等[13]在对自律计算自我监视进行分析与研究的基础上，提出了一种基于自律计算的多数据点阈值检测方法，该方法通过对阈值进行多次检测来判断系统是否出现性能故障，从而使系统实现自动检测性能故障的功能；廖备水等[1]在进一步阐明自主计算概念的基础上，构建了一个自主计算概念模型，并对该模型中的自主计算系统的工作原理进行详细的分析；王亮等[14]提出了一种具有自主计算特征的新型网格体系结构，并构造了多代理相似关联树算法；臧铖等[15]针对解决系统的管理复杂性及处理事件效率比较低的问题，提出了一种能够容纳不同应用场景的基于状态的通用自主计算模型，该模型通过利用统计记分方法判定和标记状态的变化情况，实现了系统资源的自主管理与配置；刘文洁等[16]针对当前在分布式环境下构建自律系统比较困难的问题，提出了一种通用的、具有应用价值的、适用于分布式环境的自律计算模型，并对构成模型的要素进行了形式化定义，增强了自律模型的应用范围和实用价值；刘彬等[17]针对传统的入侵容忍系统缺乏自律特性的问题，提出了一种基于自律计算的入侵容忍系统模型，通过对自律容忍模型中各个模块的设计和分析，实现了入侵行为的自律容忍。

简而言之，自律计算作为一种新颖的研究思想，虽然当前还处在初级研究阶段，但已在系统性能故障监测、网络服务、系统安全管理等方面展现出了强大的生命力，为进一步的网络安全管理的研究提供了良好的前景。

2.4　自律计算应用

2.4.1　自律计算与态势感知

无论从理论研究还是技术开发的角度分析，自律计算和态势感知技术均已独立开展了一段时间，也已取得了一些阶段性的研究成果。网络安全态势感知需要从多个数据源中提取有效的安全信息，并对安全信息进行理解、评估，从而对未来安全态势进行预测，以达到对网络攻击主动防御的目的。显然，其安全管理过程非常复杂，这将会增加系统的管理费用和配置费用。然而，自律计算的基本思想是从整体上设计一种具有自我感知、自我管理能力的分布式计算机系统，使其在向用户提供优质服务的同时隐藏自身的复杂性。因此，自律计算所展现的减少管理复杂性、增强系统的自适应性和提高系统的自我管理特性，使其受到网络安全态势感知研究领域的关注。它们试图将自律计算技术应用到态势感知领域的研究中，为寻求新的态势感知技术提供一种途径。

在自律计算与态势感知相结合的研究中，目前，国外较明显地把自律计算引入态势感知中的是土耳其的伊兹密尔技术研究所，该机构发表的论文中提到在态势感知中，引入自律和自适应系统，以确保下一代网络的安全[18]，但并未给出具体的相关技术研究。Chiti 等[19]提出，上下文感知和自律性相结合是实现现代软件密集型网络物理系统不可或缺的技术，可以在开放和非确定性环境中操作。通过将上下文感知自律计算和通信的基本概念与物联网相关联，可以概述未来趋势和研究挑战，其应用是下一代计算和通信系统研究的方向。国内哈尔滨工程大学的赖积保[20]也只是在其学位论文中提出设想：将自律计算思想引入态势感知研究中，以解决网络安全管理的自适应性和复杂性问题，也并未给出实质性的内容。因此，把自律计算与态势感知紧密结合，仍需更深一步的研究。

网络安全态势感知是应网络安全监控需求而出现的一种新技术，是对动态变化的网络安全态势元素进行获取、理解、评估和预测的过程。有学者在赖积保提出的网络安全态势感知概念模型的基础上，借鉴自律计算系统工作机制和自动控制中的反馈机制，提出一种基于自律计算的网络安全态势感知概念模型[21]，如图 2.4 所示。

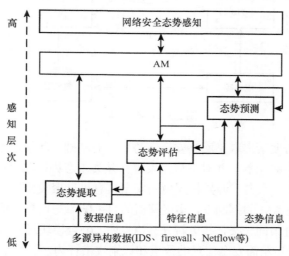

图 2.4　基于自律计算的网络安全态势感知模型

借鉴自律计算系统的工作机制，该模型无须外力参与，能够实时监测来自多源异构环境的数据，并将各类传感器采集到的数据及分析得出的事件统一表示为XML，为上层应用提供统一化的、反映网络状态的安全数据以及经过分析的网络安全事件。然后，对这些安全数据及事件进行聚类分析，再将聚合后的安全信息融合，为态势评估提供实时的数据。在此基础上，自主评估当前的网络安全态势，并预测未来网络安全态势。而自律管理器(autonomic manager，AM)负责根据系统内外部环境的变化，对态势知识库中的态势值信息进行动态调整，从而使该模型具有自适应能力。

AM主要由监视功能模块、分析功能模块、计划模块、执行功能模块和知识库组成，如图 2.5 所示。其中，监视与分析功能模块主要提供自我觉察和外部环境状态觉察的能力，并在此基础上进行自主决策，从而确定系统的自适应目标。计划与执行功能模块主要实现系统状态偏离期望目标时的自适应功能。上述四个功能模块均是在知识库的支持下进行自律学习运作的。传感器具有收集应用模块状态和状态迁移信息的机制,效应器具有改变应用模块状态配置的功能。AM的主要工作是监控反馈态势提取、态势评估和态势预测的运行状态,综合分析判断系统的整体安全态势。

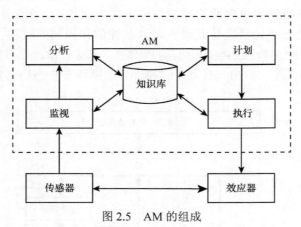

图 2.5　AM 的组成

网络安全态势要素提取是网络安全态势感知的基础,为态势感知提供实时的原始数据,即提取态势元素,并对态势元素进行分类。态势提取模块组成如图 2.6 所示。聚合模块主要对来自多源异构环境的安全信息进行聚类分析,并将聚类判别结果反馈给 AM,在 AM 的控制下,实现阈值的自主学习与调整,将判断满足阈值条件的安全信息划分为同一类,并更新分类信息库。融合模块对聚合后的安全信息进行融合分析,进一步精简安全信息的数量和识别攻击行为,然后将结果反馈给 AM,即完成安全要素提取,从而有效地提取态势信息,为态势评估做准备。

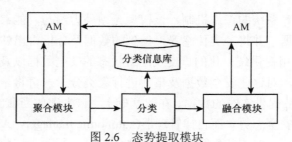

图 2.6　态势提取模块

网络安全态势评估是态势感知的核心,是对当前安全态势的一个动态理解过程。将当前的安全态势状况反馈给AM,AM 根据知识库中的态势值信息进行实时动态调整,使系统适应当前网络环境的变化,从而使网络系统处于一个较稳定的状态,进而实现对当前网络安全态势的自主评估。从攻击和防御的角度出发,采用层次分析法，建立多层次、多角度的网络安全态势评估模型，如图 2.7 所示。

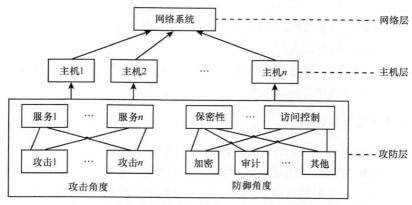

图 2.7 　多层次、多角度网络安全态势量化评估模型

态势预测依据过去安全态势信息与当前网络态势信息来预测未来网络的安全态势，然后将未来网络的安全态势反馈给 AM，从而有效地指导未来的自主决策。

在评估历史和当前网络安全态势的基础上，建立态势预测的神经网络模型。由于遗传算法具有很强的宏观搜索能力和良好的全局优化性能，因此有学者采用改进的遗传神经网络算法对态势预测模型进行优化，以实现对未来网络安全态势的预测。具体步骤如下。

(1) 根据过去和当前的态势值信息，对态势预测模型 y_n^p 和相对应的误差函数 G 进行如下定义：

$$y_n^p = f\left[\sum_{k=1}^{K} v_{km} f\left(\sum_{n=1}^{K} \omega_{nk} x_n^p - \theta_k \right) - \gamma_m \right] \tag{2-1}$$

$$G = \frac{1}{P} \sum_{p=1}^{P} \sum_{m=1}^{M} \left(y_m^p - \hat{y}_m^p \right)^2 \tag{2-2}$$

其中，n 为输入层节点个数；K 为隐含层节点个数；M 为输出层节点个数；ω_{nk} 表示输入层与隐含层之间的连接权值；v_{km} 表示隐含层与输出层之间的连接权值；θ_k 和 γ_m 分别为隐含层和输出层的阈值；f 是隐含层到输出层的Sigmoid 函数，且 $f = \dfrac{1}{1 + e^{-x}}$；$y_m^p$ 和 $\hat{y}_m^p$ 分别表示第 p 个训练样本所对应的第 m 个实际输出值和期望输出值。

(2) 采用遗传优化算法对该预测模型进行优化，使实际输出值与期望输出值一致，所定义的优化目标为

$$f(t) = \frac{1}{1 + G(t)} \qquad\qquad (2\text{-}3)$$

其中，t 是种群中的个体数，$t=1,2,3,\cdots$；$f(t)$ 表示第 t 子代的个体适应度值；$G(t)$ 表示第 t 子代个体的误差情况。

(3) 输出训练后的态势预测模型，并对参数值进行动态调整，从而寻找出最优的参数组合，并输出预测的结果。

2.4.2 自律计算与系统优化

系统优化原来是系统科学(系统论)方面的术语，而现在常用作计算机方面的术语。系统优化是指尽可能减少计算机执行的进程，更改工作模式，删除不必要的中断，让系统运行更加有效。但由于传统的系统优化缺乏自适应能力，而自律计算又可以减少管理复杂性，根据系统的内外需求变化动态地、主动地调整软硬件资源来管理自身的能力，以最少的人工干预完成系统的自配置、自修复、自优化和自保护，降低复杂计算环境下的管理成本，提高系统的可用性。通过对系统运行状态的实时监测，自主评价优化操作的可信度，并对可疑操作进行自适应分流，将高危操作进行特征分析并施加安全策略，最终保障系统的安全优化，为系统优化技术提供一种思路。

针对自律计算与系统优化相结合的研究如下。Farahani 等[22]将分布式环境使用在自律计算中，描述了一种面向代理的系统，以支持自律计算。He等[23]为了提高系统互联网的访问能力，基于自我监控思想提出一种提高云系统安全性的机制，将自律计算应用到系统优化中，提高了云系统的可信性。Krupitzer 等[24]提出一种用于构建可重用的适配逻辑组件框架，用于开发自适应计算系统，降低了复杂性，而且提供了自律计算的集成开发环境。Coutinho 等[25]提出一种基于自律计算概念的弹性云计算架构，自律计算概念的引入给弹性云计算系统的优化提供了新的解决方案。Biswal 等[26]提到，自律计算的目标是为计算设备及其应用建立环境，使系统可以在高度复杂的情况下管理自己，其论述了自律计算和人工免疫系统(artificial immune system, AIS)模型的通用性，结合来自不同领域的想法，优化了 AIS 上下文中探索自律计算的新方法，自律计算在开发各种 AIS 模型中发挥了关键作用。

如图 2.8 所示，基于自律计算的系统服务自优化模型一般由如下三个模块组成[27]。

(1) 监视模块。监视模块通过部署在系统各个部分的状态感知器感知系统环境变化并采集影响当前系统服务性能的状态特征信息，规范化处理后提交给目标系统的分析器。

(2) 自优化模块。自优化模块是整个优化机制的核心，其中的分析器对收集到的信息进行约简、聚类或融合处理，筛选出影响系统服务性能下降的状态特征参数，针对筛选出的状态特征参数，依据存储在策略库中的可信策略，利用前馈神经网络实现系统〈状态，动作〉对的非线性映射关系得到提高系统服务性能需要执行的动作。系统根据服务可用性和系统性能变化计算得到的环境奖赏函数值，自主执行学习算法更新 Q 值。

(3) 执行模块。将最优决策结果作用于系统，完成对可信性的保持和增长。

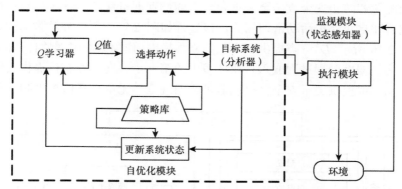

图 2.8　基于 Q 学习器的系统服务可信性能自优化模型

以上三个模块共同构成自律反馈控制结构，以终端网络系统为保护对象，由自优化模块进行最优策略抉择，即每隔一定的决策周期，根据当前系统性能状况，自适应地对系统服务能力进行优化，在实现可信性的同时减少了人为干预。

2.4.3　自律计算与风险评估

风险评估是量化测评某一事件或事物带来的影响或损失的可能程度。从信息安全的角度来讲，风险评估是对信息资产(即某事件或事物所具有的信息集)所面临的威胁、存在的弱点、造成的影响，以及三者综合作用所带来风险的可能性的评估。作为风险管理的基础，风险评估是组织确定信息安全需求的一个重要途径，属于组织信息安全管理体系策划的过程。将风险评估思想应用到云计算中，与自律计算相结合，为风险评估和自律计算都提供了新思路。

Kholidy 等[28]提出，云计算模式的关键问题是如何有效地实例化和动态维护计算平台以满足服务质量(quality of service, QoS)的需求。他们提出的模型使用风险评估模型来评估云系统中的整体风险。这使自律系统有足够的时间采取纠正措施。他们还提出一个将攻击预警、自主预防动作和风险度量三个功能进行集成的自主云入侵检测框架[29]。早期警告通过一个新的有限状态隐藏马尔可夫预测模型发出信号，捕获攻击者和云资产之间的相互作用。风险评估模型衡量威胁对资产发生概率的潜在影响。当警报与先前的警报相关联时，每个安全警报所估计的风险被动态更新，这使自适应风险度量能够评估云的整体安全状态。预测系统提出关于对自律组件、控制器的潜在攻击的早期警告。因此，控制器可以在攻击对系统造成严重的安全风险之前采取主动的纠正动作。Kiran 等[30]将网格计算的原则引入风险管理，以帮助记录和预测某些风险并对其进行管理，以确保工作的成功执行。他提出一种在云环境中执行风险评估的方法，包括目标使用案例、风险识别、缓解和监测。

　　Barrere 等[31]提出，自律网络和服务面临各种各样的安全风险。弱点评估对确保其安全配置和防止安全攻击至关重要。脆弱性管理贯穿各个领域，与自律网络的自我配置和自我保护活动密切相关，该过程如图 2.9 所示。分解脆弱性评估的模型如图 2.10 所示。D^3 分类提供一个三维立体模型，作为组织脆弱性评估的基础，该过程是将脆弱性管理过程嵌入自律环境中的第一步。向自律实体提供关于当前漏洞的知识，或提供关于安全警报机器可读的规范。无论选择何种机制，必须用

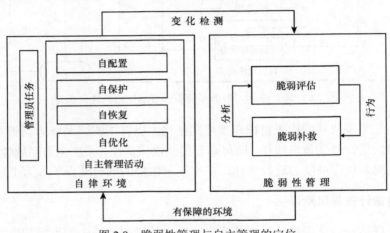

图 2.9　脆弱性管理与自主管理的定位

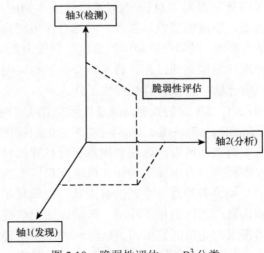

图 2.10　脆弱性评估——D^3 分类

轴 1 分析漏洞发现技术以揭示未知的漏洞，并探索和了解不断变化的环境威胁。利用这些机制，新的知识可用于进化自律环境，轴 2 提供标准语言和协议以用于描述和交换安全报告。这样的安全知识在轴 3 可增加自主网络和系统用于检测周围环境脆弱性的能力，并且在执行自我管理活动时提供对作出决定的强大支持。其次，将漏洞管理机制集成到自律环境中，自律计算的进化路径由五个层次组成，如图 2.11 所示。

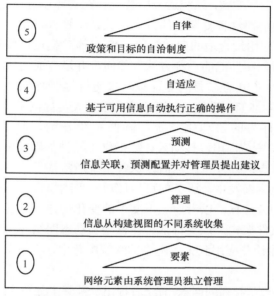

图 2.11　自律计算进化路径的五个层次

第一层描述了一个基本方法——网络元素由系统管理员独立管理。网络元素的管理通过收集不同系统的信息构成管理层。预测层面，通过合并新技术使信息具有关联性，预测最佳配置并将设备提供给系统管理员。自主决策的能力是基于可用的信息构成自适应层。软件系统在某种程度上要体现自动化解决方案，它们适用于传感器和效应器，并且可以与环境交互，实现特定规则和策略。

自律计算能够克服计算系统的异构性和复杂性，与风险评估相结合，是实现系统自治、解决系统安全性能下降问题新的有效途径。以自律计算在系统安全中的应用为背景，以增加风险评估为切入点，探索融合自律计算与风险评估相结合的自律机制，为信息系统整体的安全性提供保证。

2.4.4　自律计算与系统配置

系统配置是保证计算机可以正常连接使用的最低系统要求，分为软件和硬件两方面。软件方面指各类操作系统良好兼容运行。硬件方面是确保驱动程序可以正常运行。自律计算技术为系统配置提供了新的思路。自律计算技术具有自感知、上下文感知、自配置、自恢复、自优化和自保护等属性和以技术管理技术的特征，这使在隐藏系统管理复杂性的同时实现可信性成为可能。自律计算的自保护属性可以阻止恶意攻击和病毒入侵，或者通过系统的自配置和自恢复属性使系统从故障中恢复，从而保持和提高系统的可信性。

Abdennadher 等[32]提到，系统适应中普遍存在的环境变化是一项复杂的任务。自律计算可以作为解决这种复杂性的方案，该系统具有自我管理能力，可以动态适应上下文，选择应用最合适的架构配置。Zhou 等[33]提出调整并行性以平衡线程之间的冲突是提高程序性能的一种方法。然而，并没有通用规则来决定程序的最佳并行性。因此，采用动态调谐配置策略来更好地管理软件事务内存(software transactional memory, STM)系统。自律计算为设计人员提供了一种技术框架，以构建具有良好掌握行为的自动化系统，降低系统开销，减少程序执行时间。Guerrero-Contreras 等[34]提出，移动云计算提供了一种基础设施，其中数据存储和处理可以在移动节点之外发生。然而，这些系统通常基于动态网络拓扑，其中断开和网络分区可能频繁发生，服务的可用性通常受到损害。因此，他们将自律计算技术应用于移动云计算，以考虑上下文中的变化构建可靠的服务模型，提出了一个上下文感知软件架构，以支持部署在移动和动态网络环境中服务的可用性。Thakre 等[35]将自律计算应用到无线网络的系统配置中，实现了无线网络配置的自我管理。

针对目前自律模型存在的问题，有学者提出一种基于分布式的自律计算模型[36]，将 WBEM(web-based enterprise management)标准应用于自律计算系统的设计中，在统一管理网络资源的基础上对自律计算系统的资源组织、通信方式、状态转换和基本动作进行了详细的定义，从而弥补了基础模型的不足。此外，也有人提出了基于策略和优先度的自律管理方法，使系统具有判断和决策能力，能够实现系统的自我配置、自我修复、自我优化和自我保护的自律计算特征，从而达到复杂IT 环境下系统自我管理的目标。

为了更好地解决软件信任危机，有学者提出一种基于自配置的软件可信性增长方法，以使软件具有自我配置能力，达到增强软件可信性的目的。借鉴自律计算中的自配置机制，建立基于自配置的软件可信性模型，如图 2.12 所示。

采用马尔可夫再生随机 Petri 网对模型进行建模分析，得到模型在稳态时相应的参数。使用 JMeter 模拟用户对软件系统发起 HTTP 请求，对采用该方法改进的软件与原软件相关参数进行比较。结果表明，选择适当的软件自配置周期不仅能提高软件的可信性，而且能够降低软件的维护成本。该方法不仅能提高软件的可信性，对同样负载下运行改进后的软件系统性能也有一定的提高。

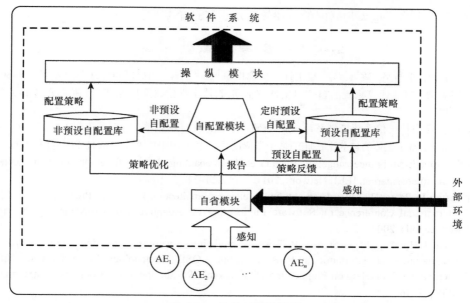

图 2.12 软件可信性模型

模型中自省模块通过感知软件内外部环境，从中提取规则和参数，交予自配置模块。自配置模块根据规则进行判断是否进行重配置，如预先设定的时间或先验软件可信度预测达到阈值。如果需要进行自配置，自配置模块将收集到的规则与预设自配置库中存储的规则进行匹配，如果匹配成功，说明之前软件出现过同样的情况，用与之对应的行为进行处理，行为由操作模块实施；若没有规则可以匹配，则到非预设自配置库中寻找，若找到匹配规则，则按照相应的行为处理，若还没有找到合适的规则，则按照规则-行为优化算法将最接近规则与新规则进行重新优化，得到相应的行为。将优化后的规则-行为存储到非预设自配置库中，当非预设自配置库中的规则-行为满足特定的规则，如使用次数超过预先设定的值时，就将其从非预设自配置库删除，添加到预设自配置库中。

2.5 小 结

本章分别从自律计算与态势感知、自律计算与系统优化、自律计算与风险评估以及自律计算与系统配置等方面分析了自律系统在网络管理领域的架构配置现状。自律计算通过动态自调节以满足应用需要，提供高质量的计算服务，同时动态适应网络环境的变化，通过自组织、自配置和自调节的网络服务，降低了通信系统的管理开销，提高了系统的可用性，为网络管理领域的理论研究和技术开发提供了新思路，也为物联网的自律管理奠定了理论基础。

参 考 文 献

[1] 廖备水, 李石坚, 姚远, 等. 自主计算概念模型与实现方法. 软件学报, 2008, 19(4): 779–802.

[2] 张海涛. 自律计算系统的自律可信性评估研究[博士学位论文]. 哈尔滨: 哈尔滨工程大学, 2010.

[3] 吕宏武. 自律可信系统模型及评价研究[硕士学位论文]. 哈尔滨: 哈尔滨工程大学, 2009.

[4] 张海俊. 基于主体的自主计算研究[博士学位论文]. 北京: 中国科学院计算技术研究所, 2005.

[5] Femminella M, Francescangeli R, Reali G, et al. An enabling platform for autonomic management of the future internet. IEEE Network, 2011, 25(6): 24–32.

[6] Vassev E, Paquet J. Towards an autonomic element architecture for ASSL//Proceedings of IEEE International Conference on Software Engineering for Adaptive and Self-Managing Systems, Minneapolis, 2007: 4.

[7] Pena J, Hinchey M G, Sterritt R. Towards modeling, specifying and deploying policies in autonomous and autonomic systems using an AOSE methodology//Proceedings of IEEE International Workshop on Engineering of Autonomic & Autonomous Systems, Washington DC, 2006: 37–46.

[8] Venkatarama H, Sekaran K. Minimizing response time in an autonomic computing system using proportional control//Proceedings of International Conference on Recent Trends in Information, Telecommunication and Computing, Kochi, 2010: 60–67.

[9] Venkatarama H, Sekaran K. Simulation environment for minimizing response time in an autonomic computing system using fuzzy control//Proceedings of International Conference on Recent Trends in Information, Telecommunication and Computing, Kochi, 2010: 33–38.

[10] Kephart J, Das R. Achieving self-management via utility functions. IEEE Internet Computing, 2007, 11(1): 40–48.

[11] Campos G, Barros A, Souza J, et al. A model for designing autonomic components guided by condition-action policies//Proceedings of Network Operations and Management Symposium Workshops, Salvador, 2008: 343–350.

[12] Gilat D, Landau A, Sela A. Autonomic self-optimization according to business objectives// Proceedings of International Conference on Autonomic Computing, New York, 2004: 206–213.

[13] 刘文洁, 李战怀. 基于自律计算的多数据点阈值检测方法. 计算机科学, 2011, 38(5): 132–134.

[14] 王亮, 陈未如, 胡静涛. 具有自主计算特征的新型网格体系结构研究. 计算机工程与应用, 2008, 44(35): 105–108.

[15] 臧铖, 黄忠东, 董金祥. 基于状态的通用自主计算模型. 计算机辅助设计与图形学学报, 2007, 19(11): 1476–1481.

[16] 刘文洁, 李战怀, 任堃. 基于分布式的自律计算模型研究与设计. 西北工业大学学报, 2011, 29(2): 160–164.

[17] 刘彬, 吴庆涛, 郑瑞娟. 一种具有自律特征的入侵容忍系统模型. 微电子学与计算机, 2012, 29(7): 167–170.

[18] Atay S, Masera M. Challenges for the security analysis of next generation networks. Information Security Technical Report, 2011, 16(1): 3–11.

[19] Chiti F, Fantacci R, Loreti M, et al. Context-aware wireless mobile autonomic computing and communications: Research trends and emerging applications. IEEE Wireless Communications, 2016, 23(2): 86–92.

[20] 赖积保. 基于异构传感器的网络安全态势感知若干关键技术研究[博士学位论文]. 哈尔滨: 哈尔滨工程大学, 2009.

[21] 张丹, 郑瑞娟, 吴庆涛, 等. 基于自律计算的网络安全态势感知模型. 计算机应用, 2013, 33(2): 404–407.

[22] Farahani A, Nazemi E, Cabri G. ACE-JADE: Autonomic computing enabled JADE//Proceedings of IEEE International Workshops on Foundations and Applications of Self-systems, Augsburg, 2016: 267–268.

[23] He H, Zhang W, Liu C, et al. Trustworthy enhancement for cloud proxy based on autonomic computing. IEEE Transactions on Cloud Computing, 2016, (99): 1.

[24] Krupitzer C, Roth F M, Becker C, et al. FESAS IDE: An integrated development environment for autonomic computing//Proceedings of IEEE International Conference on Autonomic Computing, Wuerzburg, 2016: 15–24.

[25] Coutinho E, Gomes D, Souza J. An autonomic computing-based architecture for cloud computing elasticity//Proceedings of Network Operations and Management Symposium, Joao Pessoa, 2015: 111, 112.

[26] Biswal B, Mohapatra A. Analogy of autonomic computing: An AIS(artificial immune systems) overview//Proceedings of IEEE International Conference on Computational Intelligence and Computing Research, Toronto, 2014: 1–4.

[27] 朱丽娜, 吴庆涛, 娄颖, 等. 基于自律计算的系统服务可信性自优化方法. 微电子学与计算机, 2013, (8): 63–66.

[28] Kholidy H, Yousof A, Erradi A, et al. A finite context intrusion prediction model for cloud systems with a probabilistic suffix tree//Proceedings of European Modelling Symposium, Pisa, 2015: 526–531.

[29] Kholidy H, Erradi A, Abdelwahed S, et al. Online risk assessment and prediction models for autonomic cloud intrusion srevention systems//Proceedings of IEEE/ACS International Conference on Computer Systems and Applications, Doha, 2014: 715–722.

[30] Kiran M, Jiang M, Armstrong D, et al. Towards a service lifecycle based methodology for risk assessment in cloud computing//Proceedings of IEEE Ninth International Conference on Dependable, Sydney, 2011: 449–456.

[31] Barrere M, Badonnel R, Festor O. Vulnerability assessment in autonomic networks and services: A survey. IEEE Communications Surveys & Tutorials, 2014, 16(2): 988–1004.

[32] Abdennadher I, Rodriguez I, Jmaiel M, et al. Towards a decision approach for autonomic systems adaptation//Proceedings of ACM International Symposium on Mobility Management and Wireless Access, Cancun, 2015: 77–80.

[33] Zhou N, Delaval G, Robu B, et al. Control of autonomic parallelism adaptation on software transactional memory//Proceedings of International Conference on High Performance Computing & Simulation, Innsbruck, 2016: 180–187.

[34] Guerrero-Contreras G, Garrido J, Balderas-Diaz S, et al. A context-aware architecture supporting service availability in mobile cloud computing. IEEE Transactions on Services Computing, 1939, (99): 1.

[35] Thakre M, Sahare V. Dynamic spectrum access gaining devices for wireless sensor network// Proceedings of International Conference on Computation of Power, Energy Information and Commuincation, Chennai, 2015: 239–243.

[36] 赵倩, 王慧强, 冯光升, 等. 基于自配置的软件可信性增长方法. 江苏大学学报(自然科学版), 2010, 31(5): 586–590.

第3章 认知物联网概述

3.1 认知物联网的起源

进入信息化时代，作为推动"大数据"的一种超大规模网络，物联网已经在生态保护、智能家居、食品安全、节能减排和物流运输等现代智慧服务领域广泛应用[1]。

如图 3.1 所示，物联网相关技术的发展也为物联网的普及提供了有力的技术支撑，而用户对物联网海量、异质信息的高效访问需求也在同步上升。如何提高物联网信息传输的自主认知能力、实现信息传输以及优化处理成为难题。目前，由于物联网自组织路由研究处于初级阶段，虽然已出现了一些智能化的自组织路由算法及模型，但仍存在管理复杂、维护成本高、自适应性不足等问题[2]，并且传统的

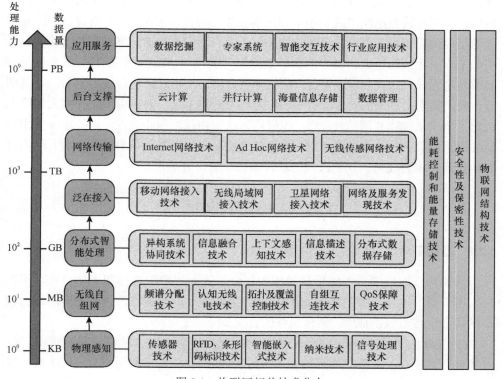

图 3.1　物联网相关技术分布

自组织路由技术由于缺乏弹性的自我管理能力，面对越来越复杂的传输环境，已不能完全适应。因此，现有的物联网需要进一步加入智慧元素，构建认知物联网[3]，促使物联网从感知走向认知；同时，作为认知物联网相应的自组织路由技术也应利用节点间的群体协作[4]完成共同的任务目标，以体现其智慧性、分布性和鲁棒性等特点，实现路由根据动态的需求变化，自适应地寻找最优传输路径以及对网络中的各个节点进行相应的配置优化，提高整个认知物联网的传输性能。

认知物联网[3](cognitive internet of things, CIoT)中的认知概念来源于 Mitola 等[5]提出的认知无线电(cognitive radio, CR)，也就是在物联网中加入认知元素以提高其智慧性。认知物联网在物联网现有功能的基础上，增加自感知、自决策、自优化、自调节等智慧特性，使网络中的节点能够感知网络状态，并根据网络的性能目标进行路由决策，通过历史决策信息以及节点间的协作共享进行学习、优化，进一步调节自身配置，从而逐步提升物联网的整体性能[3]。物联网的概念发展至今已将近二十年，纵观国内外相关研究发现，近年来，虽然针对物联网的体系结构还没有形成公认的国际标准，但世界各国已逐步增加和提高关于物联网智能决策方面的研究，试图使网络在能够感知环境、资源、状态等信息的情况下通过自决策、自学习、自调节来提升网络性能，减少人为干预。认知物联网底层的传感网络具有传统的自组织多跳和不依赖地面设施的特性，这对提升网络覆盖范围和加强通信能力有较好的帮助，但认知物联网还具有网络规模大、网络拓扑变化快、无中心节点、无线通信链路易中断、节点能力有限[6]、区域网络性能目标各异以及自私节点消极转发数据包[7]等特点，这些特点会使认知物联网变得更为复杂，对其部署、应用提出了更高的要求。其中，作为其关键技术之一的路由机制在很大程度上决定了整个认知物联网的性能[8]。如何增强认知物联网的连通性，设计出满足用户QoS 需求的高效、可靠的路由机制，使认知物联网中感知的信息能够及时、准确可靠地传递，将会成为认知物联网信息传输领域的研究难点。

3.2　认知物联网模型

3.2.1　基础概念

认知物联网能够自主进行自治域的划分、认知代理的选择和多域协作，不需要人工干预。本章研究的自组织路由是建立在特定的认知物联网环境下，它由核心网和多个自治域组成[9]。具体组件的含义如下[10]：

(1) 自治域(autonomous domain, AD)。AD 为一个独立的网域，具有如下特征：内部耦合度较高，对外相对独立；AD 的功能及 QoS 需求相对独立；AD 对区域位置有着特殊的要求。一个 AD 可以划分为多个 sub-AD。例如，可以认为一个学校的网络为一个 AD，那么各个学院的网络就可看成子自治域。

(2) 认知节点(cognize node, CN)。CN 又称认知元，是指具有自主优化能力的节点，它可以根据 AD 中的性能目标以及网络当前状态进行自我配置。

(3) 简单节点(simple node, SN)。相对于 CN，SN 是没有智慧特性的节点。

(4) 多域协作。面向更广泛的网络应用，两个或多个 AD 为了共同的目标而进行的协作。

(5) 认知代理(cognitive agent, CA)。在多域协作过程中，一个被选择与其他自治域进行协作的特定认知节点。

(6) 邻居。两个自治域之间直接合作，相互称为邻居。两个自治域凭借其他自治域进行合作，相互称为扩展邻居。

在认知物联网中，AD 的划分、CA 的选择、多域的合作都是自动完成的，无须人工干预。具体认知物联网的拓扑结构如图 3.2 所示。

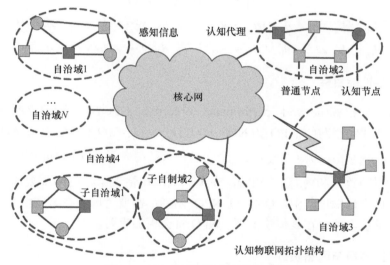

图 3.2　认知物联网拓扑结构示意图

3.2.2　邻居关系矩阵

假设一组 AD 集合为 $S=\{1,2,\cdots,n\}$，$R_{n\times n}=\{R_{ij}\}$ 表示自治域间 AD 的邻接关系矩阵

$$R_{n\times n}=\begin{bmatrix} R_{11} & R_{12} & \cdots & R_{1n} \\ R_{21} & R_{22} & \cdots & R_{2n} \\ \vdots & \vdots & & \vdots \\ R_{n1} & R_{n2} & \cdots & R_{nn} \end{bmatrix} \tag{3-1}$$

在式(3-1)中，如果 $R_{n \times n} = 0$ ，则 R_{ij} 是零向量，其表示 AD_j 和 AD_i 不是邻居。如果 $R_{n \times n} \neq 0$ ，则 R_{ij} 是一个 k 维的向量 $R_{n \times n} = (r_1, r_1, \cdots, r_m, \cdots r_k)$ ，元素 r_m 表示 AD_j 的邻居 r_m 是 AD_i 的扩展邻居。因此，下标 k 表示 AD_j 的邻居是 AD_i 的扩展邻居的数量。

通过变换矩阵(3-1)可以获得一个子矩阵(3-2)。如果式(3-2)满足式(3-3)，A 称为紧邻接矩阵。如果合作的 AD 中任何一个在 A 中，则在 A 中合作将会优先考虑。类似地，如果式(3-2)满足式(3-4)，A 称为无邻居矩阵。如果合作的 AD 中任何一个在 A 中，则在 A 中合作将不被考虑。

$$A = \begin{bmatrix} A_{11} & A_{12} & \cdots & A_{1t} \\ A_{21} & A_{22} & \cdots & A_{2t} \\ \vdots & \vdots & & \vdots \\ A_{s1} & A_{s2} & \cdots & A_{st} \end{bmatrix} \tag{3-2}$$

$$A_{11} \wedge A_{12} \wedge \cdots \wedge A_{1t} \wedge A_{21} \wedge A_{22} \wedge \cdots \wedge A_{2t} \wedge \cdots \wedge A_{s1} \wedge \cdots \wedge A_{st} \neq 0 \tag{3-3}$$

$$A_{11} \vee A_{12} \vee \cdots \vee A_{1t} \vee A_{21} \vee A_{22} \vee \cdots \vee A_{2t} \vee \cdots \vee A_{s1} \vee \cdots \vee A_{st} \neq 0 \tag{3-4}$$

3.2.3　网络性能目标

网络性能指标(network performance objective, NPO)是宏观调整网络的指示灯。假设认知物联网的 NPO 为 $NPO = (O_1, O_2, \cdots, O_i, \cdots, O_n)$ ，O_i 表示 AD_i 本地的 NPO，$O_i = (o_1, o_2, \cdots, o_j, \cdots, o_m)$ 是一个向量，元素 o_j 表示 AD_i 的 sub-NPO。不同的 AD 拥有不同数量和内容的 NPO，在不同的应用情况下，网络需要满足不同的 NPO。在执行认知过程中，QoS 和 NPO 两者都需要考虑。在某些情况下，QoS 应被优先满足，然而在其他情况下，NPO 将会更加重要。

3.2.4　网络容量与网络负载

对于给定的域，网络能力(network ability, NA)是指网络处理业务的能力。网络容量(network capacity, NC)指在一个特定的时间内，网络可以接受的业务量。$NA = \{NC, B, T, D, S, PLP\}$ 是一个 6B 的集合，NC 是网络容量，B 代表宽带，T 代表吞吐量，D 是时延，S 是安全级，PLP 代表丢包率。

网络负载(network load, NL)是在一个具体的时间内网络的业务量。$NL = \langle NC, B, T, D \rangle$ 是一个四元组，其各个符号的意义与 NA 中一致。对于预期进入网络的业务，如果 $NA \stackrel{\frown}{\,} NL \succ QoS$ ，则业务允许进入网络。如果 $NA \stackrel{\frown}{\,} NL \prec QoS$ ，则业务禁止进入网络，认知和协作被执行。这里，$NA \stackrel{\frown}{\,} NL \succ QoS$ 表示网络可以满

足期望进入网络业务的 QoS。$NA \frown NL \prec QoS$ 表示网络不能满足期望进入网络业务的 QoS。

3.3　认知过程设计

认知物联网的概念是基于自律计算[11~13]和生物启发理论[14]派生出来的。自律计算是自管理的、具有极大灵活性和最小人工干预的计算模型，支持动态自动调节，旨在满足应用需求，提供高质量的计算服务，同时动态适应网络环境的变化，通过自组织、自配置和自调节的网络服务，降低通信系统的管理开销。现有对认知物联网体系结构较为具体的研究是面向用户对物联网自主、智慧特性的需求，引入认知元素，创建的三层认知环结构与异质感知信息的交互、融合共享机制一起构成了认知物联网自主认知体系结构，这些研究为认知物联网的认知决策机制和学习优化机制研究提供了基础架构和数据支撑。

3.3.1　三维认知网络结构

物联网理论是近年来研究的热点，关于物联网体系结构，还没有通用的国际标准。现在是在国际、国内外公认物联网体系结构技术上，融入认知元素，构建三维认知物联网体系结构[3]，如图 3.3 所示。认知物联网协议层基于传统的物联网体系结构，共定义为四层：信息感知层、网络互联层、信息融合层、智慧服务层。认知平面针对引入的认知元素，面向网络性能目标进行自主认知，产生能够提高网络性能的行为策略，调节平面根据产生的策略对网络进行调节，实现网络性能目标。

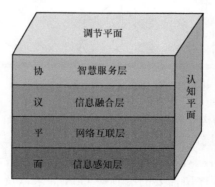

图 3.3　认知物联网体系结构

认知物联网从功能上划分为目标需求描述层、认知决策过程层、泛在接入层以及底层的物理网络层四个层次。如图 3.4 所示。这四个层次的定义与传统分层网络协议没有直接的对应关系。该框架必须支持为端到端的用户通信提供不同需求的 QoS 保障。其功能包括感知不同自治域用户的 QoS 需求和网络性能目标，根据认知和反馈，自适应地学习当前网络状态，利用适当的网络行为模型进行相应的决策，从而确定未来网络需要执行的行为，并对物理网络中的可配置元素进行适当的调整和配置，以达到满足实时用户 QoS 的需求。

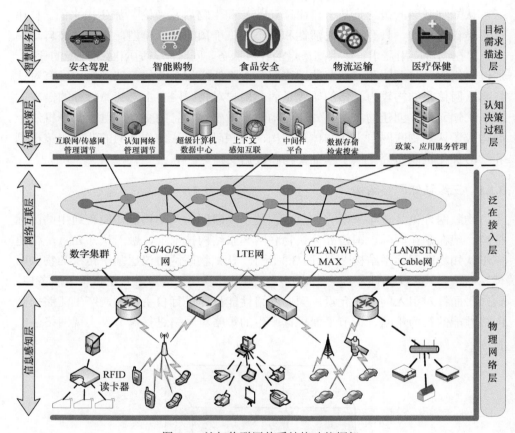

图 3.4　认知物联网体系结构功能框架

认知物联网体系结构中各功能层的设计和目标描述如下。

(1) 目标需求描述层。其位于体系结构中的最上端。其功能是根据认知物联网中各应用场景的不同，对端到端 QoS 目标的解析和表示。首先需解析相应场景的用户业务和应用程序所需要的端到端 QoS 需求以及系统资源需求。根据这些需求形成对应的网络性能目标，这些端到端目标将被表示成认知过程所能识别的形式。端到端的目标是认知过程中对未来网络行为进行决策的最重要依据之一。

（2）认知决策过程层。认知决策过程功能是认知物联网体现智慧特性的一个重要核心功能，其主要依据是认知物联网的三层认知环[3]，这将在 3.3.2 小节具体描述。

（3）泛在接入层。相对于普通网络，认知物联网可动态、自适应地实现更好的端到端性能。认知过程可以更好地实现 QoS、资源管理、接入控制、安全等多方面的网络目标。在认知物联网中，节点通过自身的认知过程可以时时感知周围网络环境的变化，根据需求选择最合适的接入方式，并灵活切换通信的模式，这样更方便构建异构的融合网络。因此，泛在接入层主要提供最大可能的无缝连接服务，实现多种网络的无缝融合和不同网络之间的无缝切换，使网络的性能最优。

（4）物理网络层。在认知物联网中，底层的物理网络是一个软件适应性网络(sofware adaptable network, SAN)。最终决策的网络行为由 SAN 执行。SAN 的适应性体现在两个方面：SAN 平台中存在大量可配置网络单元和感知网络状态的传感器。SAN 实质上是可控、可配置的底层物理网络。为了支持认知功能，每个可配置网络单元实现一种特定网络功能相关的机制或协议，如路由与转发、分类、标记、整形、队列管理与调度、频谱分配、能量管理、移动管理等。可配置网络单元具有可控性和可配置性，在认知过程中特性认知元的控制下，实现特定数据传输或其他功能等。可配置网络单元是认知过程中决策行为的最终执行者，将认知决策需要执行的网络行为转化为最终网络操作，这些可重配置元素位于数据平面。SAN 中的另一类功能元素是网络状态传感器(network state sensor, NSS)。NSS 的功能是利用各种监视和测量算法机制，感知各种网络状态，作为认知过程中"观察"过程的信息提供者。

3.3.2　三层认知环

认知物联网中，智慧认知和智慧服务是引入认知元素后新增的重要功能。智慧认知是从网络内部运行层面来说的，智慧服务是从网络外在表现层面来说的。这里主要从网络内部运行层面研究物联网的自主认知与智慧决策机制。认知环是物联网实现智慧认知特性的基础，这里在认知无线电网络认知环结构的基础上，通过对物联网内部体系结构、运行机制、协作关系的探索，初步构建物联网三层认知环(three-layer cognitive rings, TCR)结构，如图 3.5 所示。

认知物联网三层认知环面向网络性能目标，从网络生态环境观察、信息感知入手，获取海量异质感知信息；利用网络互联互通机制，实现感知信息分布共享；采用数据融合理论方法对感知信息进行分析、融合；根据信息融合的结果进行网络智慧决策，并引入机器学习理论优化决策知识库；最后依据决策结果执行相应的网络调节。这几个过程协作运行旨在实现网络性能目标。

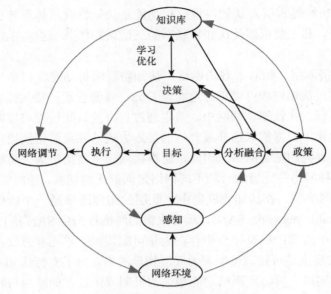

图 3.5　认知物联网三层认知环结构

　　这里通过抽象三层认知环获取元认知(meta-cognition, MC)。在认知物联网中，每个认知元(cognitive element, CE)(图 3.6)至少保持一个 MC 来构建更复杂的认知过程。在 MC 中，根据规范的信息进行决策是最重要的环节。如果有必要，CE 将会与其他 CE 合作来获取更多有价值的策略。为了提高未来决定的智能性，可以使用机器学习方法来优化知识数据库。

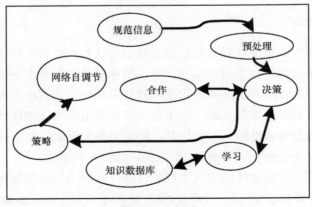

图 3.6　认知元

3.3.3　异构性与协作性

　　认知物联网所具备的认知和学习特性使它拥有一些传统网络中没有的重要性

质。如图 3.7 所示，认知物联网可以融合各种异构网络，屏蔽底层网络细节，为用户业务提供透明的传输能力。另外，在当前的网络环境中，终端与终端之间、网络与网络之间缺乏可靠有效的信息交互，节点之间缺少相互的沟通与协作，这势必会引起整个网络中资源的浪费以及资源分配不合理等情况，导致网络利用率低下。认知过程不仅能够感知周围的网络环境，也能够感知网络中周围其他网络元素的信息，因此，认知物联网可以改变传统网络中节点之间因为孤立而导致的自私和不合作关系。通过充分认识整体的网络环境以及网络中的元素，并建立相应的协作关系，资源可以在节点之间有效地进行共享。

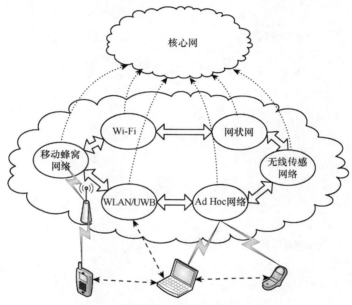

图 3.7　认知物联网的异构性与协作性

1. 跨层合作

认知促进了物联网向认知物联网的变革，合作能够提高认知效率和网络性能。将跨层合作思想引入认知物联网的认知决策中，对认知元决策模型进行优化，形成认知元跨层合作模型，如图 3.8 所示。从横向来看，每一层都有一个认识元来执行相应层的认知过程，其连接了跨层适配器。从纵向来看，每一个认识元都有相同的环节(如决策)实现相同的功能并表现为一个逻辑环节。从整体来看，跨层合作表现为认知元的逻辑认知过程。

是否需要跨层是由跨层适配器决定的。设一组跨层状态为 $S=\{S_1, S_2, \cdots, S_n\}$，元素 S_i 是一个特定的跨层状态。例如，可以表示信息感知(information perception layer, IPL) 与网络互联层 (network interconnection layer, NIL)，信息融合层

(information fusion layer, IFL)与智慧服务层(intelligent service layer, ISL)的跨层，IPL&IFL、IPL&ISL、NIL&IFL、NIL&ISL 之间没有跨层。如果当前时间为 t_i，跨层状态为 S_i，则下一时刻的跨层状态 S_i 是由式(3-5)决定的，转移矩阵为式(3-6)。转换矩阵 P 和转移概率 P_{ij} 可以在早期获得。随着时代的发展，跨层合作的收益将由机器学习分析和评估。P 和 P_{ij} 逐步优化，以满足应用需求。

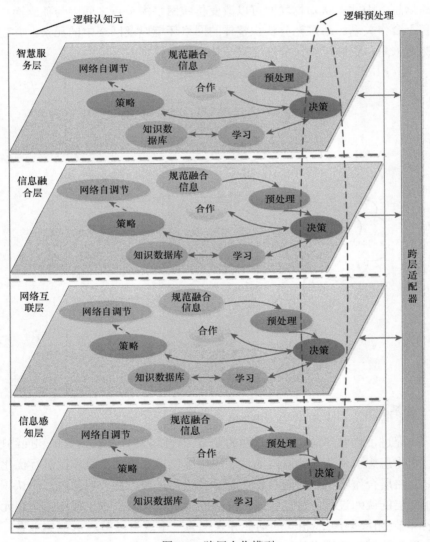

图 3.8　跨层合作模型

$$P_{ij}=P\left(S_j = j \mid S_i = i\right) \tag{3-5}$$

$$P=\begin{bmatrix} P_{11} & P_{12} & \cdots & P_{1n} \\ P_{21} & P_{22} & \cdots & P_{2n} \\ \vdots & \vdots & & \vdots \\ P_{n1} & P_{n2} & \cdots & P_{nn} \end{bmatrix} \tag{3-6}$$

2. 多域协作

从图 3.2 可知，认知物联网是一组自治域的集合，多域之间的关系可以简化为图 3.9。在特定的时间，如果一个认知元不能满足应用 QoS，多域合作将在更广泛的网络环境中被考虑。

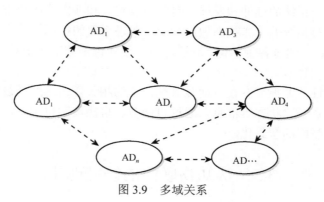

图 3.9　多域关系

设自治域 AD_s 的集合 $D=\{1, 2, \cdots, n\}$，D 的有限幂集 $G=\{G_1, G_2, \cdots, G_i, \cdots, G_m\}=\{\varnothing, \{1\}, \{1, 2\}, \cdots, \{1, 2, \cdots, n\}\}$，其中 G_i 称为一个协作组。考虑基于博弈的多域协作 $GAME=\langle D, v \rangle$，$v$ 是从 $2^D=\{G_i | G_i \subseteq D\}$ 到实数集合 R^D，$v(G_i)$ 表示通过 G_i 获得的收益。设 $AD_j(AD_j \in G_i)$ 的预期合作收益为 $u_j(G_i)$，则每一个 AD 都可表示为一个收益向量 $P=\{P_1, P_2, \cdots, P_i\}$，$P_i$ 表示 AD_i 网络容量的增量。基于博弈理论，多域协作模型很容易建立一个协作群组，但要找到一个合适的解决方法是困难的。

3.4　认知物联网的特点

认知物联网是在物联网的概念中加入认知元素，其核心思想是赋予物联网自主、智能的特性，使其具有自感知、自调节、自决策、自优化、自学习等智慧特点，具体如下所述。

(1) 自感知。网络能够感知并控制自身的状态和行为，并协同其他网络工作。

(2) 自调节。网络根据内外部环境的变化，可以动态地实现自我重新配置功能。主要包括组件的增加或减少，流量的变化等操作，网络系统始终保持健壮性和高效性。

(3) 自决策。根据当前网络的状态以及未来网络的变化趋势，制定合理的策略，将网络调整为正常的状态。

(4) 自优化。网络根据用户和自身的需求重新调配系统资源，保证服务质量的可靠性和可用性。系统不断地监视各个部分的运行状况，对性能进行优化。就像乐队的指挥，仔细倾听乐队的演奏，并做出动态的调整，从而获得最佳的表演效果。

(5) 自学习。自学习就是网络具有按照自我认知过程改进控制算法的能力。自学习是自适应系统的延伸和发展。自学习有定式和非定式两个方面。定式是根据已有的答案对系统的工作状态做出判断来改进系统的控制，使之不断趋近理想的算法。非定式是通过各种试探、统计决策和模式识别等工作来对系统进行控制，使之趋近理想的算法。

这几个特性并非孤立存在，而是具有一定的相关性。这些智慧特性使网络能够感知环境、资源、状态等信息，通过自调节、自决策和自学习，提升物联网的性能，实现物联网的智慧化。

3.5　认知物联网的研究现状

自 20 世纪末麻省理工学院的 Kevin 第一次阐述物联网的相关概念后[15]，麻省理工学院建立了自动识别中心实验室，并对物联网[16]的具体含义进行了详细的描述，指出所有物体都可以利用网络实现物物相连[17]。在物联网发展初期，主要通过 RFID 技术应用于物流相关的应用。如今，相关技术已有了实质性的提升，物联网也有了更具体的实际应用。物联网是一次重大信息技术革命，被认为是继计算机、互联网之后的第三次信息产业浪潮。物联网是建立在互联网的基础上，并对互联网进行了相应的扩充，它通过信息传感设备，按照约定的协议，将物体与互联网连接起来，使物体之间的信息可以相互交换，最终达到智慧化管理的目的。物联网的实质特点是对信息进行全面的感知，利用有效的信息传输技术进行信息交互，然后利用强大的处理能力进行智慧化处理。21 世纪初 IBM 公司提出智慧地球计划[18]，物联网再次成为各个国家追捧的研究热点。物联网的本质在于物联和感知，其精髓在于感知。

在物联网基础体系结构研究方面，意大利帕多瓦大学面向学校的应用背景描述了一种物联网体系结构及相关协议，能够提供环境监视和用户定位服务，该体系结构具有一定的柔性和易扩展性，并且支持 IPv6 协议[19]。文献[20]提出一种集成式物联网体系结构，通过统一的命名、多播、定位、路由、管理等功能，为用户提供泛在的服务。文献[21]提出一种基于向量网的新型融合物联网体系结构，可以满足物联网异构终端、大量标识、互联互通以及电信级 QoS 需求，提高物联网的服务性能。有学者在分析互联网体系结构的基础上[22]阐述了一种五层物联网体系结构，并对其进行评价。文献[23]扩充了物联网资源寻址模型，为解决物联网寻址问题提供了理论依据。文献[3]提出一个物联网的概念模型，该模型融合了虚拟网络与现实世界，综合考虑物品、网络、应用三个方面，提出一种物联网体系结构，并详细分析了每一层的功能及其关键技术。文献[24]从物联网体系结构角度出发，讨论了物联网技术范畴、关键的理论和技术问题以及物联网技术标准化问题，分析了 ITU-T 有关物联网通用需求的标准建议，提出了基于物联网通用需求的体系结构框架，并探讨了物联网技术标准化的问题。文献[25]对现有的参考模型进行了比较分析，指出它们基于的软件构建类型、采用的设计原则及具有的结构属性不同，并说明了参考模型的使用情况。

认知物联网概念起源于 Mitola 等[5]提出的认知无线电技术，也就是在物联网中加入认知元素以提高其智慧性，使网络中的节点能够感知网络状态，并根据网络的性能目标进行路由决策，通过历史决策信息以及节点的协作共享及自学习，调节自身配置。文献[24]针对认知网络研究了一种融合主、次用户多因素优化的局部拓扑控制和路由方法。综合考虑主用户的频谱使用情况以及次用户对主用户的干扰影响，预测认知链路的稳定性。结合链路功耗，定义一种联合链路代价，提出链路代价最小的局部认知拓扑控制路由算法，优化了网络拓扑，并在优化后的拓扑上进行网络路由的选择。文献[3]提出了认知物联网，模拟了认知物联网的网络拓扑，设计了一个相关的感知技术并介绍了基于认知物联网概念的应用实例。文献[10]阐述了认知物联网的体系架构，包括信息感知层、网络互联层、信息融合层和智慧服务层，并开发了一个实际的应用系统。文献[26]提出一种关于物联网的认知管理框架，该框架基于感知循环，具有虚拟世界控制现实对象的虚拟表示能力的特征，并以租车案例为例，具体介绍了该框架的工作过程。文献[27]提出聚焦约束定义情境的真实世界知识模型，然后将其用于检测和预测未来的潜在情况。该模型实现了推理和机器学习机制，展现了在智能家居场景中一个原型实现的体系框架。文献[9]研究了多个自治节点和多域协作决策机制，并提出了在认知物联网中相应的协作决策机制过程。

如图 3.10 所示，国际权威组织将物联网的发展分为四个阶段。随着研究的深入，物联网的功能、服务特性也逐渐清晰。由图 3.10 可以发现，未来的物联网需要具备服务感知、数据感知、环境感知能力，进一步还将拥有智能化的认知能力。若要真正实现智慧化的物联网，需要将物联网从"感知"上升到"认知"层面，构成认知物联网。认知物联网是一个具有认知和协作机制的物联网[3]，它能够感知当前的网络状态，分析感知的信息，进行指挥决策，并进行相应的调节动作，其目的是最大化网络性能。

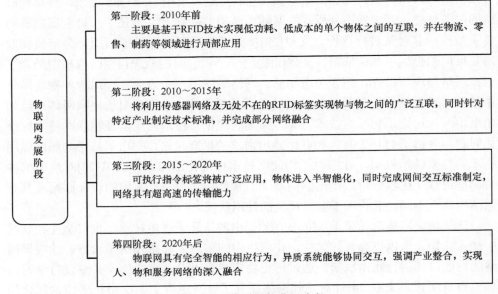

图 3.10   物联网的发展阶段

3.6   认知物联网的发展趋势

1. 认知物联网符合物联网发展的趋势

随着物联网中应用类型的不断增加和信息量的剧烈膨胀，物联网可能过多依靠人力进行管理。这促使物联网智慧特性成为决定其自身和拓展领域发展的关键属性，其异构性为跨域、跨子网的智慧性研究带来了巨大的挑战。强调自主认知能力的认知物联网将会为该问题的解决开辟新的思路。

2. 认知物联网将会进一步智慧化

由于物联网应用广泛，支持众多的应用类型，物联网组成要件的复杂性、应用形态的不确定性、运行规律的模糊性均促使智慧性成为制约物联网发展的关键属性。认知物联网赋予物联网智慧特性，为物联网面临的各类问题提供新的解决方案。

3. 认知物联网协作将会更加智能

谷歌宣布开源 Tensor Flow 项目仅一年的时间，机器学习迅速发展成非常活跃的项目，被广泛应用于从药物开发到音乐制作的各个领域[27]。机器学习的发展将会促进认知物联网多域协作，使其重新组织知识结构，不断改善以提高自身的性能。

4. 认知物联网的服务质量将与路由技术息息相关

不管是传统物联网还是认知物联网，路由问题都是需要解决的关键核心问题之一。传统路由机制多采用静态路由机制，并且针对优化的网络性能目标较为单一，无法满足认知物联网中多自治域间不同的 QoS 需求，因此设计出符合认知物联网特定需求的路由算法及相应的优化机制可大大提升网络资源的利用率。

3.7 小　　结

近年来，物联网的发展越来越得到人们的广泛关注，并在全球学术范围内引起越来越大的影响。物联网被称为继计算机、互联网之后，全球信息产业的第三次浪潮。由于人们生活、学习对网络的依赖性越来越大，仅停留在感知网络层面上的物联网已不能满足人们的需求。因此，如何提高物联网的智慧性，使其拥有自感知、自适应、自决策、自优化的能力是亟待解决的问题。针对认知物联网场景下的技术还处于起步阶段，但结合未来网络的发展趋势，以及 QoS 保障技术和路由智能优化的重要性，该研究领域将有巨大的研究空间和发展潜力。

参 考 文 献

[1] 宁焕生, 张瑜, 刘芳丽, 等. 中国物联网信息服务系统研究. 电子学报, 2006, 34(s1): 2514–2517.

[2] 胡永利, 孙艳丰, 尹宝才. 物联网信息感知与交互技术. 计算机学报, 2012, 35(6): 1147–1163.

[3] Zhang M, Zhao H, Zheng R, et al. Cognitive internet of things: Concepts and application example. International Journal of Computer Science Issues, 2012, 9(6): 151–158.

[4] 谢鲲, 段申琳, 文吉刚, 等. 基于博弈的协作路由算法. 通信学报, 2013, (S1): 44–57.

[5] Mitola J, Maguire G. Cognitive radio: Making software radios more personal. IEEE Pers Commun, 1999, 6(4): 13–18.

[6] 杨静, 辛宇, 谢志强. 面向物联网传感器事件监测的双向反馈系统. 计算机学报, 2013, 36(3): 506–520.

[7] Chen H, Xu H, Chen L. Incentive mechanisms for P2P network nodes based on repeated game. Journal of Networks, 2012, 7(2): 385–392.

[8] 朱慧玲, 杭大明, 马正新, 等. QoS 路由选择: 问题与解决方法综述. 电子学报, 2003, 31(1): 109–116.

[9] Zhang M, Zheng R, Wu Q, et al. A novel multi-x cooperative decision-making mechanism for cognitive internet of things. Journal of Networks, 2012, 7(12): 2104–2111.

[10] Zhang M, Qiu Y, Zheng R, et al. A novel architecture for cognitive internet of things. International Journal of Security & Its Applications, 2015, 9(9): 235–252.

[11] 郑瑞娟, 吴庆涛, 张明川, 等. 一个基于自律计算的系统服务性能自优化机制. 计算机研究与发展, 2011, 48(9): 1676–1684.

[12] He H, Zhang W, Liu C, et al. Trustworthy enhancement for cloud proxy based on autonomic computing. IEEE Transactions on Parallel & Distributed Systems, 2016, (99): 1.

[13] Viswanathan H, Lee E, Rodero I, et al. Uncertainty-aware autonomic resource provisioning for mobile cloud computing. IEEE Transactions on Parallel & Distributed Systems, 2015, 26(8): 2363–2372.

[14] 郑瑞娟, 王慧强, 庞永刚. 生物启发的多网安全体系建模与仿真. 系统仿真学报, 2008, 20(5): 1118–1125.

[15] Sanjay S, David L B, Kevin A. MIT Auto-ID WH-001: The Networked Physical World. Massachusetts: MIT Press, 2000.

[16] Ma H D. Internet of things: Objectives and scientific challenges. Journal of Computer Science and Technology, 2011, 26(6): 919–924.

[17] 孙其博, 刘杰, 黎羴, 等. 物联网: 概念、架构与关键技术研究综述. 北京邮电大学学报, 2010, 33(3): 1–9.

[18] 沈苏彬, 毛燕琴, 范曲立, 等. 物联网概念模型与体系结构. 南京邮电大学学报(自然科学版), 2010, 30(4): 1–8.

[19] Castellani A P, Bui N, Casari P, et al. Architecture and protocols for the internet of things: A case study//Proceedings of Eigth IEEE International Conference on Pervasive Computing and Communications, Mannheim, 2010: 678–683.

[20] Inge K. Architecture for the internet of things(IoT): API and interconnect//Proceedings of Second International Conference on Sensor Technologies and Applications, Cap Esterel, 2008: 802–807.

[21] Zhang J, Liang M. A new architecture for converged internet of things//Proceedings of International Conference on Internet Technology and Applications, Wuhan, 2010: 1–4.

[22] Wu M, Lu T, Ling F, et al. Research on the architecture of internet of things//Proceedings of International Conference on Advanced Computer Theory and Engineering, Chengdu, 2010: V5-484–V5-487.

[23] Ning H, Wang Z. Future internet of things architecture: Like mankind neural system or social organization framework?. Communications Letters, IEEE, 2011, 15(4): 461–463.

[24] 刘舒祺, 汪一鸣, 崔翠梅, 等. 基于局部拓扑控制的认知网络路由方法. 通信学报, 2016, 37(5): 106–114.

[25] 陈海明, 崔莉. 面向服务的物联网软件体系结构设计与模型检测. 计算机学报, 2016, 39(5): 853–871.

[26] Jiang Y, Xie W, Wang F, et al. An implementation of cognitive management framework for the internet of things system//Proceedings of International Conference on Information Technology and Electronic Commerce, Chongqing, 2015: 103–106.

[27] 王秀文. 开源时代, AI 热潮 coming soon. 中国传媒科技, 2015, (10): 1, 2.

第4章　认知物联网自律感知模型

4.1　概　　述

认知物联网技术在飞速发展及广泛普及的同时，各种新颖的物联网攻击技术也在不断出现，认知物联网安全问题日益严峻。传统的物联网安全技术包括主动防御(如数字认证、身份认证等)和被动防御[如防火墙、入侵检测系统(instrusion detection system, IDS)、安全扫描、安全审计等]。这些技术虽然能够防御一定的认知物联网攻击，但都是在攻击行为出现后才会采取措施，并不能真正实现有效防御，例如，入侵检测(intrusion detection system, IDS)只有在攻击行为发生后，才能对检测到的攻击信息进行分类，无法全面保证认知物联网的安全。因此，为了达到事前感知、积极主动防御的目的，认知物联网安全态势感知技术的研究显得极为重要。

4.2　认知物联网安全态势感知概述

认知物联网安全态势感知(network security situation awareness, NSSA)被认为是今后认知物联网安全管理发展的主要方向，与传统的被动防御技术相比，它是一种主动防御技术，能够在攻击行为发生前，实现对攻击的主动防御。传统的态势感知(situation awareness, SA)思想最早来自战争中对战场态势的估计，在我国古代的兵法书中曾有描述；而现代 SA 技术则最早出现在对航天飞机的人因(human factor, HF)研究中[1]，被认为是决策执行之前的态势评估过程。因此，在数据融合领域中，态势感知常常被态势评估所代替。

由于目前对 NSSA 的研究还处于初级探索阶段，没有一个普遍被人们认可的定义，因此，许多学者根据研究角度的不同纷纷对其进行定义。比较典型的定义有：Endsley 于 20 世纪 80 年代中期从人的认知角度出发，将 SA 定义为"在一定的时空条件下，对环境因素的觉察、评估以及对未来状况的预测"，并把整个 SA 过程分为三级模型，即态势提取(situation extraction, SE)、态势理解(situation comprehension, SC)和态势预测(situation prediction, SP)，如图 4.1 所示[2]。Tim 于 20 世纪 90 年代末从空中交通监管角度出发，对网络态势感知(cyberspace situation awareness，CSA)这个概念进行了阐述，并对 CSA 与交通监管 ATCSA 进行了对比，旨在把 ATC 态势感知的成熟理论应用到 NSSA 中。作为网络安全性定量分析的一种手段，NSSA 指在多源异构网络环境中，对影响网络安全态势的诸多安全要素进行觉察、理解、评估，并对未来网络安全状况的变化趋势进行预测[2]，实现对网络安全性的精细度量。

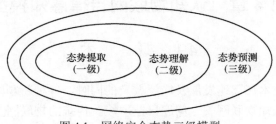

图 4.1   网络安全态势三级模型

4.3   物联网安全态势感知相关理论

4.3.1   安全态势要素

目前，直接研究物联网安全态势感知相关理论的成果较少，而 NSSA 的相关研究则为该领域的研究提供了有益启示。在 NSSA 中，态势要素获取是态势感知的基础，主要是指从多源异构数据源中对影响安全态势的元素进行识别的过程，它可以看成对大量复杂数据进行分析，即对海量的数据进行分类识别的问题[3]，其为上层的态势评估和态势预测提供了数据基础。对于各个安全设备提供的数据，若没有一个合适的模型对其进行综合处理，那么在大量的噪声中将会有许多有效的安全信息被隐藏，从而使系统挖掘有效数据的时间大大增加、处理数据的效率大大降低，最终导致提取的结果不准确，严重影响态势评估和态势预测结果的准确性和有效性。因此，态势提取是态势感知的首要问题。

目前，国内在态势提取方面的研究主要集中在提取模型上。文献[4]给出了一个网络安全态势要素提取模型，如图 4.2 所示。该模型主要包括报警聚类和报警融合两大部分。态势获取的过程如下。首先由 Netflow、SNMP 等各类传感器采集并初步分析来自防火墙、VDS、主机日志等多源异构环境的安全信息。然后对报警信息进行检测和验证，并采用统一的格式标准对处理后的信息格式进行规范操作。随后将格式统一后的信息提交到报警聚类模块，采用相异度计算 (dissimilarity computing, DSimC)方法对相似度比较高的报警进行聚类，分类结果包括类别 1、类别 2 等。最后，在报警聚类的基础上，利用指数加权证据理论 (eponential wighted dempster-shafer, EWDS)对聚类结果进行融合分析，从而进一步精简安全信息数量和识别攻击行为。

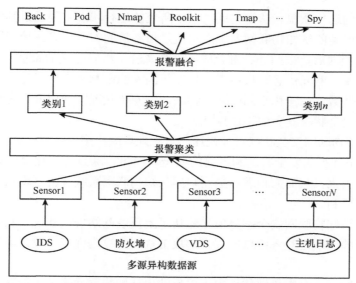

图 4.2 多源异构网络安全态势要素提取模型

文献[3]提出一种基于粒子群优化(particle swarm optimization, PSO)的态势要素提取模型，如图 4.3 所示。态势提取过程如下：用模糊技术对输入的历史态势要素进行模糊化处理，转化为模糊逻辑规则；然后映射到神经网络层与层之间；最后利用 PSO 算法对神经网络的连接权进行优化，提高神经网络的学习精度和速度。

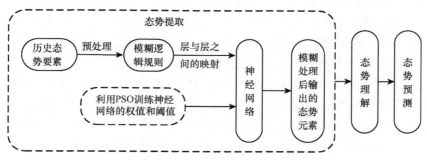

图 4.3 基于 PSO 的网络安全态势要素获取模型

4.3.2 安全态势评估

认知物联网安全态势评估是态势感知的核心。认知物联网态势评估技术主要由态势值、态势评估和威胁评估组成[5]。认知物联网态势评估技术需要告知管理员认知物联网系统所处的运行状态以及可能发生的危险，以方便管理员了解认知物联网当前的运行状况。认知物联网系统所处的运行状态主要通过其安全态势值体现出来。所谓的认知物联网安全态势值是指海量的安全信息在使用数学方法进行一系列的处理后，被归并、融合成一组或者若干组有意义的数值[5]。这些数值受到网络流量、网元信息、攻击威胁程度等因素的影响会产生变化，系统管理员可以通过这些数值的变化来判断认知物联网的安全状况。使用安全态势值描述认知物联网的安全状况具有如下优点[5]：

(1) 认知物联网安全状况可被快速、直观地反映出来。

(2) 系统过去的安全状况和当前的安全状况可以通过可视化显示技术以图表的形式显示出来，从而为管理员全面掌握认知物联网系统过去、现在和未来的安全状况提供便利。

但是，认知物联网安全态势值只能从量上反映网络安全状况，只是对网络状态的宏观反映，缺乏对入侵攻击行为的攻击意图、攻击强度、攻击类别等更深层次的分析。

认知物联网安全态势评估技术可以反映出认知物联网系统可能发生的危险，是一种为认知物联网管理服务的物联网安全技术。通过 IDS 等数据采集工具对攻击事件进行记录、收集，然后利用各种技术手段对攻击数据进行处理，最后得到方便、有效的安全态势信息。同时，认知物联网安全态势评估技术也是一种集成多种技术的综合性技术，包括通信技术、数据融合技术、数据挖掘技术、专家系统和智能信息处理等。

为了整体了解并宏观把握当前认知物联网的安全状况，并客观反映其运行质量，需要对认知物联网的运行状况进行量化分析和呈现。而态势评估，就是在完成对安全设备所采集到的主机日志信息、入侵检测系统日志信息、防火墙日志信息等安全信息的预处理后，提取出具有关联性并能反映某些网络安全事件的特征信息；然后利用数学模型和先验知识来评估某些安全事件发生的概率，得到评估结果；最后对未来认知物联网系统所处的运行状态进行预测。认知物联网安全态势评估对保障认知物联网安全具有重要的意义，它能综合反映认知物联网的整体运行状况以及整体安全状况，并且评估结果具有多方位、多角度、多粒度性等特点。它的应用范围比较广泛，适应性强，可以分析不同层次和规模的认知物联网或系统[5]。

认知物联网威胁评估(threat assessment, TA)在数据融合系统中属于高层次的信息融合处理，比较关注事件和态势的效果。它主要实现对认知物联网所遭受非法攻击的威胁程度及非法攻击的破坏能力的评估；其任务是实现对攻击事件出现的频率和对认知物联网的威胁程度的评估[5, 6]。

由上述分析可知，计算态势值可以初步判断认知物联网的运行状况是否安全；威胁评估可以实现对认知物联网所遭受非法攻击的威胁程度及非法攻击的破坏能力进行评估，着重事件和态势的效果；态势评估着重评估事件出现后对当前认知物联网系统的影响。态势评估和威胁评估的关系如图 4.4 所示。

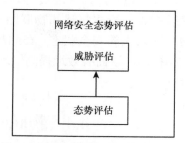

图 4.4 态势评估和威胁评估的关系

当前，众多学者正致力于认知物联网安全态势评估的研究，出现了许多具有参考价值的研究成果，这些研究成果大致可归为两大类：一类是对评估策略的研究，另一类是对评估模型的研究。虽然它们的研究目的不同，但所采用的研究方法基本相同，这些研究方法包括定性评估方法、定量评估方法、定性与定量相结合的评估方法、基于模型的评估方法[7]。其中，定性评估方法主要依据研究者概念性的资料来实现对当前认知物联网系统安全状况的评估。虽然该评估方法得出的评估结论全面而深刻，但主观性较强。目前常见的定性评估方法有因素分析法、德尔斐法、历史比较法、逻辑分析法等。定量评估方法主要通过采用数量指标来实现对认知物联网安全状况的评估。它能够对攻击事件发生的概率及威胁程度所形成的量化值进行分析。该方法虽然简单直观，但容易将比较复杂的事物过度简化。目前常见的定量评估方法有聚类分析法、熵权系数分析法、故障树分析法等。常见的定性与定量相结合的评估方法有层次分析法、模糊层次分析法、概率风险评估等。基于模型的评估方法不仅能够挖掘出系统内部机制中存在的危险性因素，而且能够识别认知物联网系统与外界环境在交互过程中的异常和有害行为，从而实现对系统脆弱性和安全威胁的定性分析。该方法虽然能够实现对认知物联网系统安全有效的评估，但其规则的提取过程比较烦琐，不易实现。目前常见的基于模型的评估方法有访问控制模型、基于角色的访问控制模型、信息流模型等[7]。随着对态势评估研究的不断深入，除了以上这些研究方法，也出现了一些比较智能的态势评估方法。

4.3.3 安全态势预测

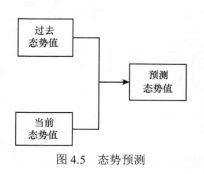

图 4.5 态势预测

认知物联网安全态势预测是认知物联网安全态势感知的高级阶段。作为主动防御的关键部分及网络安全预警的前提，它是指在当前认知物联网态势的基础上，结合过去安全态势，如图 4.5 所示，对未来的认知物联网安全状态的变化趋势进行量化分析，即已知 $T+1, T+2, \cdots, T+n$ 时刻的态势值，对 $T+n+1, T+n+2, \cdots, T+n+m$ 时刻的态势值进行预测，为管理员管理认知物联网提供有效的指导，最后通过可视化技术以图表的形式将认知物联网态势预测图显示出来，从而更加直观地反映认知物联网未来的安全状态。在此基础上，管理员可依据态势预测结果有目的地调整防御措施，从而有效地提高管理员的管理水平，保证认知物联网系统安全有效的运行[5]。

4.4　物联网安全态势感知典型模型

目前，对态势感知框架模型的研究已取得一定的发展，其中比较典型的有 JDL (joint directors of laboratories)功能结构、Endsley 认知模型、Tim 信息融合结构以及 NSSA 通用框架模型。其中，前三个框架对态势感知流程进行设计，确定各个功能部件的主要任务，从整体上对态势感知进行研究[5, 6]。而哈尔滨工程大学的王慧强等[2]基于前者的研究成果，提出了一种 NSSA 通用框架模型。

4.4.1　JDL 功能结构框架模型

JDL 功能结构能够对指挥员感知战场态势能力的提高提供有利的帮助，因此，它已被广泛地应用到军事领域中[5, 6]。基于此，很多学者将该结构引入认知物联网安全领域中，以实现对认知物联网安全态势的感知。此融合结构主要包括信息源、人机接口(human-computer interface)、信息的预处理及精炼、态势评估、威胁评估、过程精炼，以及由支持数据库和融合数据库组成的数据库管理系统(database management system, DMS)，其结构如图 4.6 所示。

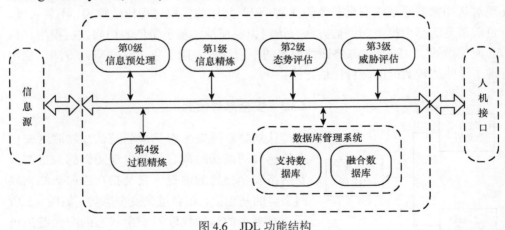

图 4.6　JDL 功能结构

目前，很多学者已经开始尝试将 JDL 模型应用于认知物联网安全领域中，但由于 NSSA 中的问题比较复杂，若要直接使用该功能结构来解决这些复杂的问题，则需要对其进行改进。

4.4.2 Endsley 态势感知模型

20 世纪 80 年代中期，Endsley 等[6]从人的认知角度提出了一种态势感知模型。该模型主要包括核心态势感知部分的态势觉察(situation perception)、态势理解、态势预测(situation prediction)、决策及行动执行，以及影响态势感知要素的系统要素和个体要素等。该模型的结构如图 4.7 所示。为了提高系统对态势感知的能力，很多学者把 JDL 功能模型与 Endsley 认知模型结合起来。

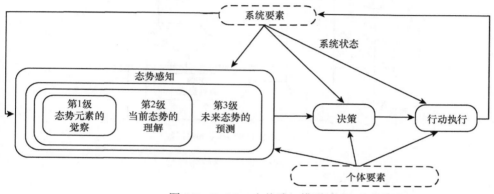

图 4.7　Endsley 态势感知模型

4.4.3 Tim 安全融合模型

20 世纪 90 年代末，Tim 提出 NSSA 的概念，同时给出比较典型的可被广泛应用在 NSSA 和入侵检测研究领域中的安全融合结构，如图 4.8 所示。该框架整体分为五级，整体实现思路为数据→信息→知识，即数据提取→对象精炼→态势评估→威胁评估→资源管理[5, 6]。

在这个框架中，第 2 级注重事件的出现，其主要通过对认知物联网中非法或恶意访问等攻击事件之间的关联关系进行实时动态分析，实现对当前认知物联网的安全态势的评估。第 3 级建立在第 2 级基础上，相对于第 2 级而言，比较关注事件和态势的效果，它主要对认知物联网所遭受非法攻击的威胁程度及其破坏能力进行评估；其任务是实现对攻击事件出现的频率和对认知物联网的威胁程度的评估[5, 6]。

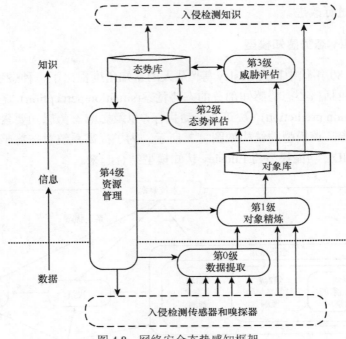

图 4.8　网络安全态势感知框架

4.4.4　NSAS 通用框架模型

　　哈尔滨工程大学的王慧强等针对以上模型缺乏对多源异构数据的分析和处理，提出了 NSAS 通用框架[2]，如图 4.9 所示。该结构主要包括 7 个组件。其中，多源异构数据采集主要是通过 IDS、防火墙、Netflow 等来实现的。数据预处理组件主要实现对数据的筛选、简约、格式转换及存储等操作。事件关联与目标识别组件主要是利用数据融合技术来完成对多源异构数据在多方面的关联和识别处理。前面已介绍态势评估和威胁评估的相关知识，在此不再阐述。响应与预警组件主要根据威胁评估的结果提供对应的响应与防御措施，然后将其处理结果反馈给态势评估。态势可视化显示部件主要为管理员提供态势评估结果及威胁评估结果等信息的显示。过程优化控制和管理部件主要实现系统的动态优化、认知物联网态势的监控，负责优化控制与管理整个态势感知过程，同时将响应预警和态势可视化的结果反馈给自身[2]。

　　通过对这几种典型的框架结构进行类比分析发现，虽然这些框架为以后的模型研究提供了理论基础，但缺乏对态势感知过程中安全管理的复杂性和自适应性问题的考虑。为此，本章旨在寻求一种能够增强系统自适应性，减少管理复杂性的方法。

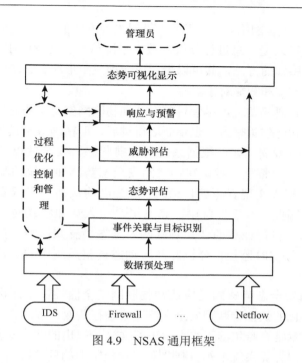

图 4.9　NSAS 通用框架

4.5　认知物联网态势自主感知模型

近年来，随着物联网的普及，大量新的攻击技术也在不断涌现，物联网系统遭受各种安全威胁，安全问题日益严峻。因此，必须采取有效的措施来保证计算机系统的安全运行。传统的物联网安全技术(如 IDS、防火墙等)，虽然能在一定程度上确保认知物联网的安全，但这些技术所获取的信息之间缺乏关联，并且只能对系统的局部进行检测。基于此种形势，自 2000 年网络安全态势感知[8]的概念被提出之后，相关模型与方法的研究迅速成为新的研究热点。

目前，对网络安全态势感知模型方面的研究多集中于框架结构的介绍，如Bass[8]提出的利用入侵检测系统的分布式多传感器进行数据融合的网络安全态势感知框架模型；Yin 等[9]提出的基于 Netflow 网络安全态势感知框架模型。针对网络感知与评估策略，在国内，刘念等[10]提出一种基于免疫的网络安全态势感知方法，该方法采用基于免疫的入侵检测模型作为态势感知的基础，实现对网络中已知和未知入侵行为的检测；陈秀真等[11]提出一种对网络安全威胁态势层次化量化评估的方法。根据 IDS 报警信息以及网络的性能指标，并结合主机的漏洞信息，对网络系统进行层次化的定量评估，然后得到直观的网络安全态势图。在国外，Yegneswaran 等[12]提出利用 Honeynets 进行因特网安全态势评估的方法。该方法利用 Honeynets 收集大量网络入侵信息，能够对当前网络的安全态势状况进行分析，但该方法只对网络入侵信息进行分析，数据来源单一。文献[13]针对物联网安全提出一种系统和感知的方法，其可以表示成一种三角形的金字塔，顶点包括人、技术生态系统、过程和智能对象。

综合比较相关研究发现，尽管目前对认知物联网安全态势感知的研究广受关注，在模型框架和评估策略方面也不断取得进展，但精确数学模型的建立和核心技术的实现则较少涉及。如何根据系统的当前状态、安全性以及环境参数等的变化情况，融合自律特征，对认知物联网安全态势感知系统的配置和相应运行参数进行动态调整以实现真正的自适应，成为制约认知物联网安全态势感知研究的方法瓶颈。因此，本章将自律计算思想[14]引入认知物联网安全态势感知的研究中，提出基于自律计算的认知物联网安全态势感知模型，旨在对系统内外部的环境变化进行实时监控，分析并及时动态调整系统中的参数，增强系统的自适应能力。

认知物联网安全态势感知是应认知物联网安全监控需求而出现的一种新技术，是对动态变化的认知物联网安全态势元素进行获取、理解、评估和预测的过程[15]。据此，本章结合哈尔滨工程大学王慧强等[15]提出的网络安全态势感知概念模型，并借鉴自律计算系统工作机制[16]和自动控制中的反馈机制，提出一种基于自律计算的认知物联网安全态势感知概念模型。该模型主要由被管资源(managed resource, MR)、Agent 协同层和自律管理器组成，如图 4.10 所示。

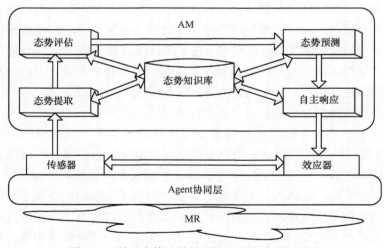

图 4.10　基于自律计算的网络安全态势感知模型

MR主要包括数据库、应用模块、路由器、服务器及主机日志、防火墙报警信息和网络数据包等各种多源异构数据源。这些资源必须满足状态可观察、可调节。

MR 的统一调度和管理通过 Agent 协同层来完成。在该模型中,AM 是核心,由态势提取、态势评估、态势预测、自主响应和态势知识库五部件组成,其中,前四个部分之间通过异步通信技术进行协作。

4.5.1 Agent 协同层

由于 MR 存在各种类型,因此,为了给 AM 提供数据支持,必须采用不同的智能 Agent,且要求这些智能 Agent 均是能够独立运行的实体。Agent 实体获取 MR 信息,所获取的信息经过预处理、去除冗余等操作后,最终结果将通过传感器反馈给 AM。同时,Agent 协同层也将通过效应器来接收 AM 所反馈的信息,并对系统环境进行自主调节,使系统对其周围环境的变化具有一定的自适应性。Agent 协同层中的各个 Agent 之间通过相互协商来工作,从而构成了多 Agent 系统(multi-agent system, MAS)。主要是采用多属性拍卖方法[17]来解决资源配置、任务分配、性能优化等问题。

定义 4-1(多属性拍卖模型) $M = \langle A, B, S, V, C, \text{Result} \rangle$,其中,$A$ 是由所有物品的属性组成的空间,$A = A_1 \times \cdots \times A_n$。被拍卖的物品有 n 个属性:$a_1, \cdots, a_n$,取值范围为 $A_1, \cdots, A_n$。令 a 为物品的属性向量,且 $a = (a_1, \cdots, a_n)$,$a \in A$。拍卖中,B 是唯一的买方,B 需购买商品。S 是由卖方组成的集合,包含 m 个卖方,$S = \{1, \cdots, m\}$,每个卖方可以提供不同属性的物品。$V: A \to \Re$ 是 B 的属性权值函数($\Re$ 为实数集合),也就是说,$V(a) \in \Re$ 为买方 B 按照属性 a 对物品的评价。$C = \{C_1, \cdots, C_m\}$,其中,C_i 为物品成本函数,那么 $C_i(a) \in \Re$ 就是物品成本值,该值是由卖方通过属性 a 计算得来的。Result 是买卖成功的方案,$\text{Result} = (P, a)$,其中 $P \in \Re$ 表示成交的价格,成交属性向量 $a \in A$。此时买方 B 的收益为 $U = V(a) - P$,卖方 S_i 的收益为 $U_i = P - C_i(a)$。

根据定义 4-1,拍卖流程分为四个步骤,如图 4.11 所示。

4.5.2 传感器和效应器

对于分布式系统来说,由于其硬件与软件是由不同的厂商提供的,为了屏蔽由不同厂商提供的资源而造成资源内部的异构性问题,需要定义标准化的接口,并通过语义化技术构建传感器和效应器[14]。

定义 4-2(传感器) 设 $T = \{t_1, t_2, \cdots, t_n\}$ 是能够反映 MR 当前所处状态的一组特征向量集;$V = \{v_1, v_2, \cdots, v_m\}$ 是可以反映 MR 状态发生变化的集合;$O = (C, R)$ 表示领域知识,其中,C 代表领域中的概念所组成的集合,R 表示 C 中的一种关系;$\xi = \{\text{get}, \text{report}\}$ 是一组操作集,则传感器可以定义为一个四元组:

$Sensor = (T,V,O,\xi)$，其中，对于 $\forall t_i,v_j(1 \leqslant i \leqslant n;1 \leqslant j \leqslant m)$，有 $t_i \in C,v_j \in C$。

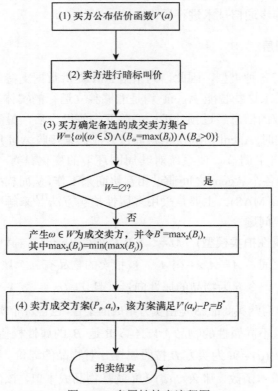

图 4.11　多属性拍卖流程图

在定义 4-2 中，MR 的状态特征向量是通过 get 来获取的；AM 通过 Sensor 向 MR 提取特性 t_i，记为 get(t_i)；对于向 MR 报告自身状态的变化通过 report 操作来实现，MR 向 AM 报告所发生的事件 v_j 记为 report(v_j)。

定义4-3(效应器)　设 $A = \{a_1,a_2,\cdots,a_n\}$ 为对 MR 操作的一组动作集；$Q = \{q_1,q_2,\cdots,q_m\}$ 是由 AM 提供的、等待 MR 请求的一组动作序列集；$O = (C,R)$ 是领域知识，其中，C 表示领域的概念所组成的集合，R 为 C 中的一种关系；$\psi = \{set,request\}$ 被定义为一组操作的集合，那么 Effector 可用一个四元组表示：$Effector = (A,Q,O,\psi)$，其中，对于 $\forall a_i,q_j(1 \leqslant i \leqslant n;1 \leqslant j \leqslant m)$，有 $a_i \in C,q_j \in C$。

在定义 4-3 中，对于动作序列的执行主要通过 set 操作来完成，AM 通过 Effector 对 MR 执行动作 a_i 可表示为 set(a_i)；对于 MR 向 AM 发送请求主要通过 request 操作来实现，MR 向 AM 执行请求动作 q_j 可表示为 request(q_j)。

4.5.3　自律管理器

AM 依据 Agent 协同层提供的数据信息，由态势提取部件提取攻击行为特征，存入态势知识库。若有与知识库中的攻击行为特征不匹配的异常行为发生，则调用自主响应部件做出响应。自主响应部件根据知识库中的模式匹配知识和策略知识，自主调节系统环境，使系统能够动态适应内外部的环境变化，从而实现资源的动态配置、服务的动态合成、系统参数的动态校正[16]。

AM 中，知识库部件主要包含状态判定知识(K_d)、策略知识(K_p)、问题求解知识[16](K_s)和模式匹配知识(K_m)四类，即 AM 的知识 $K=K_d+K_p+K_s+K_m$。K_d 被用来获取 MR 和内外部环境的状态；K_p 主要包含由机器学习获得的策略和 IT 管理者制定的策略；K_s 包括规划、配置、态势提取、态势评估和态势预测等知识，被用来在遇到系统运行状态偏离预期效果时的问题求解[16]；K_m 主要包括攻击行为特征知识。其他所有模块都是在知识库的支持下运行的。态势提取是认知物联网安全态势自律感知的基础，它是指从防火墙、防病毒软件、IDS 等多源异构系统中采集数据，并对未知攻击行为进行自律联想学习，然后，对采集和自律学习的数据进行预处理、融合分析，从而为态势自律感知提供实时的态势信息，进而提高态势自律感知的速度。态势评估通过识别态势信息中的安全事件，依据它们之间的关联关系，采用云重心评判法对认知物联网安全态势进行定性、定量评估，从而实现对当前认知物联网安全态势的分析。这部分内容将在后面进行详细的介绍，在此不再具体阐述。态势预测用于根据过去和当前认知物联网安全态势状况，采用改进的遗传算法优化反向传播(back propagation, BP)神经网络模型，实现对未来认知物联网安全态势的预测，这部分内容将在后面详细介绍，在此不再具体阐述。自主响应用于根据知识库中的策略知识和问题求解知识，对态势提取模块提取的行为特征实时做出响应，并判断所提取的攻击行为对系统的危害程度。若危害程度较高，则采取严厉措施加以阻止，并实时更新知识库。

4.6　态　势　提　取

态势提取主要由认知物联网安全状态数据源集成平台、异常发现、自律联想学习、统一数据格式、聚类分析、融合分析和异常行为库七个部件组成，如图 4.12 所示。

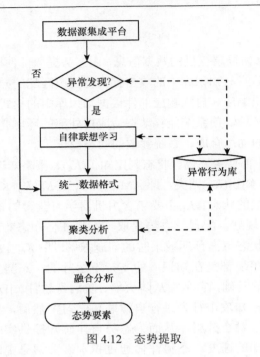

图 4.12　态势提取

4.6.1　数据预处理

　　数据预处理主要包括认知物联网安全状态数据源集成平台、异常发现、自律联想学习、统一数据格式四部分。其中，数据源集成平台部件用来对从多源异构设备中采集到的数据进行集成处理，从而为后续的工作提供数据支持。这些数据主要包括如 IDS、防火墙等安全设备的报警信息、系统日志信息等。异常发现部件根据异常行为库中的攻击行为特征，通过采用模式匹配技术实现对认知物联网中可能存在的各类攻击的检测。若发现未知攻击行为，则进入自律联想学习部件；若无未知攻击行为发生，则直接对采集的数据进行数据统一格式化处理。自律联想学习部件用于根据攻击特征与异常行为库的原有攻击行为特征的记录进行关联、整合和集成分析，找出安全隐患的形成与发展规律，预测可能产生异常的条件及早期异常征兆，采用诊断预测和智能决策的方法实现攻击行为特征的自律联想学习，并将学习结果加入异常行为库，从而实现对未知攻击的学习，使未知攻击行为变为已知攻击行为。统一数据格式部件主要实现对采集的数据和自律联想学习结果的格式统一化处理。

　　防火墙、IDS 中所提取的攻击信息、访问日志记录及非法访问信息的数据格式为 {Src_IP,Dst_IP,Access Service Type,Access Frequency,Access Flow,Attack Type}，而从防病毒软件中捕获到的病毒信息的数据格式为 {Virus Type,Access

Flow,Virus Characteristic}。在多源异构数据源采集到的数据中，可能会有异常数据存在，这可能由于检测设备本身存在异常。这样，即使是正常的访问也会被误认为是不合理的访问，那么在所采集的数据的整体分布中，此时的数据攻击频率就会特别高。因此需要对这些数据进行修正，并采用数据平滑的方法把异常数据剔除。然后对数据的格式进行统一，也就是对提取出来的数据的格式进行统一和标准化处理，以便存储并为后面的数据融合分析做准备。例如，从防火墙中提取的数据的格式为{Src_IP,Dst_IP,Access Service Type,Access Frequency,Access Flow, Attack Type}，其中的攻击类型包括 DDOS、U2R、PRPBE 和 R2L。

依据攻击的威胁程度，对安全设备所捕获到的数据的攻击类型进行量化。进行统一处理后的数据格式为{Src_IP, Dst_IP, Access Service Type, Access Frequency, Access Flow, Attack Type, Threat Degree}。而对于从防病毒检测工具中采集到的数据，则是对病毒类型进行量化处理，形成{Virus Type,Access Flow,Virus Characteristic, Threat Degree}的数据格式。

最后，把同一种设备采集到的数据组成数据集，同时把各种设备按时间的先后顺序构成数据集。而由不同的设备采集到的数据之间则不能构成数据集。例如，防火墙采集的数据格式为{Src_IP, Dst_IP, Access Service Type, Access Frequency, Access Flow, Attack Type, Threat Degree}，再加上时间顺序则构成{Time Sequence, Src_IP, Dst_IP, Access Service Type, Access Frequency, Access Flow, Attack Type, Threat Degree}。

4.6.2　数据融合

由于认知物联网中存在海量的数据，因此处理起来会比较困难。如不对这些海量的数据进行精简、筛选，那么将会大幅度降低态势评估的实时性。在对数据进行预处理后，还需要对数据进行筛选、重构，以及从协议、时间和空间等多方面对多源异构数据进行关联和识别[2]。事件关联的目的是通过分析信息间的关系以准确、及时地发现攻击者的入侵行为。事件关联主要包括如下三个方面[5]。

(1) 数据预处理。由于认知物联网中存在的各种安全设备产生的数据格式不统一，因此对数据的总体处理比较困难，需要对数据进行预处理。数据预处理的目的就是对数据进行筛选、精简、格式转换等操作，以为更高层次的处理提供方便。

(2) 事件过滤。认知物联网安全事件主要是指安全扫描日志事件、防火墙日志事件、主机日志事件等。在认知物联网安全领域中，虽然 IDS、防火墙等技术解决了一些安全问题，缓解了认知物联网的压力，但同时带来了一些新的问题。因为在这些安全事件中，不仅有攻击者及入侵者的行为事实，也携带有它们用来隐匿自身行为的一些不相关事件，以及一些由安全设备本身引发的误报，从而使攻击报警的数量大大增加。因此，在对安全事件进行关联的过程中，必须过滤掉那些误报的、不相关的事件，以准确及时地发现攻击者的入侵行为。

(3) 事件融合。事件融合就是对不同的安全防御设备的相同事件进行简约，对事件的攻击类型进行分类和统计，并从时间序列上关联和分析事件之间的因果关系及关联度[5]。它是对数据进行精简的关键环节。

由于网络数据庞大，数据之间的关联度较低，利用流形学习算法[17]对数据进行特征提取和降维，然后使用核匹配追寻(kernel matching pursuit, KMP)方法[18]对数据进行聚类，最后利用指数加权 DS 证据理论对聚合后的安全信息进行融合分析，进一步精简安全信息数量和识别攻击行为，其具体步骤[5]　如下。

步骤 1：通过使用改进的距离公式计算每个样本点的 k 个邻近点，公式为

$$d_{ij}(y_i, y_j) = \frac{|y_i - y_j|}{\sqrt{M(i)M(j)}} \tag{4-1}$$

式中，$M(i)$、$M(j)$ 分别是 $y_i(i = 1, 2, \cdots, N)$、$y_j(j = 1, 2, \cdots, N)$ 与其他点之间距离的平均值。

步骤 2：根据步骤 1 计算出的近邻点来计算样本点的局部重建权值矩阵，计算公式为

$$w_j^i = \frac{\sum_{m=1}^{k}(Q^i)_{jm}^{-1}}{\sum_{p=1}^{k}\sum_{q=1}^{k}(Q^i)_{pq}^{-1}} \tag{4-2}$$

式中，w_j^i 为 x_i 与 x_{ij} 之间的权值，且满足条件 $\sum_{i=1}^{k} w_j^i = 1$；局部协方差矩阵用 Q^i 来表示，且 $Q_{jm}^i = (x_i - x_{ij})^{\mathrm{T}}(x_i - x_{im})$，$x_{ij}$ 为 x 的 k 个邻近点 $(j = 1, 2, \cdots, k)$。

步骤 3：根据样本点的邻近点和步骤 2 计算来的 w_j^i 来计算此样本点的输出值。计算公式为

$$\min \varepsilon(Y) = \sum_{i=1}^{N} \left| y_i - \sum_{j=1}^{k} w_j^i y_{ij} \right| \tag{4-3}$$

定义误差函数：

$$\min \varepsilon(W) = \sum_{i=1}^{N} \left| x_i - \sum_{j=1}^{k} w_j^i x_{ij} \right| \tag{4-4}$$

式中，$\varepsilon(Y)$ 表示损失函数值；y_i 为 x_i 的输出向量；$y_{ij}(j = 1, 2, \cdots, k)$ 表示 y_i 的 k 个

邻近点，且满足两个条件，即 $\sum\limits_{i=1}^{N} y_i = 0$ 和 $\dfrac{1}{N}\sum\limits_{i=1}^{N} y_i y_i^{\mathrm{T}} = I x_{ij}(j = 1, 2, \cdots, k)$，其中，$I$ 是 $k \times k$ 的单位矩阵。

然后，通过采用 KMP 方法来实现对数据的聚类分析，从而把相似度较高的报警数据归为一类，便于采用 EWDS 对数据进行融合分析，从而能更好地为态势评估做准备，其步骤[5]如下。

步骤 1：通过利用重采样技术对样本进行抽样处理，得到 K 个不同的样本集 $x_i = \{a_1, a_2, \cdots, a_m\}(i = 1, 2, \cdots, K)$，并重复 K 次。

步骤 2：利用步骤 1 得到的 K 个样本集对一个 KMP 聚类器进行训练，最终将得到 K 个不同聚类结果的聚类器。

步骤 3：给步骤 2 求得的 K 个不同聚类器赋同样的权重，其权重为

$$m_i = \frac{1}{K}, \quad i = 1, 2, \cdots, k \tag{4-5}$$

步骤 4：优化步骤 3 所得权重，将权值较大的权重赋给聚类结果相对较好的聚类器。

步骤 5：将步骤 4 的结果归一化，使权重值落在[0, 1]范围内。经归一化处理后的权重为

$$m_i^* = \frac{m_i}{\sum\limits_{i=1}^{n} m_i} \tag{4-6}$$

式中，m_i 为优化处理后的第 i 个聚类器的权重，$i = 1, 2, \cdots, n$；m_i^* 为归一化后的第 i 个聚类器的权重。

步骤 6：对 K 个不同聚类结果的 KMP 聚类器进行聚类分析，聚类结果为 $f_i(x)$。

步骤 7：根据权重对 K 个聚类器的聚类结果进行融合。

$$g(x) = \sum\limits_{i=1}^{n} m_i^* f_i(x) \tag{4-7}$$

采用 EWDS 对数据进行融合，具体步骤[6]如下。

步骤 1：将聚类后的结果作为证据，并依据不同传感器的检测率来分配置信度，依据攻击情况，获取各个传感器的权值。

步骤 2：采用 DS 证据组合规则对证据进行组合。

步骤 3：采用基本概率函数的融合决策规则对组合后的基本概率分配值进行决策判断，提取出态势要素。

4.7　自　主　响　应

认知物联网攻击会对态势提取结果产生一定的影响，而态势提取是态势评估和态势预测的基础，那么同时攻击行为也会影响态势评估和态势预测结果的准确性。因此，需要对认知物联网中的攻击行为进行实时的监控，并能自动调整攻击响应策略，以减少攻击行为对态势提取结果的影响。据此，本节根据文献[19]提出的一种基于危险理论的自主响应模型(automated intrusion response system model based on danger theory，AIRSDT)，来实现对系统中出现的攻击行为的监测、响应、决策，以保证系统安全运行。

模型中各元素的形式化定义[19]如下。

定义 4-4(自体与非自体)　定义域 $D = \{0,1\}^l, l \in N^+$，Ag 为抗原集合且 $\text{Ag} \subset D$，Self 为自体集合且 $\text{Self} \subset D$，Nonself 为非自体集合且 $\text{Nonself} \subset \text{Ag}$，则有 Self$\cup$Nonself=Ag，Self$\cap$Nonself=$\varnothing$。对于网络，Ag 为 IP 地址、端口号等网络事务特征的二进制表示，Self 集合为认知物联网正常运行时的服务，Nonself 集合表示认知物联网中的攻击行为。

定义 4-5(记忆检测器)　由与 Self 匹配失败且与 Ag 匹配成功的匹配数大于或等于 ε 的免疫检测器组成的检测器称为记忆检测器，即 M_b。

定义 4-6 (成熟检测器与未成熟检测器)　由与自体匹配失败且与抗原匹配成功的匹配数不大于 ε 的免疫检测器组成的检测器称为成熟免疫检测器，即 T_b。由抗体基因库随机生成的检测器称为未成熟检测器，即 I_b，用二元组 $\langle d, \text{age} \rangle$ 表示。

定义 4-7(免疫检测器)　T_b 与 M_b 构成免疫检测器集合 C，即 $C = T_b \cup M_b$，C 由四元组 $\langle d, \text{age}, \text{count}, s \rangle$ 表示，其中 $d \in D$，表示抗体基因；$\text{age} \in \mathbb{N}$，表示抗体的年龄；$\text{count} \in \mathbb{N}$，记录匹配数量；$s \in \mathfrak{R}$，表示检测器所遭遇到攻击的危险程度，$\mathbb{N}$ 代表自然数集合，$\mathfrak{R}$ 代表实数集合。

定义 4-8(匹配)　抗体与抗原间的匹配关系为 $\text{Match} = \{\langle x, y \rangle \mid x, y \in D, f_{\text{match}}(x, y) = 1\}$。其中，$f_{\text{match}}(x, y)$ 为 x 与 y 间的匹配函数，该匹配可通过 Hamming 匹配算法来计算。

4.7.1　实时攻击与评估

将一个输入的抗原集合 Ag 分为 n 代($n > 0$)进行训练，从每代的训练结果中选取定量的抗原构成抗原集合 sAg，然后，通过集合 C 对其进行检测，并把它分为 Self 和 Nonself。集合 C 检测的具体过程有三个阶段。第一阶段为未成熟细胞 I_b 进化为成熟免疫细胞 T_b 的过程。在此过程中，I_b 经 Self 耐受后演化为成熟细胞 T_b。

第二阶段为自学习阶段，经过克隆选择，T_b 进化为记忆细胞 M_b，且此 M_b 能识别大量不同的 Nonself 抗原，而最后被分类为 Self 的抗原则由 I_b 进行耐受。第三阶段为记忆细胞产生→系统终止的过程。在此过程中，需对实际环境进行检测，包括 M_b 检测、T_b 检测余下的抗原、I_b 把其余抗原作为 Self 进行耐受。

在认知物联网中，每个抗体相应地对某种攻击进行检测，并实时评估检测到的攻击抗原的危险性。在时间 $t\sim t+1$ 内，对于抗体 x 和 g，若 $f_{match}(x.d, g.d)=1$，说明抗体 x 与 g 具有相似性，那么 x 与 g 所检测到的攻击则属于同种类型的攻击。如果每个抗体 x 与某个抗原 y 相匹配，即满足 $f_{match}(x.d, y.d)=1$，则抗体检测到攻击抗原，同时，抗体的危险值 s 也会增加，如式(4-8)所示。若检测到若干个相同抗原，那么抗体的危险值即攻击威胁将会根据式(4-8)不断地累加。式中，η_1 和 η_2 均为常数，$\eta_1(>0)$ 为初始的危险值，$\eta_2(>0)$ 为模拟奖励因子。

$$x.s(t+1) = \eta_1 + \eta_2 x.s(t) \tag{4-8}$$

相反，在时间 t 内，若 $f_{match}(x.d, y.d) \neq 1$，则按式(4-9)计算其危险性。

$$x.s(t+1) = x.s(t)e^{-1} \tag{4-9}$$

但是，若连续 $\lambda(\lambda \in N)$ 个时间间隔均没有检测到攻击抗原，则可得出 $x.s(t) = x_0.s(t_0)e^{-\lambda}$，$\lambda$ 越大，危险值越小，当 $\lambda \to \infty$ 时，$x.s(t) \to 0$，该类攻击对系统没有威胁，攻击警报将被解除。

定义4-9(主机的认知物联网安全危险指标) 由于不同类型的主机所对应的资产权重不同，而不同种类的攻击对主机的危害程度不同，因此，第 i 类攻击的危险性被设定为 μ_i，那么主机 k 在 t 时刻所面临的第 $i(1 \leq i \leq I)$ 类攻击的危险指标为 $r_{k,i}(t)$，见式(4-10)。而对于主机的整体认知物联网危险指标 $r_k(t)$，见式(4-11)，$r_k(t)$ 值越大，表示当前系统所面临的危险就越高。若 $r_k(t)=0$，则此时系统处于安全状态；若 $r_k(t)=1$，则此时系统处于极度危险的状态。

$$r_{k,i}(t) = 1 - \frac{1}{1 + \ln\left\{\mu_i \sum_{x \in A_{k,i}(t)} [x.s(t)+1]\right\}} \tag{4-10}$$

$$r_k(t) = 1 - \frac{1}{1 + \ln\left\{\sum_{i=1}^{I} \mu_i \sum_{x \in A_{k,i}(t)} [x.s(t)+1]\right\}} \tag{4-11}$$

定义4-10(认知物联网的安全危险指标) 对于整体认知物联网,其所面临的第 i 类攻击的整体认知物联网危险指标为 $R_i(t)$，如式(4-12)所示，而整个认知物联网系统的整体安全危险指标为 $R(t)$，如式(4-13)所示。

$$R_i(t) = 1 - \cfrac{1}{1 + \ln\left\{\displaystyle\sum_{k=1}^{K} \varpi_k r_{k,i}(t) + \sum_{n=1}^{N}\left[\xi_n R_{n,i}(t) + 1\right]\right\}} \tag{4-12}$$

$$R(t) = 1 - \cfrac{1}{1 + \ln\left\{\displaystyle\sum_{k=1}^{K} \varpi_k r_k(t) + \sum_{n=1}^{N}\left[\xi_n R_n(t) + 1\right]\right\}} \tag{4-13}$$

式(4-12)中，$r_{k,i}(t)$为主机$k(1 \leqslant k \leqslant K)$在$t$时刻面临的第$i(1 \leqslant i \leqslant I)$类攻击的认知物联网安全危险指标；$\varpi_k$为主机资产权重；$R_{n,i}(t)$为所包含子网$n(1 \leqslant n \leqslant N)$的分类子网危险指标，其资产权重为$\xi_n$。式(4-13)中，$r_k(t)$为主机的整体危险指标，其资产权重为$\omega_k$；$R_n(1 \leqslant n \leqslant N)$为所包含子网的整体认知物联网危险指标，其资产权重为ξ_n。

4.7.2 自主响应与决策

自主响应往往取决于认知物联网的实时危险度和攻击强度。主机中自主响应的产生主要来源于两个方面：若主机k的整体危险$r_k(t)$大于所给定的阈值$\theta_k(0 < \theta_k < 1)$，并且主机所遭受的所有攻击的攻击强度大于阈值$M_k$，则说明主机的安全已受到了其所遭遇攻击的危险程度的影响；若主机所遭受的某种攻击的认知物联网危险$r_{k,i}(t)$大于所给定的阈值$\delta_{k,i}(0 < \delta_{k,i} < 1)$，并且所遭遇的攻击强度比给定的阈值$N_{k,i}$大，则说明该主机所检测到的同类及变种的认知物联网攻击已具有危险性：

$$\text{Response}(t) = \begin{cases} 1, & r_k(t) > \theta_k \wedge \displaystyle\sum_{i=1}^{I}\sum_{x \in A_{k,i}}\left[x.\text{count}(t) - x.\text{count}(t - \Delta t)\right] > M_k \\ & \vee\, r_{k,i}(t) > \delta_{k,i} \wedge \displaystyle\sum_{x \in A_{k,i}}\left[x.\text{count}(t) - x.\text{count}(t - \Delta t)\right] > N_{k,i} \\ 0, & \text{其他} \end{cases} \tag{4-14}$$

类似地，对于认知物联网，自主响应动作也是如此：若$R(t) > \theta'(0 < \theta' < 1)$，$R(t)$为认知物联网的整体危险指标，并且所遭受攻击的强度比阈值M'大，则说明认知物联网的安全运行状况已受到所遭遇攻击的危险程度的影响；若$R_i(t) > \delta'(0 < \delta' < 1)$，$R_i(t)$为某种攻击的危险指标，并且网络中遭遇的该类攻击的攻击强度大于N_i'，说明认知物联网所检测到的同类及变种认知物联网攻击已具有危险性。具体定义为

$$
\text{Response}'(t) = \begin{cases} 1, & R(t) > \theta' \wedge \sum_{i=1}^{I} \sum_{x \in A_i} [x.\text{count}(t) - x.\text{count}(t - \Delta t)] > M' \\ & \vee R_i(t) > \delta_i' \wedge \sum_{x \in A_i} [x.\text{count}(t) - x.\text{count}(t - \Delta t)] > N_i' \\ 0, & \text{其他} \end{cases} \tag{4-15}
$$

通过上述分析可知，在基于危险理论的自主响应模型中，主机或认知物联网只有满足上述条件时才进行自主响应。主机或认知物联网所受攻击的威胁程度越高，响应措施就越严厉，反之则相对温和。文献[19]对响应措施进行了全面而详细的概括，在此只列举几种，如表 4.1 所示。这几种响应措施均为主动响应方式，其中，序号为 14、16、20 的响应措施比较严厉，而序号为 17 的响应措施则相对比较温和。

表 4.1　基于认知物联网的响应措施

序号	响应措施	具体解释
14	动态修改防火墙策略	与防火墙联动，调整防火墙的策略
16	黑名单	将攻击者名称加入黑名单，禁止访问
17	取证技术	对入侵行为进行动态取证
20	冷备份	暂停服务并对数据备份

根据认知物联网的危险情况，该模型所给出的相应的自主响应策略将会通过消息机制被发送到执行响应策略的主机或认知物联网，其中，所发送的响应消息 Message 为

$$
\text{Message} := \langle \text{Sender} \rangle \langle \text{Receiver} \rangle \langle \text{SendTime} \rangle \langle \text{ValidTime} \rangle \langle \text{Action} \rangle \tag{4-16}
$$

在该模型执行自主响应策略后，若认知物联网或主机的认知物联网危险呈上升的趋势，则说明认知物联网或者主机所遭遇的认知物联网危险程度越来越大，此时，为了避免系统进入比较危险的状态，AIRSDT 将采取最佳的响应方式，确保系统安全地运行。

在 $t + \Delta t$ 时刻，如果主机遭遇到更加严重的攻击，系统将会采取更加严厉的措施，那么可以通过式(4-17)对主机的再次响应过程进行描述：

$$
\text{Response}(t + \Delta t) = \begin{cases} 1, & r_k(t + \Delta t) > r_k(t) \\ & \vee r_{k,i}(t + \Delta t) > r_{k,i}(t) \\ 0, & \text{其他} \end{cases} \tag{4-17}
$$

类似地，对于认知物联网，在 $t + \Delta t$ 时刻，如果认知物联网遭遇到更加严重的攻击，系统将会采取更加严厉的措施，那么可以通过式(4-18)对认知物联网的再次响应过程进行描述：

$$Response'(t + \Delta t) = \begin{cases} 1, & R(t + \Delta t) > R(t) \\ & \vee R_i(t + \Delta t) > R_i(t) \\ 0, & 其他 \end{cases} \tag{4-18}$$

而当认知物联网危险比所给的危险阈值小时，通过 AIRSDT 模型所采取的响应措施将会被自动撤销，以免影响认知物联网的正常运行。

4.8　仿真实验及性能分析

为了验证本章所提出模型的有效性，在 Intel(R)Core(TM)i3-2130 处理器，3.40GHz，4GB 内存，Windows 7 操作系统环境下，采用 Netpoke 重放 KDD CUP 1999 数据集。该数据集中含有四种类型的攻击数据和一种正常连接数据，包括训练数据集和测试数据集。该数据集主要包括许多类型的认知物联网环境下的模拟入侵，其中每条连接记录都包含 41 个特征，这些特征有名词型的和数值型的，它们均表示认知物联网连接的信息。为了进行仿真实验，首先从数据集庞大的 KDD CUP 1999 数据集中随机抽取 282609 条连接数据作为训练样本，然后从中抽取 124259 条记录作为测试样本。

4.8.1　实验方案及过程

为了更清晰准确地验证模型的可行性与有效性，在此设计了如下两个实验。

实验 1：比较基于自律计算的认知物联网安全态势感知模型(network security situation awareness model based on autonomic computing, ACNSSAM)、基于粒子群的模糊神经网络(particle swarm optimization-fuzzy neural network, PSO-FNN)和遗传神经网络(genetic algorithm neural network, GA-NN)对攻击识别的准确率。

实验 2：比较加载 ACNSSAM 前后及正常情况下系统的网络流量和 CPU 利用率。

4.8.2　实验结果与分析

ACNSSAM、PSO-FNN 和 GA-NN 在对攻击识别率上的对比如图 4.13 所示。从图 4.13 中可以看出，ACNSSAM 在识别准确率方面的性能高于采用 PSO-FNN、GA-NN 的态势感知模型。这是由于 ACNSSAM 在体系结构上采用了模块化的设计，各个模块之间分工明确，协同一致；AM 中的态势提取部件中有对攻击行为自律联想学习的功能；Agent 协同层能够统一调度和管理 MR，并对 AM 反馈的控制和响应信息做出响应。这些使 ACNSSAM 具有较好的自适应性及准确性。

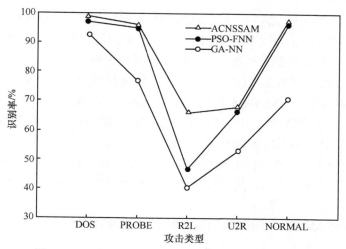

图 4.13　ACNSSAM、PSO-FNN 和 GA-NN 的识别率

　　虽然 ACNSSAM 在识别准确率方面的性能高于 PSO-FNN、GA-NN 的态势感知模型，但从图 4.14 中可以看出，其在对攻击行为的学习时间方面却不理想，原因在于 ACNSSAM 在识别过程中，为了使系统的自适应性提高，不仅需要对攻击行为进行自学习，同时需要自主响应部件的响应，导致识别时间较长。

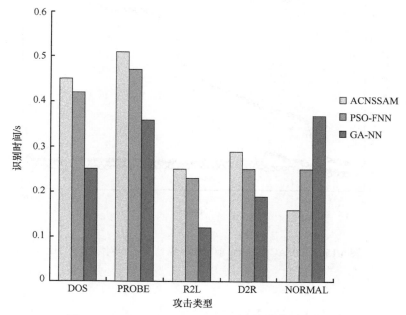

图 4.14　ACNSSAM、PSO-FNN 和 GA-NN 识别时间

图 4.15 与图 4.16 比较了加载 ACNSSAM 前与加载 ACNSSAM 后及正常情况下系统的网络流量及 CPU 利用率。从图 4.15 和图 4.16 中可看出，加载 ACNSSAM 前的系统在受到攻击时，认知物联网流量不断增加，CPU 利用率也在持续升高，随着攻击强度的持续增加，认知物联网中流量和 CPU 利用率也在不断升高。而加载 ACNSSAM 后的系统在受到认知物联网攻击时，认知物联网流量和 CPU 利用率随着时间的推移虽然也都在不断地增加，但都相对稳定。它们都比正常状态下的系统网络流量和 CPU 利用率大，这是因为加载 ACNSSAM 后的系统在受到攻击进行自主响应后，所发送的响应消息使认知物联网流量增加，同时，在采取相应的措施对攻击响应进行处理时使 CPU 的利用率增加。

根据实验结果可以得出如下结论：

(1) ACNSSAM 比 PSO-FNN、GA-NN 的识别准确率高，但识别时间较长，这是下一步改进的重点。

(2) 加载 ACNSSAM 后的系统对攻击具有较好的自适应性。

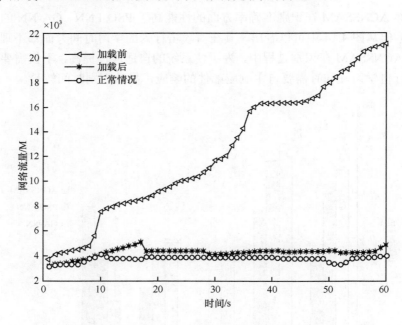

图 4.15　加载 ACNSSAM 前后及正常情况下的网络流量对比

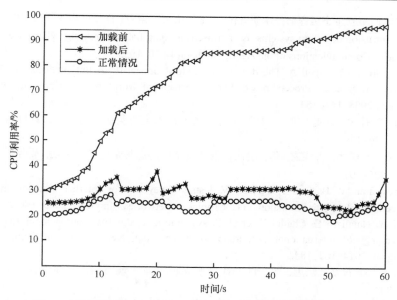

图 4.16　加载 ACNSSAM 前后及正常情况下的 CPU 利用率对比

4.9　小　　结

　　本章借鉴自律计算的思想，提出了一个基于自律计算的认知物联网安全态势感知模型。该模型能够实时地对系统的内外部环境进行监视，对未知攻击具有较好的自适应性，能够动态智能地适应复杂环境并有效指导未来的自主决策，能在较少的人为干预下，对攻击行为做出自主响应，实现对攻击行为的主动防御。最后通过仿真实验验证了所提模型的可行性和有效性。

参 考 文 献

[1] 张勇. 网络安全态势感知模型研究与系统实现[博士学位论文]. 合肥: 中国科学技术大学, 2010.

[2] 王慧强, 赖积保, 朱亮, 等. 网络安全态势感知系统研究综述. 计算机科学, 2006, 33(10): 5–10.

[3] 郭文忠, 林宗明, 陈国龙. 基于粒子群优化的网络安全态势要素获取. 厦门大学学报(自然科学版), 2009, 48(2): 202–206.

[4] 赖积保, 王慧强, 郑逢斌, 等. 基于 DSimC 和 EWDS 的网络安全态势要素提取方法. 计算机科学, 2010, 37(11): 64–69.

[5] 井经涛. 一种智能化网络安全态势评估方法[硕士学位论文]. 北京: 华北电力大学, 2011: 1–47.

[6] Endsley M R, Robertson M M. Situation awareness in aircraft maintenance teams. International Journal of Indnstrial Ergonomics, 2000, 26(2): 301–325.

[7] 孔凡龙. 网络安全态势评估技术研究[硕士学位论文]. 南京: 南京邮电大学, 2010.

[8] Bass T. Intrusion detection systems & multisensory data fusion: Creating cyberspace situational awareness .Communications of the ACM, 2000, 43(4): 99–105.

[9] Yin X, Yurcik W, Slagell A .The design of VisFlowConnect-IP: A link analysis for IP security situational awareness// Proceedings of IEEE International Workshop on Information Assurance, Maryland, 2005: 141–153.

[10] 刘念, 刘孙俊, 刘勇, 等. 一种基于免疫的网络安全态势感知方法. 计算机科学, 2010, 37(1): 126–129.

[11] 陈秀真, 郑庆华, 管晓宏, 等. 层次化网络安全威胁态势量化评估方法. 软件学报, 2006, 17(4): 885–897.

[12] Yegneswaran V, Barford P, Paxson V. Using honeynets for internet situation awareness// Proceedings of the 4th Workshop on Hot Topics in Networks, Maryland. 2005: 1–6.

[13] Riahi A, Natalizio E, Challal Y, et al. A systemic and cognitive approach for IoT security// Proceedings of International Conference on Computing, Networking and Communications, Shanghai, 2014: 183–188.

[14] 廖备水, 李石坚, 姚远, 等. 自主计算概念模型与实现方法. 软件学报, 2008, 19(4): 779–802.

[15] 赖积保, 王慧强. 网络安全态势感知模型研究.计算机研究与发展, 2006, 43(2): 456–460.

[16] 石纯一, 张伟. 基于 Agent 的计算. 北京: 清华大学出版社, 2007.

[17] 王靖.流形学习的理论与方法研究[博士学位论文]. 杭州: 浙江大学, 2006.

[18] 李青, 焦李成, 周伟达.基于模糊核匹配追寻的特征模式识别. 计算机学报, 2009, 32(8): 1687–1694.

[19] 彭凌西, 谢冬青. 基于危险理论的自动入侵响应系统模型.通信学报, 2012, 33(1): 136–144.

第 5 章 认知物联网自律感知策略

5.1 概 述

近年来，随着网络的普及，大量的新攻击技术不断涌现，网络系统遭受各种安全威胁，网络安全问题日益严峻。而物联网[1]、云计算的发展使互联网成为一种超大规模的网络[2]，其高混杂、高异构、不确定等特征[3]给网络系统的安全性带来巨大的挑战。传统的网络安全技术，虽然在一定程度上能够确保网络的系统安全，但这些技术所获取的信息之间缺乏关联，并且只能对系统的局部进行检测。网络安全事件感知作为网络管理员对网络安全状态检测监控的一种技术，可有效提高网络系统的应急响应能力，缓解网络攻击造成的危害，发现潜在恶意的入侵行。但由于网络规模的增长，其安全事件呈现以下特征：体量巨大、类型繁多、价值密度低、处理快速。这几大特征使对网络安全事件的感知变得异常复杂。网络安全事件自主感知通过充分发挥网络系统的优势，与自律思想[4]安全策略有机耦合，使网络系统具备在复杂动态的安全环境中，对影响网络系统安全的诸多细粒度安全属性进行自主汇聚、融合、显示和预测，进行网络安全事件的自主判别，从而在降低人为干预频度与力度的前提下，达到复杂网络形态下系统安全事件的自感知[1]，并为粗粒度网络安全综合风险评估做准备。

5.2 相 关 工 作

当前，互联网作为一种大规模的异构网络，其安全事件感知必须融合来自大量异构分布式传感器和安全设备的数据，训练实例的数量巨大，每天汇合大量安全数据集。另外，越来越多的安全设备持续记录观察到的数据，这样的数据集可以轻易地达到几百太字节，并且输入数据具有高维度特征。如果直接将高维度数据输入融合引擎，基本不具备可行性，所以进行特征提取不可避免。Zhang 等[5]采用粗糙集理论实现特征约简，Varshney 等[6]采用交替最小化方案，实现降维和学习的同步。但这些算法相对比较复杂，并且会损失一部分属性特征所包含的信息，难以实现且准确率不高。机器学习、数据融合作为融合引擎的核心部分，是实现事件准确感知的基础。机器学习采用静态或者动态的特征来训练。Bass[7]最早将数据融合技术应用于网络安全方面，提出一个基于多传感器数据融合的入侵检测系统，实现对入侵行为的检测、威胁评估等。Zhang 等[8]使用一种多度量标准的学习算法进行联合学习，得到一组最佳的同种/异种度量标准，融合从多传感器中收集的数据。Verma 等[9]采用基于相关系数的特征选择作为前馈人工神经网的输入，提出一种监督学习方法，应用于电力系统的在线安全评估和应急分析。以上方法针对特定的应用范围，不具有通用性。网络安全事件感知能够反映当前网络所面临的威胁，将为网络安全防御策略的实施与网络安全的评估提供参考依据。神经网络对非线性映射有很高的能力，根据这一特性可以实现输入与输出之间复杂的非线性关系，进而实现安全事件感知值与认知物联网连接属性之间的映射，从而依据认知物联网连接状态感知认知物联网安全事件，实现认知物联网安全的细粒度动态评估。

物联网作为一种异构网络，其安全事件感知必须融合来自大量异构分布式传感器和安全设备的数据。安全事件的准确感知是保证物联网应用安全性的基础，物联网安全事件感知的发展从研究方向、评测指标以及关键技术等方面对机器学习提出了新的需求和挑战。首先，训练实例的数量巨大，每天要汇合大量安全数据集。另外，越来越多的安全设备(包括传感器)持续记录观察的数据作为训练数据，这样的数据集可以轻易地达到几百太字节，并且输入的数据具有高维度特征。如果直接将高维度数据输入融合引擎，基本不具备可行性，所以进行特征提取(feature extraction, FE)势在必行。因此，Lippmann 等[10]提出了关键字选择算法；Zhang 等[5]采用粗糙集理论实现特征约简(feature reduction)算法；Varshney 等采用交替最小化方案，实现降维和学习的同步[6]；Zhang 等[8]使用一种多度量标准的学习算法来学习联合一组最佳的同种/异种度量标准，用来融合从多传感器中收集的数据。但这些算法相对比较复杂，并且会损失一部分属性特征所包含的信息。

综合当前的研究状况，本章围绕物联网安全事件自感知问题，结合物联网系统安全事件指标的特性，依据物联网系统的异构性、复杂性和模糊性，基于自律计算、数据融合的思想，采用主成分分析[12](principal component analysis, PCA)方法提取安全事件的特征属性，将提取的综合属性输入融合引擎，提出一种基于自律计算的物联网安全事件感知策略。

5.3　策　略　框　架

本节借鉴自律计算和认知物联网安全态势感知模型，提出一个认知物联网安全事件自感知模型(network security incidents awareness model, NSIAM)，如图 5.1 所示。

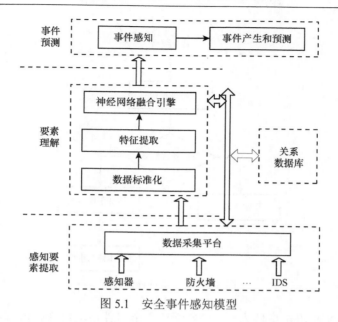

图 5.1 安全事件感知模型

认知物联网安全事件感知模型分为以下三层。

(1) 感知要素提取层。感知要素提取是进行安全事件感知的前提。认知物联网安全事情感知系统的实现需要融合多源异构数据。感知要素提取从遍布在认知物联网各层的安全设备中收集数据，并进行数据的预处理。

(2) 要素理解层。该层是安全事件感知的核心部分。特征提取就是要采用一定的方法，从大量认知物联网数据属性中找到较易区分攻击行为的属性特征。基于机器学习的融合引擎就是通过分类具有一定内在联系的数据，确定数据隶属的攻击行为，实现安全事件的自主感知。

(3) 事件预测层。该层在实现对当前事件理解的同时，还要根据当前的要素特征对未来的安全事件做出一定的发展预测。

认知物联网安全事件穿插在大量正常认知物联网行为中，通常情况下，其所占比例非常小，而且与正常认知物联网行为在某些方面非常相似甚至相同。因此，在认知物联网海量的连接行为中检测出异常事件无异于大海捞针。另外，如果将正常事件和异常事件同时作为融合引擎的事件类型，不但会增加融合引擎的样本数量，而且会降低融合引擎的分类准确率。鉴于此，本节根据层次化思想，从多个角度对认知物联网安全事件进行检测，提出一个基于层次化检测方法的要素理解模块；对认知物联网行为的检测从不同的角度层次化地进行，最终提高检测安全事件的准确率。图 5.2 为安全事件检测流程。该流程采用基本的层次化检测方法，用户可以根据需要对层次化模型进行扩展，如引入事件关联检测层等。

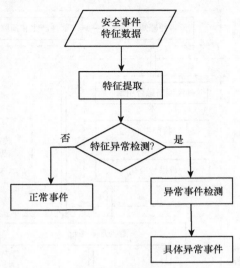

图 5.2　安全事件检测流程

　　下面以 DOS 攻击事件为例，简要阐述安全事件检测层次化流程的优越性。假设认知物联网事件是 DOS 攻击的概率为 $P(\text{dos})$，特征异常检测层的认知物联网行为有两种可能的输出：DOS 事件(+)、正常行为(−)。由于特征异常检测方法不能肯定地判断当前认知物联网连接是否为 DOS 事件，因此存在漏报率 P_l 和误报率 P_w。另外，平时的统计数据表明，认知物联网安全事件在大量认知物联网行为当中所占比例很小，即 DOS 事件只占全部认知物联网行为的极少部分。假设 $P(\text{dos})$ 为 0.01，P_l 为 0.01，P_w 为 0.03，则有

$$P(\text{dos}) = 0.01 , \qquad P(\neg \text{dos}) = 1 - P(\text{dos}) = 0.99$$

$$P(+\,|\,\text{dos}) = 1 - P_l = 0.99 , \qquad P(-\,|\,\text{dos}) = P_l = 0.01$$

$$P(+\,|\,\neg \text{dos}) = P_w = 0.03 , \qquad P(-\,|\,\neg \text{dos}) = 1 - P_w = 0.97$$

　　如果特征异常检测层对某一认知物联网连接行为进行检测，检查结果为正常行为，能否确定其为 DOS 事件呢？可以通过计算 $P(\text{dos}\,|\,+)$ 来进行判断：

$$P(\text{dos}\,|\,+) = \frac{P(+, \text{dos})}{P(+)} = \frac{P(+\,|\,\text{dos})P(\text{dos})}{P(+\,|\,\text{dos})P(\text{dos}) + P(+\,|\,\neg \text{dos})P(\neg \text{dos})} \qquad (5\text{-}1)$$

　　经过计算得到 $P(\text{dos}\,|\,+)$ 为 0.25。虽然经过特征异常检测结果为阳性，但其真正为 DOS 事件的可能性只有 25%，因此，需要对认知物联网行为做进一步的检测分析。假设在异常事件检测层也拥有相同误报率和漏报率的情况下，认知物联网行为的监测结果仍是正常，则其检测结果为 DOS 事件的可能性是 91.67%。实验数据集以 KDD CUP 1999 为例，其包含四种安全事件，所以在异常事件检测层，$P(\text{dos})$ 为 0.25，其他参数不变，代入式(5-1)即可得到异常事件检测层的

检测结果。

　　此外，如果特征异常检测层对某一认知物联网事件进行检测，检查结果为阴性，能否确定其为正常事件呢？可以通过计算 $P(\neg\mathrm{dos}\,|-)$ 来进行判断：

$$P(\neg\mathrm{dos}\,|-) = \frac{P(-,\neg\mathrm{dos})}{P(-)} = \frac{P(-\,|\neg\mathrm{dos})P(\neg\mathrm{dos})}{P(-\,|\mathrm{dos})P(\mathrm{dos}) + P(-\,|\neg\mathrm{dos})P(\neg\mathrm{dos})} \tag{5-2}$$

　　经过计算得到 $P(\neg\mathrm{dos}\,|-) \approx 99.99\%$，即如果该认知物联网事件的特征异常检测为阴性，则其为正常认知物联网行为的可能性约为 99.99%，基本无须进一步检查就可以认为该事件是正常事件。

　　本节以 DOS 事件为例证明了该检测方法的有效性和必要性。从中可以发现，检测的情况并不都需要进一步的检测，是否进一步检测需要根据安全事件出现的概率、P_1 和 P_w 来综合判断。鉴于在认知物联网中异常事件相对于正常事件是小概率事件，以及检测分类算法本身存在一定的误报率，因此通常情况下有必要对异常事件做更进一步的检测。

5.4　特　征　提　取

　　特征提取是在尽量不降低分类准确度，同时又可以减少特征空间维数的前提下，避免融合大量数据可能造成系统检测率不能满足当前高速网络的实时检测需求[6, 8]。随着当前认知物联网的发展，安全设备每天能够汇合巨量高维的认知物联网连接数据。如果采用高维数的数据集作为融合引擎的输入向量，将会带来巨大的运算量，所以维数灾难是阻碍认知物联网事件感知方法应用于实际的巨大障碍，这将导致特征集训练方法失去实时性。特征提取的目的就是从特征集中识别相对重要的特征，把那些相对影响小的特征删除，即用一个低维度的输入特征子集来代替原有高维度特征集，并且低维度子集对融合结果有较大影响。

5.4.1　基于 PCA 的特征提取

　　PCA 就是设法将原来众多的变量重新组合为一组新的相互无关的综合变量来代替初始变量[11]，即从高维度变量中综合得到少数几个代表性变量。这些子变量能够代表初始变量的大部分信息，又互不相关。使用约简后的特征进行学习可以大大减少学习时间、资源占用率、缩短系统响应时间，并且可以保证准确度能够被接受。PCA 特征提取流程如图 5.3 所示。

图 5.3　PCA 特征提取流程

　　将数据采集平台提取的认知物联网连接属性按顺序组合为特征集 X，得到安全事件 X 的 p 维属性特征 $X = (x_1, x_2, \cdots, x_p)$。$p$ 个特征变量 $x_1, x_2, \cdots, x_p$，N 个样本的数据矩阵为

$$X = \begin{bmatrix} x_{11} & x_{12} & \cdots & x_{1p} \\ x_{21} & x_{22} & \cdots & x_{2p} \\ \vdots & \vdots & & \vdots \\ x_{n1} & x_{n2} & \cdots & x_{np} \end{bmatrix} = (x_1, x_2, \cdots, x_p) \tag{5-3}$$

式中，$x_j = \begin{bmatrix} x_{1j} \\ x_{2j} \\ \vdots \\ x_{nj} \end{bmatrix} (j = 1, 2, \cdots, p)$。

　　主成分计算步骤如下。

　　(1) 数据标准化：

$$x_{ij}^* = \frac{x_{ij} - \overline{x}_j}{\sqrt{\mathrm{var}(x_j)}}, \qquad i = 1, 2, \cdots, n; j = 1, 2, \cdots, p \tag{5-4}$$

式中，$\overline{x}_j = \dfrac{1}{n} \sum\limits_{i=1}^{n} x_{ij}$；$\mathrm{var}(x_j) = \dfrac{1}{n-1} \sum\limits_{i=1}^{n} (x_{ij} - \overline{x}_j)^2 \quad (j = 1, 2, \cdots, p)$。

　　(2) 计算样本相关系数矩阵：

$$R = \begin{bmatrix} r_{11} & r_{12} & \cdots & r_{1p} \\ r_{21} & r_{22} & \cdots & r_{2p} \\ \vdots & \vdots & & \vdots \\ r_{p1} & r_{p2} & \cdots & r_{pp} \end{bmatrix}$$

　　假定原始数据标准化后仍用 X 表示，则经标准化处理后数据的相关系数为

$$r_{ij} = \frac{1}{n-1} \sum_{i=1}^{n} x_{ti} x_{tj}, \qquad i, j = 1, 2, \cdots, p \tag{5-5}$$

　　(3) 计算特征值和特征向量。计算相关系数矩阵 R 的特征值 $\lambda_1, \lambda_2, \cdots, \lambda_p$ 和相应的特征向量 $a_i = (a_{i1}, a_{i2}, \cdots, a_{ip})(i = 1, 2, \cdots p)$。

5.4.2　选取主成分

　　通过主成分分析可以得到 p 个主成分。在实际特征提取过程中，通常不是选取 p 个主成分，而是依据各个主成分之间的贡献率，从大到小选取前 k 个主成分。这是因为各个主成分之间的方差是依次变小的，方差越大所包含的信息量也越多。

贡献率在这里是指某个特征值占合计特征值的比例，即某个主成分的方差占全部主成分方差的比例：

$$贡献率 = \frac{\lambda_i}{\sum\limits_{i=1}^{p} \lambda_i} \tag{5-6}$$

贡献率越大，说明该主成分所包含的信息相对原始变量的信息越强。主成分个数 k 的选取，主要根据主成分的累积贡献率来决定，即一般要求累积贡献率达到 80%以上或者选取特征值大于 1 的前 k 个主成分，这样才能保证综合变量能包括原始变量的绝大多数信息。

将得到的 k 个特征向量组成如下线性变换，即

$$\begin{cases} F_1 = a_{11}x_1 + a_{12}x_2 + \cdots + a_{1p}x_p \\ F_2 = a_{21}x_1 + a_{22}x_2 + \cdots + a_{2p}x_p \\ \vdots \\ F_k = a_{k1}x_1 + a_{k2}x_2 + \cdots + a_{kp}x_p \end{cases}$$

简写为

$$F_j = \alpha_{j1x1} + \alpha_{j2}x_2 + \cdots + \alpha_{jp}x_p, \quad j = 1, 2, \cdots, k \tag{5-7}$$

于是，称 F_1 为第一主成分，F_2 为第二主成分，依此类推。主成分又称为主分量，a_{ij} 为主成分系数。上述模型可用矩阵表示为 $F=AX$，称为主成分系数矩阵。将训练数据集代入主成分矩阵可以得到特征约简之后的数据集。

5.5　基于神经网络的安全事件感知算法

要素理解层作为安全事件感知的核心部分。机器学习融合引擎通过分类具有内在联系的数据，确定数据隶属的攻击行为，实现安全事件的自主感知。事件感知结果通过反映当前认知物联网所面临的攻击类型，为认知物联网安全的综合评估提供参考依据。利用神经网络的非线性映射能力，实现输入与输出之间复杂的非线性关系，进而实现安全事件感知值与认知物联网连接属性之间的映射。此外，依据认知物联网连接状态感知认知物联网安全事件，实现认知物联网安全的细粒度动态评估。下面据此给出一种基于神经网络的数据融合引擎。

5.5.1　神经网络基本理论

人工神经网络(artificial neural network,ANN)是基于人脑生理结构研究人的智能行为的一种结构，能够模拟人脑对信息的处理功能，是一种类似大脑神经突触

连接的结构，能够进行信息处理的数学模型，具有信息存储、学习等能力。ANN 的数据输入和输出之间称为黑箱，数据的输入和输出在黑箱中可以完成非线性映射。根据 ANN 的这一特性可以实现认知物联网连接属性值到认知物联网安全事件感知值的映射，从而实现对认知物联网安全事件的预测。神经网络具有结构和能力两个基本特征[12]。以下是对这两个特征的详细介绍。

(1) 结构特征：并行计算、分布式存储和容错特性。尽管 ANN 单个处理单元的功能特别简单，但大量节点并行执行使 ANN 拥有很快的运算速度。由于是由大量简单的处理单元相互连接构成的非线性系统，因此具有很好的分布式处理能力和容错特性，同时具有大规模并行计算的能力。

(2) 能力特征：自学习和自适应性。自学习是指当外界环境发生变化时，通过自我调节网络的各项组织结构参数，对网络进行一段时间的训练，使给出的输入能够得到所期望的输出。自适应性是神经网络的一个重要特征，指神经网络能够根据环境的变化改变自身的性能状态。

ANN 是一个非线性系统，由许多可以并行运算且功能简单的神经元按照一定的结构构成，因此，其具有自适应性、学习、分布式计算、容错性等特性。这些特性使 ANN 在模式识别、仿真建模、事件预测、系统控制等领域得到非常广泛的应用。

神经网络作为输入到输出的一个非线性映射，即 $f: R^n \to R^m$，样本输入 $x_i(x_i \in R^n)$ 和输出 $y_i(y_i \in R^m)$ 存在某一映射 g 使 $g(x_i) = y_i (i = 1, 2, \cdots, n)$ 成立。由 Kolmogorov 定理可知：给定一个函数 g，一定可以找到一个 ANN，使 ANN 的输入输出逼近函数 g 的输入输出。训练 ANN 的最终目标是让网络达到性能函数值最小。ANN 的性能函数为

$$E = (t - y)^{\mathrm{T}}(t - y) = \sum_{i=1}^{m}(t_i - y_i)^2 \tag{5-8}$$

式中，t 为 ANN 的期望输出数据；y 为 ANN 的实际输出数据；m 为 ANN 输出层的神经元个数。

反向传播神经网络(back propagation neural network, BPNN)因具有非线性映射、自学习速度快、适应能力强、容易实现等优点，能较好地实现各指标与评价结果之间非线性关系的映射，所以 BPNN 是应用较为广泛的一种神经网络模型。其拓扑结构如图 5.4 所示。

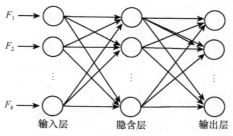

图 5.4　BPNN 的拓扑结构图

5.5.2　LM 优化的神经网络

为了使性能函数 E 达到最小，目前已给有很多改进算法[13]来提高 ANN 的训练速度和准确率，如自适应步长算法、动量改进算法、LM(Levenberg-Marquardt)算法以及模拟退火算法等。由于 LM 算法具有收敛速度快和性能稳定等特点，因此本小节采用基于 LM 算法改进的 BPNN 作为认知物联网安全事件感知模型的融合引擎，以此实现认知物联网攻击事件连接属性值到认知物联网安全事件感知值之间的映射，最终实现认知物联网安全事件的自感知。LM-BP 算法计算流程如下。

当 ANN 神经元数量有限时，性能函数可以写成

$$E(w) = \frac{1}{2}\sum_{q=1}^{Q}\left(d_q - x_{\text{out},q}^{(3)}\right)^{\mathrm{T}}\left(d_q - x_{\text{out},q}^{(3)}\right) = \frac{1}{2}\sum_{q=1}^{Q}\sum_{h=1}^{n_3}\left(d_{qh} - x_{\text{out},qh}^{(3)}\right)^2 \tag{5-9}$$

式中，d_q 是 ANN 的期望输出；w 表示神经元权值的向量；Q 是训练模式数量；$x_{\text{out},q}^{(3)}$ 是第 q 个训练模式的实际输出值。最小性能函数(5-9)的最优权值集通过式(5-10)计算：

$$w(k+1) = w(k) - H_k^{-1}g_k \tag{5-10}$$

式中

$$H_k = \nabla^2 E(w)\big|_{w=w(k)} \tag{5-11}$$

$$g_k = \nabla E(w)\big|_{w=w(k)} \tag{5-12}$$

通过定义 $p = n_3 Q$，认知物联网性能函数(5-9)可进一步改写成

$$E(w) = \frac{1}{2}\sum_{p=1}^{p}\left(d_q - x_{\text{out},q}^{(3)}\right)^2 = \frac{1}{2}\sum_{p=1}^{p}e_p^2 \tag{5-13}$$

式中

$$e_p = d_q - x_{\text{out},q}^{(3)} \tag{5-14}$$

在式(5-12)中，认知物联网性能函数的梯度可以用式(5-15)来计算：

$$g = \frac{\partial E(w)}{\partial(w)} = \frac{1}{2} \begin{bmatrix} \dfrac{\partial \sum\limits_{p=1}^{p} e_p^2}{\partial w_1} \\[2mm] \dfrac{\partial \sum\limits_{p=1}^{p} e_p^2}{\partial w_2} \\[2mm] \vdots \\[2mm] \dfrac{\partial \sum\limits_{p=1}^{p} e_p^2}{\partial w_N} \end{bmatrix} = \begin{bmatrix} \sum\limits_{p=1}^{p} e_p \dfrac{\partial e_p}{\partial w_1} \\[2mm] \sum\limits_{p=1}^{p} e_p \dfrac{\partial e_p}{\partial w_2} \\[2mm] \vdots \\[2mm] \sum\limits_{p=1}^{p} e_p \dfrac{\partial e_p}{\partial w_N} \end{bmatrix} = J^T e \tag{5-15}$$

式中，J 是雅可比矩阵。汉森矩阵的第 k 行第 j 列元素可表示为

$$\left[\nabla^2 E(w) \right]_{k,j} = \frac{\partial^2 E(w)}{\partial w_k \partial w_j} = \sum_{p=1}^{p} \left(\frac{\partial e_p}{\partial w_k} \frac{\partial e_p}{\partial w_j} + e_p \frac{\partial^2 e_p}{\partial w_k \partial w_j} \right) \tag{5-16}$$

利用雅可比矩阵，汉森矩阵可以表示为

$$\nabla^2 E(w) = J^T J + S \tag{5-17}$$

式中，矩阵 $S \in \Re^{N \times N}$ 是二阶导数矩阵：

$$S = \sum_{p=1}^{p} e_p \nabla^2 e_p \tag{5-18}$$

认知物联网性能函数在接近最小值时，S 的值会变得非常小，式(5-17)可以近似地变成

$$H \approx J^T J \tag{5-19}$$

把式(5-15)和式(5-19)代入式(5-10)，可得

$$w(k+1) = w(k) - (J_k^T J_k)^{-1} J_k^T e_k \tag{5-20}$$

式中，w 是最速下降法的权值计算表达式；下标 k 是权值矩阵在 $w = w(k)$ 处的值。

在 BPNN 迭代更新的过程中，$H = J^T J$ 可能会是一个奇异矩阵，不具有可逆性。所以需要对式(5-19)进行修改，修改如下：

$$H \approx J^T J + \mu I \tag{5-21}$$

式中，μ 是很小的数；$I \in \Re^{N \times N}$ 是一个单位矩阵。把式(5-21)代入式(5-20)可得到 LM 算法神经元连接的更新权值：

$$w(k+1) = w(k) - (J_k^T J_k + \mu_k I)^{-1} J_k^T e_k \tag{5-22}$$

实现 LM 优化的 BPNN 最大难题是 $J(w)$ 的计算。由于矩阵的每一项都如式

(5-23)所示，因此采用式(5-24)的方式进行简单计算，以简化计算量。

$$J_{i,j} = \frac{\partial e_i}{\partial w_j} \tag{5-23}$$

$$J_{i,j} \approx \frac{\Delta e_i}{\Delta w_j} \tag{5-24}$$

式中，因 Δw_j 的扰动所引起的输出误差用 Δe_i 来替代，该方法相对简单、易实现，可在计算 J 之后，采用式(5-22)对 BPNN 的神经元权值进行更新。

5.5.3　风险事件感知流程

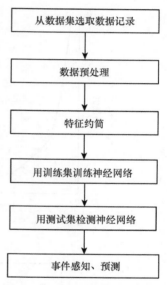

　　认知物联网安全风险事件感知流程如下。①从数据集中选取认知物联网连接数据，要求选择的数据集尽可能包含多种攻击类型。②对认知物联网连接数据进行格式化处理，包括定性数值到定量值的映射、数据归一化处理。③对数据进行特征提取，以约简后的特征集作为融合引擎的输入，期望评估值作为输出，采用 LM 优化的 BPNN 作为融合引擎对约简后的数据集进行训练。④用约简后的测试样本测试刚训练的神经网络。⑤利用训练好的神经网络对当前连接事件进行预测。其流程图如图 5.5 所示。

5.6　仿真实验结果与分析

5.6.1　基本配置

图 5.5　网络安全事件感知流程

　　模型实现的关键是要素提取和要素理解，因此实验的核心部分是对数据集进行特征提取和特征融合。实验在 Windows 7 操作系统下，使用 MATLAB R2010b 进行程序编写，数据源采用 KDDCUP.data_10_percent.gz 入侵检测数据集，训练集和测试集如表 5.1 所示。

表 5.1　训练集和测试集

类型	训练集	测试集
Normal	981	1867
DOS	3084	7553
Probe	674	278
R2L	263	745
U2R	52	94

在特征提取前，计算训练集中每一个属性的方差，根据方差的数学性质，如果该属性方差为 0，则直接删除该属性。对于字符属性，将其映射到具体的数值，以第二个属性 protocol_type 为例，tcp 设置为 0.3，UDP 设置为 0.6，ICMP 设置为 0.9。根据方差的数字特征，本小节提出一个简单的特征过滤方法，计算每个属性的方差。如果方差小于设定的阈值，则删除该属性。本小节方差阈值设定为 0.001，经过初步的属性筛选，得到 35 个属性。

5.6.2　性能分析

采用 PCA 方法进行特征提取，得到属性相关系数矩阵 R 的特征值如图 5.6 所示。不同样本数量时，其累积贡献率如图 5.7 所示。

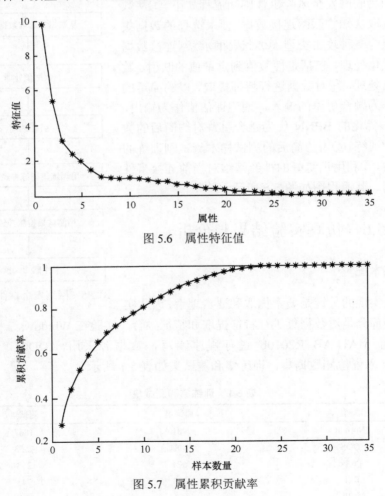

图 5.6　属性特征值

图 5.7　属性累积贡献率

从图 5.7 可以看出，前 11 个特征值的累积贡献率达到 83.44%，所以选取前 11 个主成分作为融合引擎的输入。经过特征提取，特征数量减少为原属性的 31.43%，信息量为原属性的 83.44%，特征维数大大减少。

为了便于 BPNN 应用于 NSIAM，本小节建一个结构：$S = \{IL, HL, OL\}$。IL 表示输入向量的维数，HL 表示隐含层神经元的数目，OL 表示神经网络输出神经元的数目。为了便于融合，将输入向量按照式(5-25)进行归一化，最终将每一个输入向量都被映射到[0, 1]区间。

$$x'_i = \frac{x_i - x_{\min}}{x_{\max} - x_{\min}} \tag{5-25}$$

数据集的最后一维标识了连接记录类型，分为 Normal 连接正常、DOS 攻击、Probe 端口扫描、R2L 攻击和 U2R 攻击。本小节结合安全保护等级的分级和国际危机管理的分级惯例，参考《信息安全技术信息安全风险评估规范》GBT2 0984—2007 中的风险等级划分表(表 5.2)，将这五种连接记录类型根据其危害程度映射成一个系统安全值(security value, SV)。对于正常的连接记录，令 SV 为 0.9；DOS 攻击是使系统资源耗尽而无法为其他用户提供正常服务的一种攻击手段，令 SV 为 0.1；Probe 端口扫描是指对认知物联网或服务器进行扫描，令 SV 为 0.7；R2L 攻击是远程用户获取主机访问权限，令 SV 为 0.5；U2R 攻击为本地用户获取管理员权限，令 SV 为 0.3。

表 5.2　风险等级划分表

等级	标识	描述
1	很低	一旦发生，几乎不会对网络安全造成影响，通过简单的措施就能补救
2	低	一旦发生，造成的影响程度较低，一般是网络内部，通过一定的补救措施就能解决
3	中	一旦发生，会造成一定的经济、社会影响，但影响的范围和危害程度不大
4	高	一旦发生，会造成较大的经济和社会影响
5	很高	一旦发生，会造成重大的经济、社会影响，影响的范围和危害程度大

将属性提取之后得到的数据集称为主成分分析 BP 神经网络(principal component analysis back-propagation neural network, PCABPNN)子集，原始数据称为 BPNN 集合。为了确保实验的准确性，本小节进行 10 次重复实验，每次实验结束后需要清空程序保存的数据。表 5.3 列出了 10 次实验属性提取之前和提取之后的 BPNN 网络训练的平均时间对比。从表中可以看出，属性提取后的数据减少了网络的训练时间，从而使 BPNN 具有更好的实时性。图 5.8 是全部训练集、测试集特征提取前后训练、测试时间对比图，提取的属性不管是训练时间还是测试时间都明显优于全部属性。

表 5.3　　时间消耗

属性数量	BPNN 构成	训练集/s
35	(35, 10, 1)	16.898
11	(11, 10, 1)	6.013

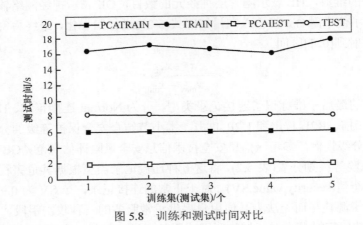

图 5.8　　训练和测试时间对比

在特征提取的基础上,针对每一种攻击类型,对比基于所有属性和属性子集在事件检测准确率以及检测时间方面的性能。实验结果如图 5.9 和图 5.10 所示。从图 5.9 可以看出,采用 PCA 方法提取的属性子集在检测准确率方面的表现优于采用所有属性。从图 5.10 可以看出,采用 PCA 方法提取的综合属性在检测时间上的性能优于全部属性。

从实验结果上看,本章提出的 PCABPNN 认知物联网安全事件感知模型采用的特征约简方法,能够有效降低感知信息的属性维数。根据提取出的属性所建立的检测模型比采用全部属性建立的模型在检测准确率和检测时间上具有一定的优势。

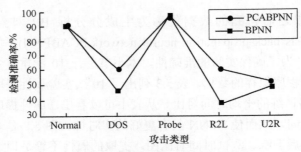

图 5.9　　特征提取前后检测率比较

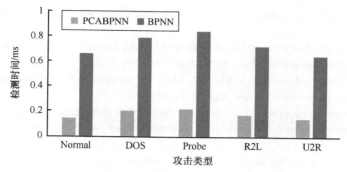

图 5.10 特征提取前后检测时间对比

5.7 小 结

虽然传统的物联网安全技术在一定程度上能够确保认知物联网系统的安全，但这些技术所获取的信息之间缺乏关联，并且只能对系统的局部进行检测。认知物联网安全事件感知作为认知物联网管理员对认知物联网安全状态检测监控的一种技术，可有效提高认知物联网系统的应急响应能力，缓解认知物联网攻击造成的危害，发现潜在恶意的入侵行为。但由于认知物联网规模的增长，其安全事件特征呈现数据量巨大、属性类型繁多和数据价值密度低等特征。这几大特征的存在，使认知物联网安全事件感知变得异常复杂。本章通过将自律计算思想引入认知物联网安全事件感知模型，提出了一种基于自律计算的认知物联网安全事件感知模型，给出设计思想、实现过程及相关模型。模型首先通过感知要素提取模块对感知数据进行预处理，采用 PCA 方法对预处理的数据进行特征约简，之后将约简后的属性输入 LM-BP 学习引擎，最终实现认知物联网安全事件的自主感知。从实验结果上看，采用 PCA 方法的特征提取，不仅大大减少了网络的训练时间，并且提高了事件感知的准确率。

参 考 文 献

[1] Strategy I, Unit P. ITU internet reports 2005: The internet of things . Geneva: International Telecommunication Union, 2005.

[2] 胡永利, 孙艳丰, 尹宝才. 物联网信息感知与交互技术. 计算机学报, 2012, 35(6): 1147–1163.

[3] 孙其博, 刘杰, 黎羴, 等. 物联网: 概念、架构与关键技术研究综述. 北京邮电大学学报, 2010, 33(3): 1–9.

[4] Guinea S, Kecslzemeti G, Marconi A, et al. Multi-layered monitoring and adaption//Procoedings of 9th International Conference on Service-oriented Computing, Paphos, 2011: 359–373.

[5] Zhang M, Yao J T. A rough sets based approach to feature selection// Proceedings of Fuzzy Information, Processing Nafips 04 IEEE Meeting, Banff, 2004: 434–439 .

[6] Varshney K R, Willsky A S. Linear dimensionality reduction for margin-based classification:

High-dimensional data and sensor networks. IEEE Transactions on Signal Processing, 2011, 59(6): 2496–2512.

[7] Bass T. Intrusion detection systems & multisensory data fusion: Creating cyberspace situational awareness .Communications of the ACM, 2000, 43(4): 99–105.

[8] Zhang Y, Zhang H, Nasrabadi N M, et al. Multi-metric learning for multi-sensor fusion based classification. Information Fusion, 2013, 14(4): 431–440.

[9] Verma K, Niazi K. Supervised learning approach to online contingency screening and ranking in power systems. International Journal of Electrical Power & Energy Systems, 2012, 38(1): 97–104.

[10] Lippmann R P, Cunningham R K. Improving intrusion detection performance using keyword selection and neural networks. Computer Networks, 2000, 34(4): 597–603.

[11] Kao Y, Roy B. Learning a factor model via regularized PCA. Machine Learning, 2013, 91(3): 279–303.

[12] 华彬. 基于自律计算的入侵容忍策略及方法研究[硕士学位论文]. 洛阳: 河南科技大学, 2011.

[13] Zhang Y, Guo D, Li Z. Common nature of learning between back-propagation and hopfield-type neural networks for generalized matrix inversion with simplified models. IEEE Transactions on Neural Networks & Learning Systems, 2013, 24(4): 579–592.

第6章 认知物联网自主评估模型

6.1 概　　述

在物联网、云计算的飞速发展以及被广泛普及的同时，各种新颖的认知物联网攻击技术也在不断出现，认知物联网攻击数量也在飞速增长，这使当前认知物联网安全问题日益严峻。为了确保认知物联网安全，人们普遍认为主动防御和被动防御措施是保证当前认知物联网安全必不可少的技术。其中，主动防御措施主要有数字认证、身份认证等；被动防御措施主要包括防火墙、IDS、防毒软件、安全审计等。被动防御措施虽能够防御一定的认知物联网攻击，但都是在攻击行为出现后才能采取措施，并不能真正地做出有效的防御。例如，入侵检测只有在入侵行为发生后，才能检测到攻击信息，并对攻击信息进行分类，不能真正地保证认知物联网的安全。因此，为了达到事前预防、积极主动防御的目的，对认知物联网安全评估技术的研究极为重要。

6.2　物联网安全评估概述

认知物联网安全评估是认知物联网主动安全防御中的一项重要技术。认知物联网安全评估可以准确有效地对其面临的安全威胁进行预先评估，在危险事件发生前进行预防，最大限度降低因认知物联网入侵事件而造成的损失。同时，认知物联网评估及时地发现系统中存在的安全漏洞及缺陷，尽可能地保证主机和服务系统的正常使用，因此对认知物联网安全技术的研究具有重要的意义。

6.2.1　认知物联网安全评估指标

认知物联网安全评估有下列基本指标[1]。

(1) 完整性。完整性是信息在存储、传递和提取过程中没有丢失、损坏等现象出现。

(2) 机密性。根据人们以前理解的认知物联网安全概念，机密性指信息不被泄露、窃取和非法修改。即防止非授权个人或实体对信息完整性的破坏。信息只根据用户权限授权特定用户使用特定功能，是保障认知物联网安全的手段之一。

(3) 可用性。可用性主要是指认知物联网资源无论在何时、经过任何处理，只要需要即可使用。不会因为机器故障、认知物联网传输问题或误操作等使资源丢失，妨碍对资源的使用，使有严格控制时间的服务不能得到及时响应。

(4) 可靠性。可靠性指系统能够在特定的时间和特定的条件下完成特定的服务请求，主要表现在硬件、软件、人员可靠性等方面。可靠性有时也被称作可信性，作为系统安全最基本的要求之一，是认知物联网系统建设和运行不可或缺的目标。

(5) 不可抵赖性。不可抵赖性是指在认知物联网系统信息的交互过程中，参与者的真实性能够得到确认，不可抵赖性也称不可否认性。

(6) 可控性。对认知物联网信息内容的复制和存储以及传播等功能必须具有相应的控制能力，能够对认知物联网和信息实施监控是保证认知物联网可控性的必要条件。

以上是对认知物联网安全特性的介绍，认知物联网在面临各种威胁时这些特性会不同程度地遭受破坏。图 6.1 列出了保证认知物联网安全特征的基本内容以及相应的防范措施。

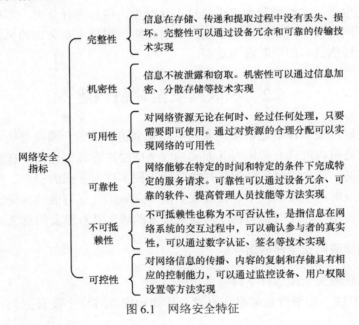

图 6.1　网络安全特征

6.2.2　认知物联网安全评估内容

目前，认知物联网安全评估领域的研究内容很多，归纳起来有如下内容。

(1) 信息技术产品安全保证、安全功能、安全等级标准和评估规范的制定。

(2) 认知物联网安全指标的建立、提取与量化，指标必须具备可量化性和合理性。

    (3) 软件、操作系统的脆弱性分析、分类和知识融合。

    (4) 认知物联网信息的扫描、探测和收集技术。

    (5) 认知物联网脆弱性分析、评估方法与相关建模技术。

    (6) 认知物联网威胁分析、评估方法与相关建模技术。

    (7) 综合的认知物联网安全评估方法与相关规范流程和系统框架。

    (8) 网络评估模式的确定，建立认知物联网评估框架。

    (9) 充分考虑影响认知物联网安全的各种因素，形成辅助评估决策。

6.3　物联网安全风险评估的常用方法

6.3.1　定量分析法

    定量分析法就是对认知物联网系统中的安全风险程度进行量化表示。给出一个具体的数量值，不只是给出一个好或者坏的结论，其主要思想是对安全风险评估过程中的各个属性和潜在威胁的程度，按照一定的标准赋予相应数值，根据所选择的定量分析法计算出最终的系统风险值，这样就可以使认知物联网风险评估的整个过程和结果量化[2]。

    理论上来说，通过定量分析法可以非常精确地得出认知物联网系统所面临的风险等级。但是实际上，该方法却有着一些难以克服的困难：首先，定量分析法过程中的赋值没有一个科学严谨的标准，从而无法保证赋值的准确性，很多时候所赋的值具有很强的主观性；其次，目前没有一个十分严格的基准评估方法对认知物联网风险值进行最终的计算，导致评估实施频繁，周期很长；最后，目前的定量分析法往往需要采用对大量相关技术人员进行调查访问和对大量数据进行挖掘，需要耗费大量的时间与人力资源，而且数值的误差较大。所以从实际情况来看，定性评价存在主观性和随意性大等缺点，缺乏客观性和准确性。图 6.2 列出了两种常用的定量评估法。

6.3.2　定性分析法

    定性分析法是目前风险评估领域应用比较广泛的方法。定性分析法不需要对风险评估中各个要素赋予确定的数值，而是赋予一个相对模糊的数值，也不需要得出一个具体的风险值[3]。通常是通过对专家进行多次问卷调查和对反馈数据进行归纳总结，最终得出风险评估过程中各个要素的等级。它不会给出一个确定的值，而是给出一个模糊的等级，如低、中、高等。进行定性分析不需要复杂的运算过程，只需要知道系统风险的评价等级即可。但是，相对定量分析法来说，定性分析法尽管没有复杂的赋值计算，但定性分析法的风险表达精确度不如定量分析法，给人一种模糊不确定的感觉。但是定量分析法给出的结果和过程比较直观，一目了然。图 6.3 列出了两种常用的定性分析法。

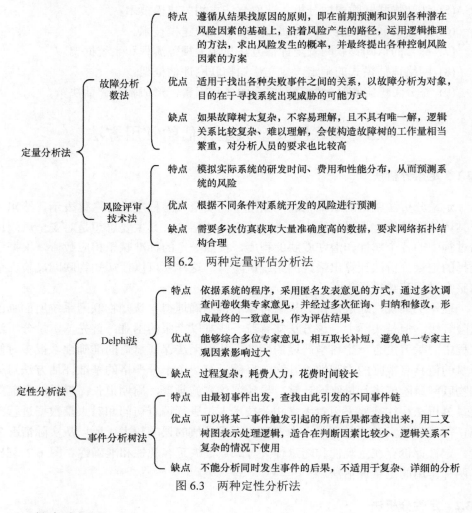

图 6.2　两种定量评估分析法

图 6.3　两种定性分析法

6.3.3　综合分析法

在风险评估过程的实际应用中，采用单纯的定性分析法或者定量分析法都无法对评估系统进行准确有效的安全风险评估[4]，所以，一般情况下都会将定性和定量两种分析法结合起来进行评估，使用定性分析法给出一个大概的等级范围，再在此基础上用定量分析法进行具体量化分析。两种分析方法取长补短，最终取得有效的评估结果。图 6.4 列出了三种常用的综合分析法。

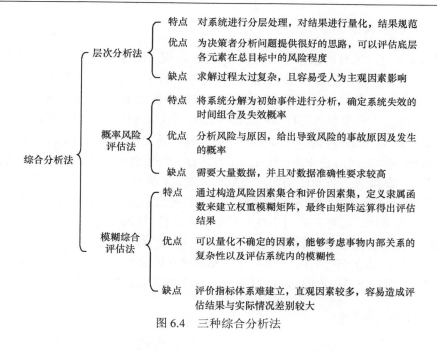

图 6.4　三种综合分析法

6.4　物联网安全评估模型

基于模型的脆弱性评估方法的建立是在基于规则的评估方法的基础上发展起来的。基于模型的评估方法能够对系统进行整体的评估，而基于规则的评估方法只能对系统安全性进行局部评估，因此基于规则的认知物联网系统安全评估方法具有一定的局限性。通过对整个认知物联网系统构建模型，基于模型的评估方法能够通过所构建的模型获取系统可能的状态及行为，使用模型分析工具对网络系统进行整体的安全性评估。目前，基于模型的评估方法已经成为认知物联网安全性评估领域中的主流研究内容。

1. 故障树模型

故障树模型是一种用于评估系统可靠性的形式化方法。故障树模型能够发现计算机系统中可能存在的所有攻击路径，同时可以通过评估系统的安全失效概率等相关指标，最终对计算机系统的安全性进行定量分析。张涛等[5]通过分析主机脆弱性中的特权提升特征，采用故障树模型描述了计算机系统脆弱性之间的关联性，给出了引起系统状态变化的相关因素。故障树模型的根节点表示的是系统内部存在的故障，因此故障树模型适用于分析主机系统内部存在的脆弱性。

2. Petri 网模型

Petri 网是一种对离散并行系统的数学表示，适用于描述异步的、并发的计算机系统。邢栩嘉等[6]使用 Petri 网建立了一个形式化的安全模型，该模型实现了计算机脆弱性的定义。Debar 等[7]在渗透测试过程中使用 Petri 网对网络攻击进行建模，并将提出的模型命名为攻击网(attack net)。在攻击网中，位置的作用与攻击树中的节点类似，代表攻击目标或手段，变迁表示导致安全状态发生改变的攻击行为。Wang 等[8]使用着色 Petri 网对网络攻击行为进行建模，在该模型中，令牌被标记成不同的颜色，表示不同的攻击数据类型，如源主机地址、攻击目标、攻击路径等。Feng 等[9]使用 Petri 网描述网络拓扑、安全机制和安全目标，在此基础上对网络的保密性、完整性和可用性等网络安全属性进行评估。

Petri 网不但能够描述系统状态，而且可以对系统行为进行分析，其结构灵活的特点增强了子图的可重用性。但是由于认知物联网规模大，Petri 网容易受到规模问题的限制，因此不适合利用 Petri 网模型来分析大规模认知物联网的安全性。

3. 特权图模型

特权图模型用来描述单台主机的安全性[10]。在特权图中，采用节点表示用户权限，每一个节点表示一个或一组用户拥有的权限集合，节点之间的连接表示能够使用户权限集合发生变迁的系统脆弱性。通过对特权图的分析可以找到获得某个特定权限的全部攻击路径。Dacier[11]等还对特权图中被成功利用的每个脆弱性所需花费进行赋值，在此基础上计算攻击系统的平均耗费，以此来评价系统的安全性。

哈尔滨工程大学的王慧强[12]等针对以上模型缺乏的大规模网络进行整体评估，同时进行了对多源异构数据的分析和处理，提出一种通用安全态势评估模型，如图 6.5 所示。

该网络安全态势评估模型主要包括七个部分。其中，多源异构数据采集平台主要是通过 IDS、防火墙、Netflow 等网络信息收集设备来实现的。数据预处理组

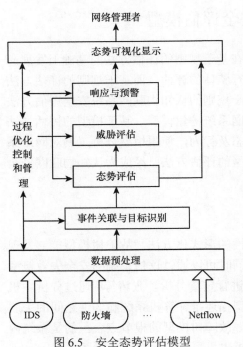

图 6.5　安全态势评估模型

件主要实现对数据的筛选、约简、格式转换及存储等操作。事件关联与目标识别组件主要利用数据融合技术对多源异构数据进行多方面的关联和识别处理。响应和预警组件主要根据威胁评估的结果来提供对应的响应与防御措施，然后将其处理结果反馈给态势评估。态势可视化部件主要是为管理员提供评估结果等信息的显示。过程优化控制和管理部件主要实现系统的动态优化、网络态势的监控，负责优化控制与管理整个态势感知过程，同时将响应预警和态势可视化的结果反馈给自身[13]。

文献[14]考虑到操作上下文中的信息、知识(机器学习中获得)以及政策(指定的目标、约束、规则等)，通过自我管理的功能，设计了一种具有动态选择其行为能力的认知物联网管理框架。该框架包括虚拟对象、复合虚拟对象、用户/利益相关者以及服务标准，它们可重用地实现多样化应用程序。

目前已出现了一些认知物联网安全管理平台，对认知物联网中异构多源的安全设备进行统一管理。安全事件信息的采集通过部署在认知物联网中的这些安全设备得到安全事件数据集，然后对其进行分析和处理。信息采集的过程中存在许多复杂、不确定的因素，如大量的报警日志信息、安全采集设备的多源性、认知物联网风险情况的不确定性等，如何对采集到的具有不确定性的、多源的和海量的数据进行分析；如何解决对认知物联网的风险评估等一系列认知物联网安全管理问题，需要从局部、整体、多层次的角度进行考虑。为此，本节将寻求一种能够增强系统自适应性，减少管理复杂性的方法。

6.5 事件检测方法

认知物联网安全事件检测作为实现认知物联网局部评估的方法，为认知物联网的整体评估提供依据和参考。认知物联网安全事件检测可以准确有效地对当前认知物联网所面临的安全事件进行检测，从而在危险事件发生前进行预防，最大限度地降低因网络入侵事件而造成的损失，尽可能地保证主机和服务系统的正常使用。事件检测的核心是感知和识别，当有异常事件发生时，通过对节点信息的感知、交互和处理，系统能够及时给出响应。

事件检测应用的特殊性要求事件的检测准确率要高，因为误报和漏报都有可能带来巨大的生命、财产损失。检测的及时性也决定了系统应用的有效性，因此在事件检测过程中，往往需要对检测的信息进行特征提取。根据事件检测方法的部署可以将事件检测方法分为分布式检测方法和集中式检测方法两类。分布式检测方法和集中式检测方法[13~16]的具体介绍如图 6.6 所示。

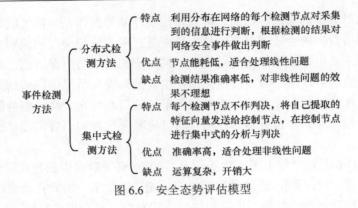

图 6.6　安全态势评估模型

6.6　云模型相关理论

云模型[17, 18]是李德毅院士提出的一种用自然语言表示的定性定量转换模型。由于云模型能将随机性和模糊性集成到一起，因此利用云模型能够实现定性和定量间的相互映射。云模型用期望值(Ex)、熵(En)、超熵(He)三个数字特征数值表征，其中，Ex 是云的重心位置，是定性概念的中心值；En 是度量概念不确定性的值，En 反映了在论域中可被定性概念接受的元素数；He 是度量熵的不确定性值，表示云层的厚度，是云层离散程度的表示。

在数域空间中，云的概率密度函数具有不确定性，同时，其隶属曲线也不是一条明晰的曲线，而是有弹性、无边沿、可伸缩的一对多的数学映射图像。云模型能够实现定性概念与其定量表示之间的不确定性转换[19]，已经广泛应用在数据挖掘、模糊评测、智能控制等多个领域。正态分布与正态隶属度函数的普遍性证明了正态云模型在社会科学与自然科学的各个分支中具有普适性[19]，为云模型的广泛运用奠定了理论基础。

6.6.1　一维正态云

一维正态云模型通过期望值、熵、超熵构成特定的云发生器。设 u 是一个论域 $u = \{x\}$，t 是 u 上定性概念所对应的子集，U 中的元素 x 对于 T 的隶属度 μ 是一个拥有稳定倾向的随机数，$\mu \in [0,1]$，则 x 在论域 U 上的分布称为云，任何一个 x 称为一个云滴[20, 21]。目前，正态云模型已经成为应用最广泛的云模型。由 Ex、En 可以确定正态云模型的数学期望曲线(mathematical expected curve,MEC)，其表达式为

$$MEC(x) = \exp\left[\frac{-(x - Ex)^2}{2(En)^2}\right] \tag{6-1}$$

　　一维正态云模型通过期望值、熵和超熵完整地表征出来。用云表示定性概念"青年"，给定"青年"的数字特征为 Ex=25，En=3，He=0.5，得到如图 6.7 所示的云图。

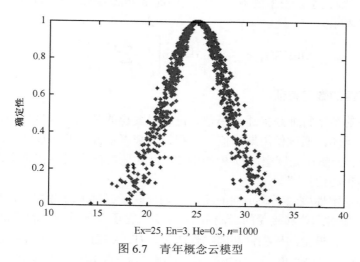

Ex=25, En=3, He=0.5, n=1000

图 6.7　青年概念云模型

　　图 6.7 显示了青年概念的云模型图。图 6.7 的形状便于认识定性与定量间的不确定性(uncertainty)转换，得到云模型的特征如下。

　　(1) 定性概念 C 到区间[0, 1]的映射不是一对一的关系，而是一对多的关系，x 对于 C 的隶属度为一个概率分布，因此形成了云图。

　　(2) 云图由众多云滴组成，尽管单个云滴的变化对定性概念的影响可忽略，但众多云滴形成的云图形状说明了定性概念的特性。

　　(3) 从模糊集理论的角度来看，云的隶属度曲线就是其数学期望曲线。

　　(4) 云的分布是不均匀的，云的超熵越大，云层越厚，隶属度的随机性就越大。云的超熵越小，云层就越薄，隶属度的随机性也就越小。

6.6.2　多维正态云

　　多维云模型可以看成由多个独立的一维云模型复合而成。如果一个复杂的定性概念是由多个定性原子概念组合而成，那么，可以将一维云模型推广至多维云模型，以此来反映二维甚至高维的定性概念[22]。设 U 是一个 m 维的论域 $U=\{x_1, x_2, \cdots, x_m\}$，$T$ 是 U 上的定性概念，U 中的多维属性 $\{x_1, x_2, \cdots, x_m\}$ 对于 T 的隶属度 μ 是可以表示为

$$\mu : U \to [0,1], \quad \forall (x_1, x_2, \cdots, x_m) \in U, \quad (x_1, x_2, \cdots, x_m) \to \mu \tag{6-2}$$

假设论域中的各维属性互不相关，则维数为 m 正态云模型可以由 $3m$ 个数字

特征量来表征，使用多维的期望值 $\mathrm{Ex}_1, \mathrm{Ex}_2, \cdots, \mathrm{Ex}_m$，熵 $\mathrm{En}_1, \mathrm{En}_2, \cdots, \mathrm{En}_m$，超熵 $\mathrm{He}_1, \mathrm{He}_2, \cdots, \mathrm{He}_m$，作为数字特征，构成多维云模型，描述复杂的定性与定量间的转换，因此多维正态云模型的数学期望超曲面(mathematical expected hyper surface, MEHS)可以表示为

$$\mathrm{MEHS}(x_1, x_2, \cdots, x_m) = \exp\left[-\frac{1}{2}\sum_{i=1}^{m}\frac{(x - \mathrm{Ex}_i)^2}{\mathrm{En}_i^{\,2}}\right] \tag{6-3}$$

6.6.3　云模型的数字特征

云模型的数字特征是描述云模型、进行云变换的基础，是定性知识进行定量分析的特征反映，通过使用期望值、熵和超熵来表示云模型的数字特征[18~25]。

期望值：云滴在论域空间 U 中的期望，也就是在 U 中最能代表定性概念 C 的点，即云的重心位置[20]。

熵：熵是定性概念不确定性的度量。熵反映了云滴的分散程度，也反映了在论域 U 中定性概念能够接受的云滴范围。另外，它还表示模糊性和随机性的关联，熵越大，说明云模型的模糊性和随机性越大，$(\mathrm{Ex} - 3\mathrm{En}, \mathrm{Ex} + 3\mathrm{En})$ 也越大。

超熵：熵的不确定度量，即熵的熵。超熵反映了云图的分散程度，数值反映了云的厚度，即确定度的不确定性。由图6.8可以看到不同的数字特征对云图的影响。

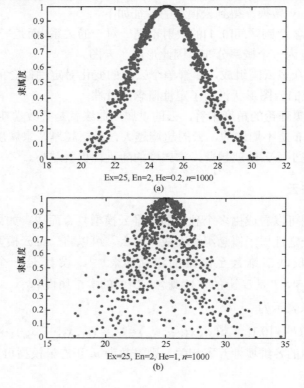

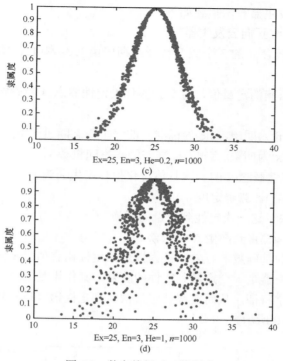

图 6.8　数字特征对云的影响

通过图 6.8 中的 4 个云图可以看出，云的 3 个数字特征能够把模糊性和随机性完全整合到一起，构成唯一的云发生器，实现了定性概念与定量数据之间的转换。云的独特之处在于用 3 个数字特征就可以画出成千上万个云滴构成的整个云，并且不同的数字特征所勾画出的云模型也各不相同。

6.6.4　云发生器算法

云模型中两个最重要和关键的算法是正向云发生器和逆向云发生器。一维云发生器主要包括一维正向云发生器、一维逆向云发生器等。从语言值表达的定性信息中获取定量数据的范围以及分布规律是正向云发生器的基本思想。正向云发生器在表达原子语言时最有用[19~21]。通过定性概念的数字特征，产生正态云模型的若干一维云滴，称为一维正向云发生器，其结构如图 6.9 所示。

图 6.9　一维正向云发生器

一维正向云发生器算法描述如下。

算法 6-1　一维正向云发生器

输入：定性概念 A 的 3 个数字特征：期望值 Ex、熵 En、超熵 He 以及云滴的个数 N。

输出：N 个云滴的定量值，每个云滴代表定性概念 A 的确定度 μ。

步骤：

(1) 生成以 En 为期望、He 为标准差的一个正态随机数 En′。

(2) 生成以 Ex 为期望、En′ 为标准差的正态随机数 x。

(3) 以 x 为定性概念 A 的一次具体量化值，产生云滴 x_i。

(4) 使用式(6-1)计算确定度 μ。

(5) $\{x, y\}$ 反映了这一次定性到定量的转换。

(6) 重复(1)~(5)直到产生 N 个云滴为止。

将一定数量的精确数值有效转换为恰当的定性语言值是逆向云发生器的基本思想。逆向云发生器是一个定量到定性的映射。其作用是给定一定数量的云滴，计算一维云的数字特征，从而实现从定量数值到定性语言值的转换。逆向云发生器的结构如图 6.10 所示。

图 6.10　逆向云发生器结构

一维逆向云发生器的算法描述如下。

算法 6-2　一维逆向云发生器

输入：N 个云滴值及其所对应定性概念的确定度 μ。

输出：N 个云滴表示的定性概念 A 的 3 个数字特征 Ex、En、He。

步骤：

(1) 计算数据的样本均值 $\overline{X} = \dfrac{1}{n}\sum\limits_{i=1}^{n} x_i$，一阶样本绝对中心距 $\dfrac{1}{n}\sum\limits_{i=1}^{n}\left| x_i - \overline{X} \right|$，样本方差 $S^2 = \dfrac{1}{n-1}\sum\limits_{i=1}^{n}(x_i - \overline{X})^2$。

(2) 期望 $\text{Ex} = \overline{X}$。

(3) 熵 $\text{En} = \sqrt{\dfrac{\pi}{2}}\dfrac{1}{n}\sum\limits_{i=1}^{n}\left| x_i - \text{Ex} \right|$。

(4) 超熵 $\text{He} = \sqrt{S^2 - \text{En}^2}$。

6.6.5　多维云发生器算法

现实中，表示概念的因素往往是由两个或多个相关联的属性决定。例如，地理坐标位置由经度和纬度确定，立体图形由长、宽、高确定。根据一维云模型发生器的思想，可以将云模型发生器算法扩展至二维甚至更高的维数。

对于 M 维正态云模型，多维正向云发生器算法[19]如下。

算法 6-3　多维正向云发生器

输入：m 维云模型的数字特征期望值$((Ex_1, Ex_2, \cdots, Ex_m)$, 熵$(En_1, En_2, \cdots, En_m)$, 超熵$(He_1, He_2, \cdots, He_m)$, 云滴个数 N。

输出：若干 m 维点$(x_{1i}, x_{2i}, \cdots, x_{mi}, y_i)$, $i=1, 2, \cdots, N$。

步骤：

(1) 生成 k 个以$(Ex_1, Ex_2, \cdots, Ex_m)$为期望、$(En_1, En_2, \cdots, En_m)$为方差的 m 维正态随机数 $x_i=(x_{1i}, x_{2i}, \cdots, x_{mi})$, $i=1, 2, \cdots, k$。

(2) 生成 k 个以$(Ex_1, Ex_2, \cdots, Ex_m)$为期望、$(He_1, He_2, \cdots, He_m)$为方差的 m 维正态随机数 $y_i=(y_{1i}, y_{2i}, \cdots, y_{mi})$, $i=1, 2, \cdots, k$。

(3) 以 x_i 为定性概念 A 的一次具体多维量化值，产生云滴 x_i。

(4) 使用式(6-3)计算确定度 μ_i，令(x_i, μ_i)为多维云滴。

多维逆向云发生器算法描述如下。

算法 6-4　多维逆向云发生器

输入：若干多维点，若干 k 维点$(x_{1i}, x_{2i}, \cdots, x_{ki}, y_i)$, $i=1, 2, \cdots, N$。

输出：k 维云模型的数字特征期望值$(Ex_1, Ex_2, \cdots, Ex_k)$, 熵$(En_1, En_2, \cdots, En_k)$, 超熵$(He_1, He_2, \cdots, He_k)$。

```
Begin {
        For (k=1; k<=N; k++)
```
$$\{ Ex_k = \frac{1}{n}(x_{k1} + x_{k2} + \cdots + x_{kn})$$
```
        For (j=1; j<=N; j++)
        {If x_kj = Ex_k then  x_kj → 集合 A_k ; }
        (En_k, He_k)= CGx(A_k);
        }
End
```

6.7　基于多维云的认知物联网安全风险评估模型

基于云模型的认知物联网安全整体评估方法的主要思想是，根据各认知物联网安全风险属性的本身特征建立其属性云模型。在此基础上建立各个属性对应各级评语的多维评判云模型。通过设定的映射规则比较属性云模型和概念云模型的相似度，得出评价结果。基于云模型的评估方法流程如图 6.11 所示。

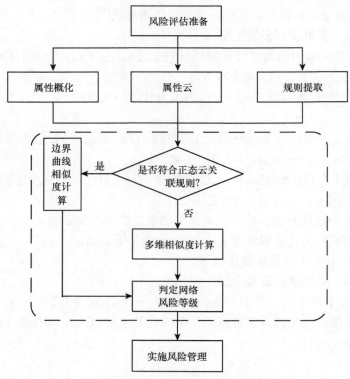

图 6.11　基于云模型的评估方法流程

6.7.1　风险级别和评估属性概化

假设评价属性集 $U = \{U_1, U_2, \cdots, U_m\}$。根据实际需要将属性评语划分为 N 个等级，则属性的评价集为 $S = \{S_1, S_2, \cdots, S_n\}$。使用逆向云发生器[24]对安全等级进行概化，建立依赖于多级多维判据的安全风险评估云模型。认知物联网安全风险的定性化表述可由评价属性集和安全评判级别影射形成的安全判据云集决定[25]。因此，在建立评估模型之初，本书认为认知物联网风险级别的划分规则与其安全评判级别的划分等级类似，主要根据所面向具体应用与评估精度要求的不同分为 N 级。据此，采用逆向云发生器对风险级别进行概化，建立依赖于多级多维判据的安全风险评估云模型。

6.7.2　多维评判云模型

设 V 为论域 U 中任意的一样本，$V_{ij}(j=1,2,\cdots,m)$ 为 V_i 的第 j 个属性，将 V_{ij} 分别输入其相对应的概化云模型，选取其对应隶属度最大的定性概念，记作 $\mu_{sij}(s=1,2,\cdots,n;j=1,2,\cdots,m)$。$V_i$ 中的属性 j 对某一风险等级的隶属度为

$$\mu_{sij} = \exp \frac{-(V_{ij} - \mathrm{Ex}_{ij})^2}{2[\mathrm{NORM}(\mathrm{En}_{ij},\mathrm{He}_{ij})]^2} \tag{6-4}$$

隶属度表示一个定量值对某个定性概念的认可程度，反映的是定量值对相应定性概念云模型的相容程度[26]。设 V_{ij} 对应的云模型表示为 $C_{ij}(\mathrm{Ex}_{ij},\mathrm{En}_{ij},\mathrm{He}_{ij})$，$\mathrm{Ex}'_{ij}=\mu_{ij}\times\mathrm{Ex}_{ij}$，$\mathrm{En}'_{ij}=\mu_{ij}\times\mathrm{En}_{ij}$，$\mathrm{He}'_{ij}=\mu_{ij}\times\mathrm{He}_{ij}$，$\mu_{ij}$ 为其对应定性概念的隶属度，$C'_{ij}(\mathrm{Ex}'_{ij},\mathrm{En}'_{ij},\mathrm{He}'_{ij})$ 称为 V_{ij} 对应的属性云。

依据一维云模型向多维云模型扩展的思想，建立多维云模型。$C'_i(\mathrm{Ex}'_{i1},\mathrm{En}'_{i1},\mathrm{He}'_{i1},\mathrm{Ex}'_{i2},\mathrm{En}'_{i2},\mathrm{He}'_{i2},\cdots,\mathrm{Ex}'_{im},\mathrm{En}'_{im},\mathrm{He}'_{im})$ 为样本 V_{ij} 的多维属性云，相应地，$C_i(\mathrm{Ex}_{i1},\mathrm{En}_{i1},\mathrm{He}_{i1},\mathrm{Ex}_{i2},\mathrm{En}_{i2},\mathrm{He}_{i2},\cdots,\mathrm{Ex}_{im},\mathrm{En}_{im},\mathrm{He}_{im})$ 为 V_{ij} 相对应的多维评判云。

设样本多维属性方为 $C'_i(\mathrm{Ex}'_{i1},\mathrm{En}'_{i1},\mathrm{He}'_{i1},\mathrm{Ex}'_{i2},\mathrm{En}'_{i2},\mathrm{He}'_{i2},\cdots,\mathrm{Ex}'_{im},\mathrm{En}'_{im},\mathrm{He}'_{im})$，评语 V_i 的多维评判云为 $C_i(\mathrm{Ex}_{i1},\mathrm{En}_{i1},\mathrm{He}_{i1},\mathrm{Ex}_{i2},\mathrm{En}_{i2},\mathrm{He}_{i2},\cdots,\mathrm{Ex}_{im},\mathrm{En}_{im},\mathrm{He}_{im})$，则 C'_i 属性云对于 C_i 评判云的相似度为 ECM(expectation based cloud model)。在借鉴文献[22]的基础上加入属性对应的权值，得到云模型相似度 ECM 的计算方法如下：

$$\mathrm{ECM}(C',C) = \sum_{j=1}^{m} W_k \frac{|N_{ij}|}{|M_{ij}|}, \quad k=1,2,\cdots,m \tag{6-5}$$

$$N_{ij} = \{(\mathrm{Ex}_{ij}-3\mathrm{En}_{ij},\mathrm{Ex}_{ij}+3\mathrm{En}_{ij})\} \cap \{(\mathrm{Ex}'_{ij}-3\mathrm{En}'_{ij},Ex'_{ij}+3\mathrm{En}'_{ij})\}$$
$$M_{ij} = \{(\mathrm{Ex}_{ij}-3\mathrm{En}_{ij},\mathrm{Ex}_{ij}+3\mathrm{En}_{ij})\} \cup \{(\mathrm{Ex}'_{ij}-3\mathrm{En}'_{ij},Ex'_{ij}+3\mathrm{En}'_{ij})\}$$

6.7.3　基于云模型的关联规则

由于采用正态云模型的边界划分方法可以较好地软化划分边界，因此采用正态云模型划分的数量属性论域边界与预测的结果更容易被理解。

可以通过如下方法进行知识预测[27]。通过对属性数据的挖掘，得到一些输入与输出之间的规则(也可以包括专家意见和常识)，根据关联规则对系统进行预测。将云模型应用到认知物联网安全状态的预测上，通过认知物联网安全评估各个特

征的属性云值所属的概化云，推断综合属性值所属的评语等级。云关联规则进行预测的算法如下所述。假设已挖掘出的云关联规则的形式为

$$\text{If}\quad A_{11}, A_{12}, \cdots, A_{1n}\quad\text{then}\quad B_1;$$
$$\text{If}\quad A_{21}, A_{22}, \cdots, A_{2n}\quad\text{then}\quad B_2;$$
$$\vdots$$
$$\text{If}\quad A_{n1}, A_{n2}, \cdots, A_{nn}\quad\text{then}\quad B_n;$$

算法 6-5　云关联规则预测

输入：网络安全风险属性值。

输出：对应的评判云值。

步骤：

(1) 将$(x_1, x_2, \cdots, x_n)$作为一条规则的输入，如果不能同时激活 n 个前件语言值，则转(4)，否则由 X 条件云发生器生成 n 组云滴(x_1, μ_1), (x_2, μ_2), $\cdots$, (x_n, μ_n)。

(2) 将 $\mu_1, \mu_2, \cdots, \mu_n$ 进行软与运算，得到一组激活强度 U。

(3) 将 U 作为第一条规则后件 Y 的条件输入，由 Y 条件云发生器生成两个云团。

(4) 重复(1)～(3)，得到若干个云团。

(5) 重复(1)～(4)，得到多组云团。

(6) 将(5)得到的云团输入逆向云发生器中，将生成的期望值 Ex 作为推理结果。

6.7.4　基于多维云的综合风险评估

为了更加准确地综合评估当前网络的风险等级，在安全事件自主感知模型的基础上，将云理论引入认知物联网安全风险评估中，提出了一种基于云模型的认知物联网安全风险评估方法。其基本思想是根据认知物联网系统的结构，以认知物联网安全要素为基础，利用一维云模型对单个安全要素进行属性概化，得到多维属性云。在此基础上，针对认知物联网各级安全评语建立其对应的多维评判云，通过设定的评判规则来选择云模型相似度计算方法，最终根据综合属性云和概化云的相似度得出安全风险评估的评价结果。

可靠性包括认知物联网硬件和软件设备的可靠性、认知物联网的抗攻击和抗毁性、认知物联网的有效性等。采用层次分析法建立如图 6.12 所示的状态评估指标体系。该评估指标体系从上到下分别为目标层、准则层和指标层。之后，采用云模型评判法对认知物联网的安全状态进行评估，具体评估步骤如下。

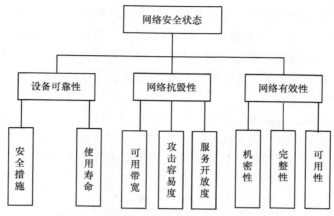

图 6.12 认知物联网安全状态评估指标体系

步骤 1：确定认知物联网系统安全的属性集 $U = \{U_1, U_2, \cdots, U_m\}$。

步骤 2：属性权重分配。为了避免人的主观因素对属性权重的影响，采用式(6-6)来确定认知物联网安全属性的权重[28]。

$$W_i = \begin{cases} \dfrac{1}{2} + \dfrac{\sqrt{-2\ln\left[\dfrac{2(i-1)}{n}\right]}}{6}, & 1 < i \leqslant \dfrac{n+1}{2} \\[4mm] \dfrac{1}{2} - \dfrac{\sqrt{-2\ln\left[2 - \dfrac{2(i-1)}{n}\right]}}{6}, & \dfrac{n+1}{2} < i \leqslant n \end{cases} \tag{6-6}$$

式中，当 $i=1$ 时，$W_1 = 1$；n 为指标数；i 为排队等级，$i=1,2,\cdots,m(m \leqslant n)$。排队等级与指标的重要程度相关。$W_i$ 被归一化处理后得到 $W_i{}'$，归一化公式为 $W_i{}' = \dfrac{W_i}{\sum\limits_{i=1}^{n} W_i}$。

步骤 3：利用前述方法对风险级别和安全属性进行概化，求得单属性的概化云模型。

步骤 4：用一个 k 维综合云向量 T 的变化来描述具有 k 个指标属性的认知物联网安全风险的变化。

步骤 5：用云模型实现认知物联网风险评估的评价集。

假设认知物联网风险值的隶属度为 μ，且 $\mu \in [0,1]$，把安全度分为五个等级，组成的评价集为 $V = \{v_1, v_2, \cdots, v_5\} = \{V_j \mid j = 1,2,\cdots,5\}$，对应的定性语言值为低、较低、中、较高、高，以此来反映认知物联网系统的安全状态所处的级别。将定性语言值低看作认知物联网的理想状态。设评价集的期望值向量为(0.1, 0.3, 0.5, 0.7, 0.9)，也可以根据实际应用需要进一步细化评价集。若某个评语值的云对象被激活的程度比除此之外的评语值都大或者小，则这个评语值被认为是认知物联网安全态势评估的结果。若介于二者之间，则根据专家和用户的经验或者转入步骤 6 来判定最终的评估结果。

步骤 6：采用云关联规则和相似度算法公式(6-5)计算步骤 5 中得出的评判云 C_1 和属性云 C_2 的相似度 ECM(C_1, C_2)。对属性相似度进行加权计算得出最终的综合相似度。为了减小计算量，如果属性云满足给出的关联规则，则其 ECM 计算公式为

$$\text{ECM}(C_1, C_2) = \frac{2S}{\sqrt{2\pi}(en_1 + en_2)} \in [0,1] \tag{6-7}$$

式中，S 为属性云与评判云的 MEC 相交重叠部分的面积；$\sqrt{2\pi}en_1$ 和 $\sqrt{2\pi}en_2$ 分别表示两个正态云模型的最大边界曲线与横坐标之间形成的面积[29]。

6.8　仿真实验结果与分析

基于云模型的认知物联网安全评估实现的关键是安全属性体系的建立和云模型相似度的计算，因此实验的核心部分是建立认知物联网安全属性体系和计算云模型相似度。评估算法在 Windows 7 操作系统下，使用 MATLAB R2010b 进行程序编写。选取关键指标并建立评价属性集 $U = \{U_1, U_2, \cdots, U_m\}$，选择节点设备可靠性、CPU 利用率、安全事件感知值 3 个属性作为评估属性集。本实验在认知物联网安全事件感知的基础上，将认知物联网安全事件感知值作为认知物联网安全评估的一个粗粒度属性，与节点设备可靠性、CPU 利用率等属性对认知物联网的安全状态进行多属性综合评估。

6.8.1　实验过程

(1) 评估属性与认知物联网安全等级概化。

为了简化计算，这里进行以下假设。

假设 1：安全属性的评价等级和综合评价等级采用一样的划分，即属性集与评价集的分级都为 $S = \{S_1, S_2, \cdots, S_n\}$。

假设 2：属性云和概化云均为正态云模型。

本实验将各指标属性划分为五级评判标准，认知物联网风险评估等级记为 S {低，较低，中，较高，高}。本实验依据相同的等级划分法，采用逆向云发生器对各属性进行概化。基于假设2，概化云模型均为正态云，以设备节点可靠性为例，

其概化云如图 6.13 所示。

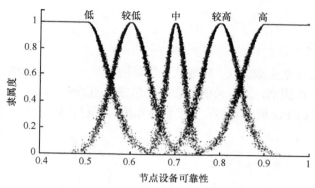

图 6.13　节点设备可靠性概化云

各属性对应的各级评语及概化云的期望值如表 6.1 所示。

表 6.1　属性各级评语及概化云期望值

安全等级	U_1	U_2	U_3
高	0.90	0.10	0.90
较高	0.80	0.30	0.70
中	0.70	0.50	0.50
较低	0.60	0.70	0.30
低	0.50	0.90	0.10

尽管云模型可以较好地反映定性概念和定量数值之间的关系，但仍需要对云模型的边缘进行处理。例如，根据图 6.13，当节点设备可靠性为 0.4 时，其百分之百隶属于定性概念"低"，当节点设备可靠性低于 0.4 时，根据经验，其对应于定性概念"低"的隶属度也应该为 1，所以图 6.13 所示的云开端和结尾都为固定值，即隶属度为固定值 1。

(2) 属性权值确定。

本节假设 3 个属性的排队序列为(U_1、U_2 和 U_3)，计算得出其对应的归一化权值为 0.44、0.28 和 0.28。

(3) 云关联规则。

依据专家经验和常识，设定存在以下规则。

If U_1、U_2、U_3 对应的评判云都为低　　　then　　网络安全等级为低；

If U_1、U_2、U_3 对应的评判云都为较低　then　　网络安全等级为较低；

If U_1、U_2、U_3 对应的评判云都为中　　　then　　网络安全等级为中；

If U_1、U_2、U_3 对应的评判云都为较高　then　　网络安全等级为较高；

If U_1、U_2、U_3 对应的评判云都为高　　　then　　网络安全等级为高。

(4) 计算属性云与评判云的相似度，确定当前认知物联网安全状态级别和安全状态值。

6.8.2　实验结果

基于多维云模型生成算法，生成认知物联网风险三维综合云模型。一维云的概念可以表示为二维图形，二维云的概念可以用三维图形表示。为了便于表示和说明问题，图 6.14 为 CPU 利用率和安全事件感知值对于评语较高的二维评判云模型。

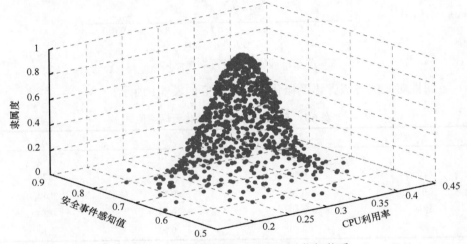

图 6.14　认知物联网安全状态评估指标体系

以对象某个时段性能数据作为样本进行实验，样本集为(0.79，0.73，0.26)、(0.81，0.33，0.68)、(0.57，0.75，0.49)。根据各属性对应的概化云模型计算隶属度，计算结果如表 6.2 所示。

表 6.2　隶属度计算结果

样本	样本集	评语(高，较高，中，较低，低)
1	(0.79，0.73，0.26)	(0.0228，0.9692，0.0801，0.0000，0.0000)
		(0.0000，0.0000，0.0002，0.8353，0.0031)
		(0.0000，0.0000，0.0000，0.7261，0.0060)
2	(0.81，0.33，0.68)	(0.0796，0.9692，0.0000，0.0000，0.0000)
		(0.0000，0.8353，0.0031，0.0000，0.0000)
		(0.0000，0.9231，0.0015，0.0000，0.0000)
3	(0.57，0.75，0.49)	(0.0000，0.0000，0.0000，0.7548，0.2163)
		(0.0000，0.0000，0.0000，0.6065，0.0111)
		(0.0000，0.0001，0.9802，0.0007，0.0000)

选取属性对应评语隶属度中的最大值记为 $\mu_{ij}(j=1,2,\cdots,m)$。依据属性云和多维评判云之间的数值关系，按照前述的认知物联网安全状态评估流程进行云模型相似度的计算。从各属性的隶属度计算结果可以看到，样本 1 和样本 3 没有符合的关联规则，则采用式(6-5)计算相似度。样本 2 满足某条关联规则，则采用式(6-7)计算相似度。相似度结果如表 6.3 所示。

表 6.3　相似度计算结果

样本	样本集	高	较高	中	较低	低
1	(0.79，0.73，0.26)	0.0005	0.3571	0.5825	0.4641	0.1030
2	(0.81，0.33，0.68)	0	0.8136	0	0	0
3	(0.57，0.75，0.49)	0.0012	0.0214	0.2058	0.4771	0.0522

上述计算结果表明，样本 1 与评语"中"的相似度最高，所以评价结果为"中"。样本 2 与评语"较高"的相似度最高，所以评价结果为"较高"。样本 3 与评语"较低"的相似度最高，所以评价结果为"较低"。从计算的过程中可以看出，虽然系统在某时段的传感节点可靠性趋向于更高，但是由于其 CPU 利用率高和安全事件感知值较低，因此系统整体的安全性只能用"中"来评判。由样本 1 和样本 3 可以看出，当系统某个属性的危险程度较高时，其他属性即使危险程度较低，也会使整个系统的危险程度上升，这表明评价结果符合实际。

为了验证算法且方便表示，这里给出 U_1(传感节点可靠性)、U_3(安全事件感知值)分别为 0.81 和 0.68 时，其属性云与评判云的相似度情况如图 6.15 所示。

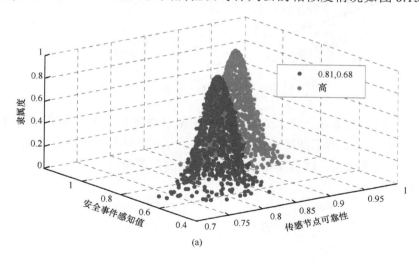

(a)

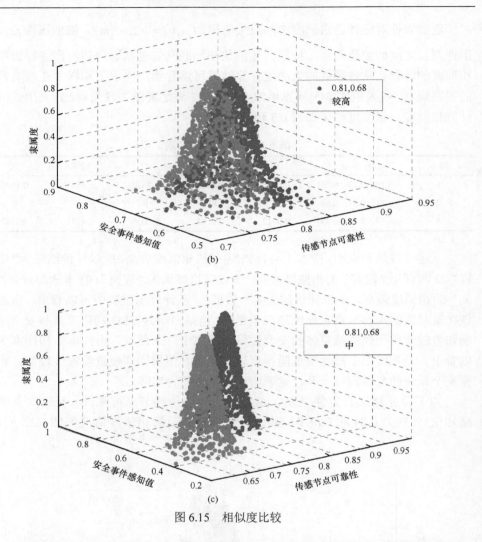

图 6.15　相似度比较

由图 6.15 可以看出，样本(0.81，0.68)与所对应评语"较高"的评判云有更多重合的云滴。表 6.2 所示结果表明，两个属性激活的相应概化云模型均为"较高"。表 6.3 所示结果表明，样本与相应评判云"较高"的相似度最为接近，表明评价结果符合实际。

6.9　小　　结

通过研究认知物联网系统特征、安全信息及其变化的不确定性、不可预测性和模糊性，采用云模型把模糊性和随机性集成在一起，实现定性描述与定量表示之间的转换。本章将多维云模型引入认知物联网安全风险评估中，提出了一种基于云模型的认知物联网多属性安全风险综合评估方法，给出了方法步骤。模型以物联网安全事件为基础，利用一维云模型对单个安全事件进行属性概化，得到多维属性云；再针对物联网各级安全评语建立其对应的多维评判云，通过计算两类云模型的相似程度得出评估结果。本章采用改进后的云模型相似度算法，以实现对认知物联网安全状态的预测。最后，通过实验验证所提评估方法的有效性和可行性。结果表明，所提的评估方法是可行的，该方法能够客观地评估认知物联网安全风险的程度，同时直观地反映出各属性对综合评价结果的影响。

参 考 文 献

[1] 秦兴宇.我国网络信息安全的法律保护现状与完善建议.内蒙古财经学院学报(综合版), 2012, 10(1): 93–96.

[2] 刘蕾磊, 杨世平.一种定量的网络安全评估模型.南昌大学学报(理科版), 2010, 34(4): 401–404.

[3] 肖道举, 杨素娟, 周开锋, 等. 网络安全评估模型研究.华中科技大学学报(自然科学版), 2002, 30(4): 37–39.

[4] 赵越.基于灰色系统理论的信息安全风险评估方法的研究与应用[硕士学位论文]. 长沙: 国防科学技术大学, 2011.

[5] 张涛, 胡铭曾, 云晓春, 等. 计算机网络安全性分析建模研究. 通信学报, 2005, 26(12): 100–109.

[6] 邢栩嘉, 林闯, 蒋屹新. 计算机系统脆弱性评估研究. 计算机学报, 2004, 27(1): 1–11.

[7] Debar H, Dacier M, Wespi A. Towards a taxonomy of intrusion-detection systems. Computer Networks, 1999, 31(8): 805–822.

[8] Wang J, Wang M, Liu J. Software fault tree and coloured petri net based specification, design and implementation of agent-based intrusion detection systems. International Journal of Information & Computer Security, 2007, 1(1-2): 109–142.

[9] Feng C, Wall J, Lombardi F. A software fault tree approach to requirements analysis of an intrusion detection system. Requirements Engineering, 2002, 7(4): 207–220.

[10] Laborde R, Nasser B, Grasset F, et al. A formal approach for the evaluation of network security mechanisms based on RBAC policies. Electronic Notes in Theoretical Computer Science, 2005, 121: 117–142.

[11] Thonnard O, Vervier P A, Dacier M. Spammers operations: A multifaceted strategic analysis. Security and Communication Networks, 2016, 9(4): 336–356.

[12] 王慧强, 赖积保, 朱亮, 等. 网络安全态势感知系统研究综述. 计算机科学, 2006, 33(10): 5–10.

[13] 梁颖.基于数据融合的网络安全态势定量感知方法研究[硕士学位论文]. 哈尔滨: 哈尔滨工程大学, 2006.

[14] Sasidharan S, Somov A, Biswas A R, et al. Cognitive management framework for internet of things: A prototype implementation// Proceedings of IEEE World Forum on Internet of Things, Seoul, 2014: 538–543.

[15] 楼晓俊, 鲍必赛, 刘海涛. 分布式信息融合的物联网事件检测方法. 南京邮电大学学报(自然科学版), 2012, 32(1): 12–16.

[16] 张玉珍, 丁思捷, 王建宇, 等. 基于 HMM 的融合多模态的事件检测. 系统仿真学报, 2012, 24(8): 80–84.

[17] 杨朝晖, 李德毅. 二维云模型及其在预测中的应用. 计算机学报, 1998, 21(11): 961–969.

[18] 李德毅, 刘常昱, 杜鹢, 等. 不确定性人工智能. 软件学报, 2004, 15(11): 1583–1594.

[19] 李德毅, 刘常昱. 论正态云模型的普适性. 中国工程科学, 2004, 6(8): 28–34.

[20] 张红斌, 裴庆祺, 马建峰, 等. 内部威胁云模型感知算法.计算机学报, 2009, 32(4): 784–792.

[21] 郝树勇.基于云的网络安全态势预测研究[硕士学位论文]. 长沙: 国防科学技术大学, 2010.

[22] 郭戎潇, 夏靖波, 董淑福, 等. 一种基于多维云模型的多属性综合评价方法. 计算机科学, 2010, 37(11): 75–77.

[23] 吕辉军, 王晔, 李德毅, 等. 逆向云在定性评价中的应用. 计算机学报, 2003, 26(8): 1009–1014.

[24] 刘艳.基于正态云模型推理映射的智能控制研究[硕士学位论文]. 镇江: 江苏科技大学, 2007.

[25] Zheng R, Zhang M, Wu Q, et al. An IoT security risk autonomic assessment algorithm. Telkomnika Indonesian Journal of Electrical Engineering, 2013, 11(2): 819–826.

[26] 柳炳祥, 李海林, 杨丽彬. 云决策分析方法. 控制与决策, 2009, 24(6): 957–960.

[27] Yang X, Yuan J, Mao H, et al. A novel cloud theory based time-series predictive method for middle-term electric load forecasting//Proceedings of IMACS Multiconference on Computational Engineering in Systems Applications, Beijing, 2006: 1920–1924.

[28] 焦利明, 于伟, 罗均平, 等. 基于云重心评判法的指挥自动化系统效能评估. 指挥控制与仿真, 2005, 27(5): 71–74.

[29] Li H L, Guo C H, Qiu W R. Similarity measurement between normal cloud models. Tien Tzu Hsueh Pao/Acta Electronica Sinica, 2011, 39(11): 2561–2567.

第7章 认知物联网自主评估方法

7.1 概 述

在认知物联网通信技术迅猛发展的同时，各种危害认知物联网信息安全的事件层出不穷，当前认知物联网安全正面临着巨大的风险和安全威胁。然而，传统单一的防御设备已经无法满足安全需求，因此，为了能够清楚地认识到认知物联网所面临的威胁程度，实现对认知物联网安全状况的监视，便于认知物联网管理人员及时把握认知物联网的安全状况及其发展趋势，对认知物联网当前的安全态势进行评估显得尤为重要。认知物联网安全态势评估模型及其关键技术的研究迅速成为认知物联网安全领域新的研究热点。

当前，人们提出了多种网络安全态势评估方法，比较典型的有信息融合法、层次分析法、模糊层次分析法、人工免疫法[1]等。这些评估方法中有定性评估方法、定量评估方法和定性与定量相结合的评估方法。虽然层次分析法[2]是一种定性和定量相结合的综合方法，可以获得较准确的评估，但由于网络安全态势是多种因素的综合结果，具有随机性和模糊性[3]，并且层次分析法在对方案的重要性进行赋值时未能充分考虑人为判断的模糊性，从而导致评估结果具有一定的主观性。基于模糊层次分析的网络安全态势评估方法虽然能够减少主观因素对权重的影响，对网络安全态势的随机性和不确定性也有较强的学习能力，可以提高网络安全态势评估的准确率，但使用该方法进行态势评估时需建立模糊判断矩阵，而且还需要对该矩阵的一致性进行分析[3,4]，态势评估过程比较烦琐。

针对传统评估方法存在的问题，借鉴现有网络态势评估的方法并结合认知物联网态势评估本身存在的随机性、模糊性、非线性、复杂性及实时性强等特点，迫切需要一种简单、规范、客观公正的认知物联网态势评估技术。由于云模型[5]能够把定性概念的随机性、模糊性及关联性有效地集成在一起，构成定性与定量相互的映射，能够很好地处理网络行为的随机性和模糊性问题[6]，因此，本章将云理论引入认知物联网安全态势评估中，提出一种基于云重心评判的认知物联网安全态势评估方法。该方法把动态评估与静态评估结合起来，综合考虑了关于应用服务的警报类、异常类、脆弱性和后果性指标信息，建立评估指标体系，利用云重心向量来判定认知物联网安全态势级别，使用加权偏离度 θ 来衡量某时刻系统状态偏离理想状态的程度，最后将加权偏离度输入评测云发生器得到评估结果。同时，采用改进的遗传神经网络算法对认知物联网安全态势进行预测，以使认知物联网管理员能够清楚把握认知物联网安全状态的发展趋势。

7.2　云重心综合评估方法

云重心理论是建立在云模型基础之上的评估方法，现已被广泛应用到网络安全风险评估、战场态势评估及网络可生存性评估中。云重心的位置 a 与其高度 b 的乘积称为云重心 T，即 $T = a \times b$；云重心位置的变化可以通过期望值的变化来说明。一般而言，若某些云的期望值相同，则可对可以区分它们重要性的并且能够反映云的重要程度的云重心高度 b 进行比较，因此，可以由 T 的变化情况来反映认知物联网安全状态的变化情况[7~9]。针对云重心评判法的实现步骤，文献[7]~文献[9]已给出了详细的说明，在此不再赘述。

基于云重心的综合评判方法与模糊综合评判方法相比，同样存在 3 个集合，即因素集、权重集和评价集，但具体意义不同。

(1) 因素集 $U = \{U_0, U_1, \cdots, U_m\}$，其中，$U_0$ 为最终评估目的指标，其余为影响 U_0 的第 i 个分指标 $(i = 1, 2, \cdots, m)$。

(2) 权重集 $W = \{w_1, w_2, \cdots, w_m\}$，其中，$w_i \geqslant 0$，且 $w_1 + w_2 + \cdots + w_m = 1$。

(3) 评价集 $V = \{v_{\mu 1}, v_{\mu 2}, \cdots, v_{\mu m}\}$，其中，$v_{\mu i} = \{C_{\mu i}^1, C_{\mu i}^2, \cdots, C_{\mu i}^k\}$ 表示第 i 个因素的评价因素的评价集。$C_{\mu i}^j = (E_{\mu i x}^j, E_{\mu i n}^j, H_{\mu i e}^j)$，$C_{\mu i}^j$ 表示单因素 μ_i 有 k 个评语中的第 j 个评语的云模型。该方法摆脱了模糊综合评判法对单因素评价采用同一种评价集的思想，使该方法更符合人们的逻辑思维。

7.3　基于云重心的自主评估方法

为了更加准确地评估当前认知物联网的安全态势，在自律感知模型的基础上，将云理论引入认知物联网安全态势评估中，提出了一种基于云模型的认知物联网安全态势自主评估方法。该评估方法的基本思想是根据认知物联网系统的结构，利用层次分析法建立如图 7.1 所示的网络安全态势评估指标体系。该评估指标体系从上到下依次为目标层、准则层和指标层。

采用云重心评判法对认知物联网安全态势进行综合评估，具体的评估步骤[7~9]如下。

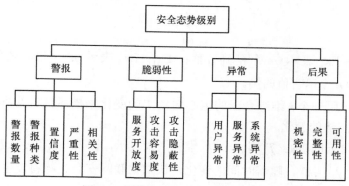

图 7.1　网络安全态势评估指标体系

步骤 1：确定认知物联网系统的因素(属性)集 $U=\{U_0,U_1,\cdots,U_m\}$。

步骤 2：为各指标分配权重。为了避免人为因素对权重分配结果的影响，采用式(7-1)来确定权重：

$$
W_i = \begin{cases} \dfrac{1}{2} + \dfrac{\sqrt{-2\ln\left[\dfrac{2(i-1)}{n}\right]}}{6}, & 1 < i \leqslant \dfrac{n+1}{2} \\[6mm] \dfrac{1}{2} - \dfrac{\sqrt{-2\ln\left[2 - \dfrac{2(i-1)}{n}\right)}}{6}, & \dfrac{n+1}{2} < i \leqslant n \end{cases}
\tag{7-1}
$$

式中，当 $i=1$ 时，$W_1=1$；n 为指标数；i 为排队等级，$i=1,2,\cdots,m(m\leqslant n)$，排队等级与指标的重要程度相关。$W_i$ 被归一化后得到 W_i^*，归一化公式[10]为 $W_i^* = \dfrac{W_i}{\sum\limits_{i=1}^{n} W_i}$。

步骤 3：求各个单因素的云模型，即求各个单因素的期望和熵，如式(7-2)～式(7-5)所示：

$$
\mathrm{Ex} = \frac{1}{n}\sum_{i=1}^{n} \mathrm{Ex}_i
\tag{7-2}
$$

$$
\mathrm{En} = \frac{\max\left(\mathrm{Ex}_{1,}\mathrm{Ex}_2,\cdots,\mathrm{Ex}_n\right) - \min(\mathrm{Ex}_1,\mathrm{Ex}_2,\cdots,\mathrm{Ex}_n)}{6}
\tag{7-3}
$$

$$
\mathrm{En}' = \sum_{i=1}^{n} \mathrm{En}'_n
\tag{7-4}
$$

$$
\mathrm{Ex}' = \sum_{i=1}^{n} (\mathrm{Ex}'_i \mathrm{En}'_i), \quad i=1,2,\cdots,n
\tag{7-5}
$$

$$\sum_{i=1}^{n} \mathrm{En}'_i$$

式中，$\mathrm{Ex}_1 \sim \mathrm{Ex}_n$ 表示 n 个精确数值；$\mathrm{Ex}'_1 \sim \mathrm{Ex}'_n$ 表示 n 个语言值的期望值；$\mathrm{En}'_1 \sim \mathrm{En}'_n$ 为 n 个语言值的熵。

步骤 4：用一个 k 维综合云的重心向量 T 的变化来描述具有 k 个指标的认知物联网安全态势的变化。

k 维综合云的重心 T 用一个 k 维向量来表示，即 $T = (T_1, T_2, \cdots, T_k)$，其中，$T_i = a_i b_i (i = 1, 2, \cdots, k)$。随着时间的变化，认知物联网安全态势将发生变化，其重心为 $T' = (T'_1, T'_2, \cdots, T'_k)$。

步骤 5：用加权偏离度 θ 判定当前认知物联网安全态势所处的级别。

如果在理想状态下 $a = (E_{x1}^0, E_{x2}^0, \cdots, E_{xk}^0)$ 为 k 维综合云的重心位置向量，$b = (b_1, b_2, \cdots, b_k)$ 为云重心高度向量，那么该状态下的云重心向量为 $T^0 = ab^\mathrm{T} = (T_1^0, T_2^0, \cdots, T_k^0)$。同理，求得在某一时刻 t 的描述认知物联网安全态势的 k 维综合云的重心向量 $T = (T_1, T_2, \cdots, T_k)$。然后，通过加权偏离度 θ 来度量这两种情况下综合云重心的差异情况。若 θ 值较小，则说明二者的差异不明显；若 θ 值较大，则说明两者的差异较明显。计算 θ 值的推导过程如下。

首先，对 t 时刻综合云的重心向量进行归一化处理，得到一组向量 $T^G = (T_1^G, T_2^G, \cdots, T_k^G)$，其中：

$$T_i^G = \begin{cases} \dfrac{T_i - T_i^0}{T_i}, & T_i < T_i^0 \\[2mm] \dfrac{T_i - T_i^0}{T_i}, & T_i \geqslant T_i^0 \end{cases} ; \quad i = 1, 2 \cdots, k \tag{7-6}$$

归一化处理之后，描述认知物联网安全态势的 T^G 为有大小、有方向、无量纲的值，理想状态下的云重心向量归一化后为 $(0, 0, \cdots, 0)$。

然后，将 T_i^G 乘以 W_i^*，再相加，即求得式 (7-7) 所示的加权偏离度 $\theta (-1 < \theta < 0)$ 的值：

$$\theta = \sum_{i=1}^{k} (W_i^* T_i^G) \tag{7-7}$$

步骤 6：用云模型实现态势评估的评价集。

引入安全度 μ，且 $\mu \in [0,1]$，把安全度分为 11 个等级，组成的评价集为 $V = \{v_1, v_2, \cdots, v_{11}\} = \{V_j \mid j = 1, 2, \cdots, 11\} = \{$无，非常低，很低，较低，低，中，高，

较高，很高，非常高，极高}，以此来反映认知物联网系统的安全态势所处的级别，将"极高"看成安全度的理想状态（"无"为威胁度的理想状态），则评价集的期望值向量为(0.0, 0.1, 0.2, 0.3, 0.4, 0.5, 0.6, 0.7, 0.8, 0.9, 1.0)。然后，将步骤 5 所得的 θ 值输入如图 7.2 所示的云发生器。当某个评语值的云对象被激活的程度比除此之外的评语值大时，这个评语值即被认为是认知物联网安全态势评估的结果[8]。若介于二者之间，则根据专家和用户的经验或者转入步骤 7 来判定最终的态势评估结果。

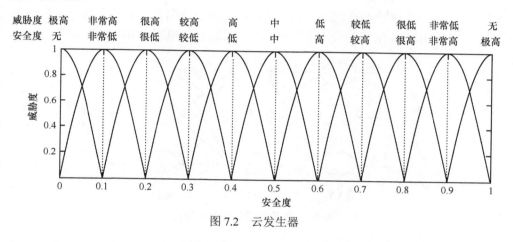

图 7.2　云发生器

步骤 7：采用基于最大边界曲线[11]的正态云相似度计算方法(maximum boundary based cloud model, MBCM)来计算步骤 5 所得的 θ 值对应的云模型 C_1 与其所激活评语值对应云模型 C_2 的相似度 MBCM(C_1, C_2)，如式(7-8)所示。然后，选取相似度高的评语作为最终的态势评估结果。

$$\mathrm{MBCM}(C_1, C_2) = \frac{2S}{\sqrt{2\pi}(en_1 + en_2)} \in [0,1] \tag{7-8}$$

式中，S 为两个云模型的最大边界曲线相交重叠部分的面积；$\sqrt{2\pi}\, en_1$ 和 $\sqrt{2\pi}\, en_2$ 分别表示两个正态云模型的最大边界曲线与横坐标之间形成的面积，且 $en_i = \mathrm{He}_i + \mathrm{En}_i (i = 1,2)$。

7.4　基于 GA-BPNN 的态势预测

BPNN 是 1986 年由以 Rumelhart 和 McCelland 为首的科学家小组提出的，是一种按误差传播算法训练的多层前馈网络。它具有信息存储和计算处理并行化、自适应性和学习能力高等特点，目前已在系统控制、模式识别、非线性时间序列预测等领域得到了广泛的应用。

7.4.1 态势预测的 BPNN 结构

态势预测通过对过去和当前的认知物联网安全态势信息进行分析来实现对未来安全态势的预测[即已知 $t,t+1,\cdots,t+n$ 时刻的认知物联网安全态势，预测 $t+(n+1)$ 时刻的认知物联网安全态势]。然后将未来认知物联网的安全态势反馈给自律管理器，从而有效地指导未来的自主决策。由于态势预测的 BPNN 结构对态势的动态预测非常重要，因此在对态势预测的问题进行分析的基础上，结合 BPNN 结构，给出了如图 7.3 所示的态势预测的 BPNN 结构。

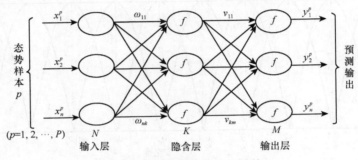

图 7.3　态势预测的 BPNN 结构

假设 1：在态势预测的 BPNN 结构中，N 为输入层节点个数，K 为隐含层节点个数，M 为输出层节点个数。其中，ω_{nk} 表示输入层与隐含层之间的连接权值。隐含层与输出层之间的连接权值表示为 v_{km}，θ_k 和 γ_m 分别表示隐含层和输出层的阈值，f 表示隐含层到输出层的 Sigmoid 函数[12]。

假设 2：在一段时间 t 内，一个长度为 H 的认知物联网安全态势时间序列被从态势知识库中选取出来，然后将该序列通过滑动窗口机制形成 P 个样本，其中包括 P_{train} 个训练样本和 P_{test} 个测试样本[12]。

根据假设 1 和假设 2 可得出基于 BPNN 的态势预测模型及其误差函数为

$$y_n^p = f\left[\sum_{k=1}^{K} v_{km} f\left(\sum_{n=1}^{N} \omega_{nk} x_n^p - \theta_k\right) - \gamma_m\right] \tag{7-9}$$

$$G = \frac{1}{P}\sum_{p=1}^{P}\sum_{m=1}^{M}(y_m^p - \hat{y}_m^p)^2 \tag{7-10}$$

式中，$p=1,2,\cdots,P$；$n=1,2,\cdots,N$；$f = \dfrac{1}{1+\text{e}^{-x}}$；第 p 个训练样本所对应的第 m 个实际输出和期望输出分别表示为 y_m^p 和 $\hat{y}_m^p$。

另外，按照 Kolmogorov 定理可知，N 与 K 之间的关系为

$$K = 2N + 1 \tag{7-11}$$

7.4.2　改进的 GA 优化 BPNN 态势预测模型

本小节采用文献[12]改进的遗传算法(genetic algorithm，GA)实现对 BPNN 态势预测模型的优化。文献[12]主要对标准遗传算法从以下几个方面进行了改进。

1. 编码

假设隐含层用 h 表示，输出层用 o 表示。为了避免二进制数与实数转化的量化误差、加快寻优速度，这里采用实数编码对 BP 神经网络的参数 K、ω_{nk}^{h}、v_{km}^{o} 构造染色体，格式表示如下：

$$K\omega_{11}^{h}\cdots\omega_{n1}^{h}\cdots\omega_{1k}^{h}\cdots\omega_{nk}^{h}v_{11}^{o}\cdots v_{k1}^{o}\cdots v_{1m}^{o}\cdots v_{km}^{o}$$

2. 适应度

采用 BPNN 的误差函数来定义适应度函数，优化的目标就是使实际输出值与期望值一致，表达式如下所示：

$$f(t) = \frac{1}{1 + G(t)} \tag{7-12}$$

式中，$t = 1, 2, 3, \cdots$ 是种群中个体数；$f(t)$ 表示第 t 子代的个体适应度值；$G(t)$ 采用式(7-7)进行计算，表示第 t 子代个体的误差情况。

3. 选择

首先根据式(7-12)选择最优个体直接进入下一代种群中，然后根据各个体的适应值，求出其选择概率 $P_s(t)$：

$$P_s(t) = \frac{f(t)}{\sum_{t=1}^{P} f(t)} \tag{7-13}$$

式中，$t = 1, 2, 3, \cdots, P$ 是种群中个体数。$P_s(t)$ 的值越大，表明选中此个体的概率越大；$P_s(t)$ 的值越小，表明选中此个体的概率就越小。

4. 交叉与变异

交叉的目的在于产生新的基因组合。若有两个个体 t_1、t_2 按式(7-14)进行交叉操作，则产生的新个体为

$$\begin{cases} t_1' = \alpha t_1 + (1-\alpha)t_2 \\ t_2' = \alpha t_2 + (1-\alpha)t_1 \end{cases} \tag{7-14}$$

式中，t_1'、t_2' 表示组合后的新个体，$\alpha \in [0,1]$。

变异运算的目的在于保持种群的多样性，使搜索能在足够大的空间中进行。变异操作是按一定的概率每次从种群 P 中选取一个个体，然后，随机变化所选个体的某些基因位，形成种群 $P'^{[13]}$。最后，使用改进后的 GA 来优化态势预测 BPNN 模型具体如下所示。

算法 7-1　改进 GA 优化态势预测 BPNN 模型

begin　　initiate：初始化 BPNN 参数及改进后的 GA 控制参数；

　　　　　code：对所需优化的参数进行编码，构成 GA 的初始种群 $P(t)$；

　　　　　input：输入训练数据集；

　　　　　compute：计算种群中个体的适应度值 $f(t)$、最大适应值 $f_{\max}(t)$ 及平均适应值 $f_{\mathrm{ave}}(t)$；

　　　　　if(($f_{\max}(t)$ > 阈值 ε)and($f_{\mathrm{ave}}(t)$ > 阈值 ζ)and(迭代次数 > 阈值))Then

　　　　　　　inherit：对 $P(t)$ 执行改进的选择、交叉和变异操作，形成新一代的种群 $P(t+1)$；

　　　　　　　compute：求 $f_{\max}(t)$、$f_{\mathrm{ave}}(t)$ 的值及迭代次数；

　　　　　end if

　　　　　output：训练好的 BPNN；

end

7.5　仿　真　实　验

利用 Sumrf、Ping of Death、Portsweep 等攻击方法对受保护的服务器进行攻击，采集 IDS、防火墙和主机的日志信息并进行分析。采用基于云重心评判的认知物联网安全态势评估方法，每 24 小时对系统本身的安全态势做出评估，以验证该评估方法的可行性和有效性。然后将当前评估值与历史评估值一起建立时间序列作为输入量，进入遗传神经网络预测模型进行训练，得到态势预测值。

7.5.1　态势评估

(1) 确定认知物联网安全态势的评估指标体系，如图 7.1 所示。目标层为系统的安全态势级别，是态势评估的最终目的。准则层主要包括警报类信息 R_1、脆弱性信息 R_2、异常类信息 R_3 和后果类信息 R_4。这些指标信息构成一级评判因素。指标层由 14 个指标构成，其中，警报数量 R_{11}、警报种类 R_{12}、置信度 R_{13}、严重

性 R_{14} 和相关性 R_{15} 为警报类指标信息 R_1；服务开放度 R_{21}、攻击容易度 R_{22} 和攻击隐蔽性 R_{23} 为脆弱性指标 R_2；用户异常 R_{31}、服务异常 R_{32} 和系统异常 R_{33} 为异常类信息指标 R_3；机密性 R_{41}、完整性 R_{42} 和可用性 R_{43} 为后果类指标信息 R_4。指标层的 14 个指标构成二级评判因素。

(2) 抽取 12 项指标，确定各指标的权重分配。求得 W_i 与 W_j，如表 7.1 所示。然后，对 W_i、W_j 分别进行归一化处理，得四项总体指标的权重 W_i^* 为：W_i^*=(0.295，0.205，0.205，0.295)，12 项分指标的权重 W_j^* 为：W_j^*=(0.147，0.096，0.052，0.09，0.057，0.09，0.103，0.067，0.035，0.111，0.073，0.111)。

表 7.1　各指标的排队等级及权重值

一级指标	R_1			R_2			R_3			R_4		
二级指标	R_{13}	R_{14}	R_{15}	R_{21}	R_{22}	R_{23}	R_{31}	R_{32}	R_{33}	R_{41}	R_{42}	R_{43}
排队等级		1			2			2			1	
	1	2	3	2	1	2	1	2	3	1	2	1
W_i		1			0.696			0.696			1	
W_j	1	0.65	0.35	0.65	1	0.65	1	0.65	0.35	1	0.65	1

(3) 对各指标安全度进行量化。设 μ 随安全程度的增加而单调增加，且 $\mu \in [0,1]$，那么威胁度则随安全度的单调增加而减小，如图 7.4 所示。

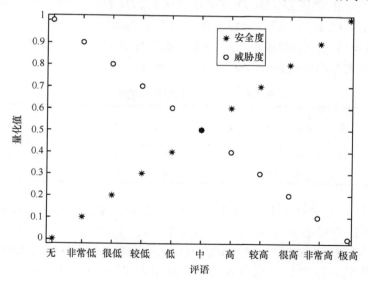

图 7.4　评语量化

若某实际的认知物联网应用服务系统的安全态势的四类指标(警报类、脆弱性、异常和后果)的安全度由 12 位专家评估，则可得到 12 组安全度样本。在此抽取出四类指标的 12 项分指标，所抽取指标的四组样本，如表 7.2 所示。

表 7.2　所抽取指标的四组安全度样本

指标 安全度	R_{13}	R_{14}	R_{15}	R_{21}	R_{22}	R_{23}	R_{31}	R_{32}	R_{33}	R_{41}	R_{42}	R_{43}
1	高	0.50	低	0.43	0.30	0.72	0.35	0.62	0.46	中	很低	较高
2	低	0.75	很高	0.65	0.55	0.63	0.80	0.35	0.73	很高	中	低
3	高	0.55	较低	0.58	0.40	0.72	0.68	0.52	0.67	较低	高	很高
4	中	0.60	很高	0.75	0.65	0.68	0.42	0.71	0.56	低	较高	低
理想状态	极高	1	极高	1	1	1	1	1	1	极高	极高	极高

(4) 建立决策矩阵。依据云理论，语言值可用云模型表示。由上述步骤可知，"非常低"、"很低"的量化值分别为 0.1、0.2，这些量化值就是各语言值的期望值 Ex。将表 7.2 中的各指标样本的语言值量化之后，可得到如下决策矩阵：

$$B = \begin{bmatrix} 0.60 & 0.50 & 0.40 & 0.43 & 0.30 & 0.72 & 0.35 & 0.62 & 0.46 & 0.50 & 0.20 & 0.70 \\ 0.40 & 0.75 & 0.80 & 0.65 & 0.55 & 0.63 & 0.80 & 0.35 & 0.73 & 0.80 & 0.50 & 0.40 \\ 0.60 & 0.55 & 0.30 & 0.58 & 0.40 & 0.72 & 0.68 & 0.52 & 0.67 & 0.30 & 0.60 & 0.80 \\ 0.50 & 0.60 & 0.80 & 0.75 & 0.65 & 0.68 & 0.42 & 0.71 & 0.56 & 0.40 & 0.70 & 0.40 \end{bmatrix}$$

理想状态下的向量 $D=(D_1, D_2, D_3, D_4, D_5, D_6, D_7, D_8, D_9, D_{10}, D_{11}, D_{12})=(1, 1, 1, 1, 1, 1, 1, 1, 1, 1, 1, 1)$，即各指标在理想状态下的期望值。

(5) 根据(4)所建立的决策矩阵 B，并根据式(7-2)、式(7-3)分别求得求各指标的云模型表示，即求各指标的 Ex 和 En，如表 7.3 所示。

表 7.3　各指标的期望值和熵值

指标 值	R_{13}	R_{14}	R_{15}	R_{21}	R_{22}	R_{23}	R_{31}	R_{32}	R_{33}	R_{41}	R_{42}	R_{43}
期望值	0.53	0.60	0.58	0.60	0.47	0.69	0.56	0.55	0.605	0.5	0.5	0.575
熵	0.03	0.04	0.08	0.05	0.06	0.02	0.08	0.04	0.05	0.08	0.08	0.07

(6) 计算加权偏离度并得出评估结果。依据云理论，由 $T=ab$ 可得：12 维加权综合云的重心向量为 $T=(T_1, T_2, T_3, T_4, T_5, T_6, T_7, T_8, T_9, T_{10}, T_{11}, T_{12})=(0.078, 0.058, 0.030, 0.054, 0.027, 0.062, 0.058, 0.037, 0.021, 0.056, 0.037, 0.064)$，理想状态下的加权综合云的重心向量为 $T^0(0.147, 0.096, 0.052, 0.09, 0.057, 0.090, 0.103, 0.067, 0.035, 0.111, 0.073, 0.111)$。由式(7-6)归一化后得到：$T^G=(-0.47, -0.396, -0.42, -0.40, -0.53, -0.31, -0.44, -0.45, -0.395, -0.5, -0.5, -0.425)$，$T^{0G}=(0, 0, 0, 0, 0, 0, 0, 0, 0, 0, 0, 0)$。

由式(7-7)求得加权偏离度为 $\theta=-0.452$，即此时认知物联网安全状态偏离理想状态的加权偏离度为 0.452，那么此时认知物联网系统的安全度的评估值为 0.548，或威胁度的最终评定值大约为 0.452(取标尺右端为 0，左端为 1)，将其输入评测云发生器后，将激活安全度的"中"和"高"两个云对象，或激活威胁度的"中"和"低"两个云对象。

(7) 根据式(7-8)来计算评估值 0.548 对应的云模型 C_1 与评语"中"和"高"(威胁度为"低")分别对应的云模型 C_2 和 C_3 的相似度，计算结果为 MCM(C_1, C_2)=0.371，MCM(C_1, C_3)=0.489。由此可知，评估值对应的云模型与评语"高"对应的云模型的相似度最高，因此，此时刻认知物联网安全态势处于高安全级别。

7.5.2　态势预测

为了验证 GA-BPNN 态势预测方法的有效性，从所得的认知物联网安全态势的评估结果中抽取连续的 80 个态势值作为样本。训练样本值为所取样本的前 50 个，测试样本值为后 30 个。神经网络的权值和阈值采用 GA 来确定。种群个数初始为 popu = 50，最大训练代数 gen = 100，目标误差为 goal = 0.001，学习速率为 LP.lr = 0.05。为了对比分析，分别采用 BP 神经网络与本节优化后的预测模型对测试样本进行实验。图 7.5 给出了 GA-BPNN 和 BP 算法的预测曲线，可以看出，采用 GA-BPNN 算法预测得到的态势值与真实值最接近，说明采用该方法能够更准确地对未来认知物联网安全态势进行预测。

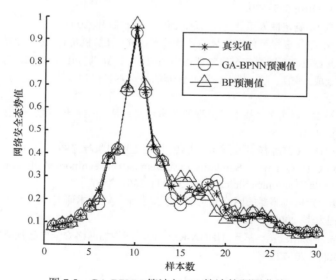

图 7.5　GA-BPNN 算法与 BP 算法的预测曲线

7.6　小　　结

本章将云理论引入认知物联网安全态势评估中，提出了一种基于云重心评判的认知物联网安全态势评估方法。该方法通过云重心向量的变化来反映认知物联网系统安全状态的变化，通过加权偏离度来判定认知物联网安全态势的级别。使用该方法对认知物联网安全态势进行评估，评估过程简单、规范、需要较少的人为干预，且可操作性强。同时，由于遗传算法具有很强的宏观搜索能力和良好的全局优化性能，因此本章采用改进的遗传算法对态势预测模型进行优化，以实现对未来认知物联网安全态势的预测。本章最后通过实验来验证所提评估方法的有效性和可行性，以及 GA-BPNN 算法预测的效果。结果表明，所提评估方法是可行的，且评估结果较客观准确，GA-BPNN 算法的预测结果与真实值较接近。

参 考 文 献

[1] Zhang R, Xiao X. Research on situation evaluation based on artificial immune for network security. Applied Mechanics & Materials, 2011, 121–126: 4926–4930.

[2] 陈秀真, 郑庆华, 管晓宏, 等. 层次化网络安全威胁态势量化评估方法. 软件学报, 2006, 17(4): 885–897.

[3] 章丽娟, 王清贤. 模糊层次分析法在网络安全态势评估中的应用. 计算机仿真, 2011, 28(12): 138–140.

[4] 姚崇东, 王慧强, 张兴园, 等. 一种基于跨层感知的网络安全态势评估方法. 武汉大学学报理学版, 2012, 58(6): 535–539.

[5] 李德毅, 杜鹢. 不确定性人工智能. 北京: 国防工业出版社, 2005.

[6] 杨柳, 吕英华. 基于云模型的网络风险评估技术研究. 计算机仿真, 2010, 27(10): 95–98.

[7] 覃德泽. 云重心理论在网络安全风险评估中的应用. 计算机仿真, 2011, 28(3): 174–177.

[8] 冯增辉, 张金成, 张凯, 等. 基于云重心评判的战场态势评估方法. 火力与指挥控制, 2011, 36(3): 13–15.

[9] 蔡均平, 肖治庭, 李雪冬. 基于云模型的军事信息网络可生存性评估. 武汉理工大学学报, 2010, 32(20): 11–16.

[10] 刘曙阳, 程万祥. C3I 系统开发技术. 北京: 国防工业出版社, 1997.

[11] Li H L, Guo C H, Qiu W R. Similarity measurement between normal cloud models. Tien Tzu Hsueh Pao/Acta Electronica Sinica, 2011, 39(11): 2561–2567.

[12] 赖积保. 基于异构传感器的网络安全态势感知若干关键技术研究[博士学位论文]. 哈尔滨: 哈尔滨工程大学, 2009, 1–128.

[13] 孟锦, 马驰, 何加浪, 等. 基于 HHGA-RBF 神经网络的网络安全态势预测模型. 计算机科学, 2011, 38(7): 70–72.

第8章　认知物联网资源自适应查找方法

8.1　概　　述

随着互联网的发展，网络已深入人们生活的每一个角落，用户对网络的需求也在发生变化，这导致网络通信模型的不断更新。

在认知物联网中名字的最长前缀匹配为数据包的转发提供了支撑，路由信息的转发主要依靠对数据名字的解析，因此对数据名字的解析效率往往也影响整个网络的性能。在认知物联网网络中对信息名字的处理至关重要，目前主要存在以下问题。

(1) 快速名字查询和线路的高吞吐量。传统 IP 地址具有固定的长度，而在认知物联网中信息名字是由一些可变长的字符串组成的，且长度没有上限。原有的查找算法在确定名字长度上将花费一定的时间，造成额外的时间消耗。同时，目前网络的基础链路传输速率在持续提高，100Gbit/s 的高速以太网已逐步深入实际网络中，因此在认知物联网中研究对任意长度名字的高速率查找，使之匹配当前数据链路的吞吐量是一个关键工作。

(2) 最长名字前缀匹配。和 IP 最长前缀匹配不同，认知物联网的名字由许多字符串和分隔符组成，名字具有层次化的结构和粗粒度。其匹配元素不是 IP 中的数字而是字符串。因此适用于 IP 的最长前缀匹配算法不适用于认知物联网中。

(3) 存储开销。IP 地址由 32 位或 128 位数字组成，而认知物联网名字自身的字符特性、可变长特性决定认知物联网名字存储开销大于 IP 地址。同时，在网络中认知物联网名字的数量远远超过了 IP 地址的数量，因此在认知物联网中研究名字集合信息的高效存储也是关键的问题。

(4) 高的更新率。认知物联网的名字查找与路由器中的转发信息表(forwarding information base,FIB)是密切相关的。在认知物联网中，路由条目是不断更新的，认知物联网名称表也在动态更新，因此名字查找必须支持新的条目被快速插入或者旧的条目被快速删除。

综上所述，本章将在认知物联网名字快速查找方面展开研究。基于认知物联网名字的命名特性以及名字本身的特性，提出快速高效的信息名字解析方案。旨在提高认知物联网名字存储效率的同时提高认知物联网名字的查找速率，以提高网络中数据的传输速率，为认知物联网网络中的高效路由提供基础。

8.2　网络信息命名及解析研究现状

1. 信息中心网络(information-centric networking,ICN)中命名机制研究现状

传统网络常采用的命名方法有 URI(uniform resource identifier)、URL(uniform resource locator)、URN(uniform resource name)以及 IP 地址等。这些命名方式针对传统互联网资源特定需求而制定,难以满足 ICN 网络对信息命名的需求。近年来,国内外研究者根据不同的网络名字特点提出多种面向命名数据网络(named data networking,NDN)网络的命名方案。

NetInf 的命名机制包括名称一致性、拥有者身份验证及拥有者标识等指标。名称的一致性确保了信息内容以及内容所有者的持久性和有效性。拥有者身份验证与拥有者标识的分离,将信息拥有者与其他用户分开的同时也可以使拥有者对其他用户隐藏身份。

DONA 的命名方式采用的是 P: L 格式[1],P 代表信息所有者的一些基本属性,L 代表信息本身的一些标签属性。基本属性的命名方式采用的是扁平化命名方式,且唯一。

Bari 等[2]对 CCN、NDN、NetInf 等不同命名方案进行分析、比较,认为良好的命名方案需要具有层次结构和自我验证特性。Ghodsi 等[3]提出命名方案应该具有用户友好性,便于命名方案的推广与普及。Sollins[4]认为命名应具泛在性和持久性,便于唯一永久标识某一信息。Dannewitz 等[5]提出基于分层分布式哈希表的命名方法,能够支持在平面命名空间内全局信息的高效命名。Liu 等[6]提出一种针对物联网大量异构设备产生信息的命名方法,并设计一个中间件以实现信息的过滤、匹配等。

综上所述,ICN 的命名方案总体可以归结为层次化和平面化两种不同类型。层次化方法是指信息按照一种层次关系命名,通过所属层次关系定义信息,易于信息名字的聚合,如 CCN、NDN 就采用层次化命名的方法。平面化方法是指信息命名不具有层次性,采用唯一标识码定义信息,易于扩展和附带额外的信息,如 DONA、NetInf 采用平面化命名方法。

2. NDN 的名字解析研究现状

在 NDN 网络中,路由器主要根据信息名字进行转发数据。因此构建高效名字解析机制是一项关键性的工作,高效名字查询机制的评估标准包括:

(1) 吞吐量。在 NDN 网络中,吞吐量表示名字查找机制在一定时间内成功查询到的数据名字的数量,单位为每秒百万次查找(million search per second,MSPS)。

(2) 内存效率。名字查询机制的程序运行时所占用的内存开销即为程序所占

内存，其与总内存的比值即为内存效率。

（3）更新率。更新率为 NDN 路由器对新发布内容的插入和对过期内容的删除以及随着路由策略和网络拓扑变化所进行的频繁更新操作。

（4）可扩展性。随着名字集合的增大，NDN 名字查询性能的稳定性即为可扩展性。

为了满足以上评估标准，加快 NDN 名字的查询速率，提高网络性能，迫切需要一种高效的名字查找机制。根据以上需求，国内外研究者根据 NDN 的命名特性以及名字本身的特性开展了深入研究并提出一些名字查询机制的设计方案。

1) 基于 TCAM 的查找方法

TCAM(ternary content addressable memory)[7]是以 CAM(content addressable memory)为基础发展而来的，每个比特位包含了 "0"、"1"、"don't care" 三种状态。三种状态的应用使它不仅可以进行精确查找，而且可以进行模糊查找。TCAM 具有良好的查找速度[8, 9]，可以在一个时钟周期内完成一次对树形结构的遍历。但 TCAM 的成本高、能耗高且更新操作较为困难[10]。在 NDN 网络中，信息名字长度可变且不固定，这就需要通过多个 TCAM 协同工作来存储一个信息名字，造成存储空间的浪费，且在一次查询过程中需要多个时钟周期才能完成。从当前网络发展情况来看，NDN 网络中路由器的规模不断扩大，路由条目的更新日益频繁，TCAM 无法适应 NDN 网络中当前的路由环境。

2) 基于字符树的查找方法

字符树查找其实就是用各个字符型节点组成一个树状结构，每个字符型节点代表名字信息的一个组件。查找数据名时，以根节点为起点，依次向叶子节点进行查找，对树状结构进行遍历，直到查找到与名字前缀相匹配[3]的信息。

与传统的字符树查找相比，名字组件树(name component tree，NCT)减少了树状结构的节点数，从而减少了字符数所占用的存储空间。NCT 简化了单词查找的过程，提高了查找速度。在文献[11]和文献[12]中对基于名字转发机制和基于前缀转发机制的性能进行了深入分析，说明了基于名字对数据进行查找是可行的，但其查找速率慢于基于前缀转发的查找方法。

Wang 等[13]通过名字组件编码方法简化 NCT 中对名字组件的匹配过程，仅需要查询组件的编码即可，这种方法被称为 NCE(name component ecoding)。其通过编码方式压缩字符串所占空间，然后通过状态转换阵列实现对名字表条目的快速查找、更新操作。该方法降低了字符树所消耗的内存空间，加速了名字的查找，同时能够适应未来名字集合的不断增长。但对于大规模名字集合，通过增加名称表来实现快速转发具有极大的挑战性，其对名称的编码过程和在名称表中对代码的查询过程都是一项复杂、烦琐的任务。

Wang 等[14]基于 NCE 提出一个名称组件编码解决方案，通过贪婪本地代码分配算法为每个组件编码，同时通过一个一维数组简化查询过程，极大地减少了查询过程以及名字表所占用的存储空间。这种方法也利用 GPU 的并行处理能力实现名字前缀的快速查询、插入和删除操作，但利用 GPU 的成本较高，要处理的数据比较庞大，容易导致机器报废。

基于 Wang 等所做的研究，有学者提出一种多步进对齐转移数组[15]来实现字符树状并行查找，将每个要查询的名字前缀作为一个有限状态，编码树中的每个节点看做这些状态中的一个状态被查找，通过一个二维状态转换数组实现父节点到子节点的转换。该方法的基本思想是将输入的名字编码作为状态转换数组的索引。虽然该方法加快了查找速度，但由于受到实际内存大小的限制，当插入和更新的条目数量很大时，更新速率受限。

3) 基于散列技术的查询方法

CCN 中的名字由各个组件组成，每个名字包含的组件数目固定。相同组件数目的信息名字被划分到同一个集合，并通过散列技术对名字进行查询。

Sarang 等[16]最先把计数布隆过滤器用在 IP 地址的查询上。在此基础上 Wang 等[17]通过两层的布隆过滤器提出一种快速的 NDN 名字查询机制。第一层布隆过滤器的主要作用是将同等长度的名字前缀映射到一个布隆过滤器中。在查询过程中可以通过第一层布隆过滤器确定最长前缀的长度。其基本思想是采用一次内存访问布隆过滤[18]，通过一个单一的字表示布隆过滤中 K 个哈希函数所代表的值，只需进行一次内存访问便可获得 K 个哈希值，减少了对内存的访问次数，加快了第一层布隆过滤器的操作。第二层是根据名字前缀的下跳端口进行划分，将具有相同下一条端口的名字前缀存储到同一个布隆过滤器，通过端口数减少对内存的访问次数。另外，字符串的哈希函数也可以减少时间复杂度。这种方法在加速查询和减少内存占用率以及对大规模数据的处理性能上都有一定的优势。

在 NDN 名字查找方面，有研究者提出一种自适应前缀布隆过滤器(name lookup solution with adaption bloom filter,NLAPB)[19]。这种方法将 NDN 的名字前缀信息分成两部分，一部分为固定长度(B-prefix)，一部分为可变长度(T-suffx)。对于固定长度部分，可利用计数布隆过滤器有效地进行存储和处理。可变长度部分可利用树状结构进行处理[20]。多种不同的前缀信息可能共享同一个 B-prefix，这会造成其更新性能不够理想。

应用散列技术极大地提高了 NDN 名字的查询速率，具有一定的优势，但哈希函数带来的假阳性使布隆过滤器存在误报率，影响查询结果的正确性。

4) NDN 名称查找平台

目前 NDN 网络处于发展阶段，并没有得到实际的应用。通过实验研究分析可知 NDN 网络的通信模型[21]是可用的。为了比较各种 NDN 名字查找方案间的性能，有文献提出一种 NDN 名字查找测试平台[22]，可比较、评价和测试各种创新的名字查找方法。其框架如图 8.1 所示。

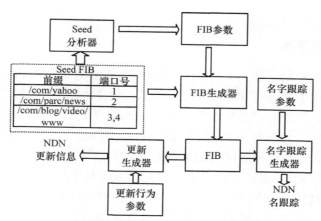

图 8.1　NDN 名称查找测试平台框架

8.3　IP 地址查找相关技术

8.3.1　快速查找技术

关于 IP 地址的加速查找技术主要分为单步长特里树和多步长特里树。单步长特里树的本质是通过二叉树进行查找，在二叉树中依次读入要查找的 IP 地址，进行最长前缀匹配，其最长前缀所指向的路由条目即为查找结果。单步长特里树对内存的访问过多，因此提出了多步长特里树，即一次可以对多个字符进行处理，有效减少对内存的访问次数。但多步长特里树会带来存储开销过大的问题。

运用特里树查找方法需要记录查找过程中所有节点的下一跳信息。为了减少对下一跳信息记录的次数，提出了叶推算法。它将查询过程中所有节点的下一跳信息全部记录在最后一个节点上，最长前缀一旦匹配到一个相对应的信息，即完成此次查询。从这种算法可以发现，所有的下一跳信息均存储在叶子节点上，而在特里树的其他节点上仅包含一个指针信息，因此这种处理方法在提高查询效率的同时减少了存储开销。

对 IP 地址的查询加速技术除了运用软件外，研究者也通过硬件设备来实现加速效果。Wang 等在基于对名字的分层编码查找技术之上，提出一种基于 GPU 大规模并行处理的命名查找方法。该方法通过管道技术提升了名字查找速率。它是第一个将 GPU 的大规模并行处理能力应用到 NDN 名字查找中，并实现 NDN 名字的线速查询。同时它通过利用一种由一维数组建立的多对齐转换阵列(multiple aligned transition arrays,MATA)，减少名字查询对内存的访问次数，提高了名字查询的速率并有效压缩了存储空间。这种方法在处理海量数据上也体现出其高处理能力。

8.3.2　高效更新技术

在原始特里树的基础上，文献[23]提出一种融合特里树的查询方法。这种方法基于虚拟路由表实现对 IP 地址的快速查找。融合特里树与叶推特里树不同，在融合特里树中，每个节点含有多个虚拟的路由表。用一个列表指针记录节点的前缀信息，且指针列表与虚拟路由转发表编号一一对应。每个节点通过位图记录不同的前缀指针，并通过位图快速查找到前缀信息。

图 8.2(a)为融合特里树的树状结构，图 8.2(b)表格中记录了该树所对应的前缀信息。该特里树共含两个路由转发表，节点上的值为该节点的位图信息，从左到右依次表示编号从小到大的路由表中是否存在前缀信息。图 8.2(b)第一列表示路由转发表 1 所记录的前缀信息，第二列表示路由转发表 2 所记录的前缀信息。

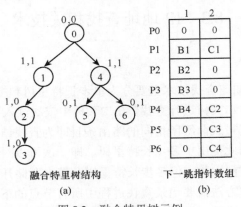

	1	2
P0	0	0
P1	B1	C1
P2	B2	0
P3	B3	0
P4	B4	C2
P5	0	C3
P6	0	C4

融合特里树结构　　　　　　下一跳指针数组

(a)　　　　　　　　　　　(b)

图 8.2　融合特里树示例

假如要删除路由转发表 1 中 P2 的前缀信息 B2。首先在融合特里树中对前缀 B2 进行查找，找到节点 2 对应路由转发表中 P2 条目对应的前缀信息，将节点 2 的位图第一位置 0，则完成了删除操作。融合特里树的插入和修改操作是在传统特里树的插入和修改操作基础上，额外对节点的位图和相应的前缀信息表插入修改即可。

这种融合特里树的查找操作方法，是在节点外存储了下一跳信息，并结合位图实现快速查找，避免了叶推算法不具有良好更新性能的弊端。如果位图的思想能够引入 NDN 名字查找将会是一种不错的方法。

8.3.3　存储压缩技术

　　形状图[24]是一种为了提高数据存储效率的 IP 查找算法。该算法的主要目的是实现 IP 地址的存储压缩。其提出的动机有三个方面。第一，随着网络接口传输速度的不断加快，需提高数据的处理速度和压缩存储技术，使之与链路速度相匹配。第二，网络中信息量的不断增大，导致实际路由设备负载过多的路由信息。第三，多核中央处理器的出现，使数据处理技术对数据结构的紧凑性要求有所提升。

　　如图 8.3 所示，图 8.3(a)为路由表，图 8.3(b)为根据 IP 地址建立的特里树，图 8.3(c)为形状图。以特里树的叶子节点为起点，对特里树的所有节点进行编号，形状图的 1 号节点表示特里树所有叶子节点 c、f、h 的编码，记为 c-1、f-1、h-1。在特里树中，每个节点都会向其下一层级引出一条边或者两条边，如果下一层级中没有与其相连的节点则不会引出边。把节点左方引出的边记为 0，右方引出的边记为 1。根据到达叶子节点的边的不同，对叶子节点的上一层节点进行编号，从左方到达的边是 2 号节点，从右方到达的边是 3 号节点。因此可以到节点 b、e、g 的编号分别为 b-2、e-3、g-2。在形状图中表示为 b、g 节点到达形状图 1 号节点的边为 0 边，e 节点到达形状图 1 节点的边为 1 边。

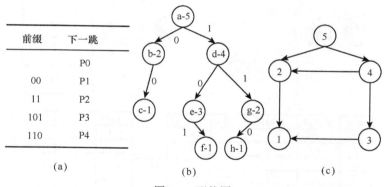

图 8.3　形状图

　　特里树中标记的 0、1 边，一方面可以帮助从形状图中还原特里树，另一方面对于 IP 的查找原本就是沿着树状结构的边进行查找的。同样可以在形状图中通过 0、1 边来实现 IP 查询。形状图大大减少了树状结构的节点数，也实现了对数据的高效存储，能够加快 IP 查询。

　　有学者提出的一种偏移编码树也是以存储压缩为目的的 IP 查找技术[25]，其主要通过偏移量实现对当前查询节点的状态转移。偏移编码特里树主要通过两步来改造节点的结构。首先分离节点信息和下一跳路由信息，通过哈希编码方式压缩前缀信息，并将哈希编码值对应到路由转发表的下一跳信息上。然后通过移除指针的方法将父节点与子节点相连。

如图 8.4 所示，图中由 0、1 代码组成的表格即为偏移编码特里树，查找前缀 0101，以根节点 1 为起点，将第一个字符 0 输入，则查看当前所查询的节点是否具有前缀信息指针，HN 标识有两个字符，左边字符表示该节点的左子节点本身或者是孩子节点的下一跳信息，右边字符表示该节点的右子节点本身或者子节点的下一跳信息。节点 1 为根节点，所以节点 1 不包含前缀信息。通过节点 1 的偏移地址状态转移到节点 2。在第二个节点中查找到其右子节点的前缀信息是 01，可以发现 01 是 0101 所对应的前缀。

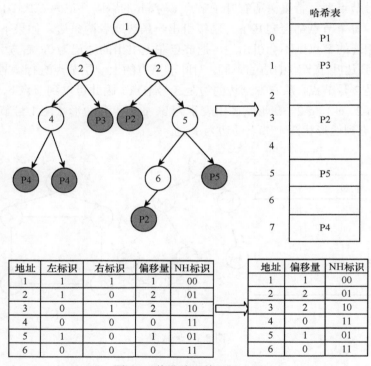

图 8.4　偏移编码特里树示例

8.3.4　树比特位图

树比特位图采用的是多步长 IP 解析查找算法，通过内外两层比特位图实现对前缀信息的极大压缩，同时提高了前缀信息的更新效率。其主要设计思想从以下几个方面进行考虑：

(1) 在树状存储结构中，与一个节点相连的所有子节点都应该是被连续存储的。这种连续性的存储使父节点只用记录第一个子节点的指针，其他子节点的指针可以通过节点的存储结构计算获得，压缩了存储空间。

（2）对于节点编码的存储，在树比特位图中通过内外两个位图来实现。内部位图记录节点的信息，即下一跳信息，外部位图记录该节点的指针状况。现以三层树的比特位图举例说明，如图 8.5 所示。其中，比特位图中 1 表示当前节点的下一跳路由信息存在，0 则表示当前节点的下一跳路由信息不存在。由此可知该三层树的内部位图是 1011000。该树的外部位图记录了该树的子指针情况，0 表示不存在子指针，1 表示存在子指针。因此三层树的外部位图是 00001101。树的比特位图简化了原有的树状结构。在比特位图中对 IP 的查找，仅需要根据树状结构的层次将 IP 地址的 01 比特串进行分割，并通过每一层的外部位图来获取下一个子节点的比特位图，通过内部位图来获得下一跳信息。

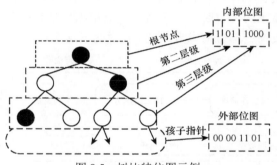

图 8.5　树比特位图示例

（3）树状结构的节点数量越少，被树比特位图分割出来的块就越少。对于树状结构，每个节点所占空间的大小是固定的，包含孩子指针和两个位图，但可以通过优化其前缀信息的存储来压缩空间。

基于以上三点可以看出，基于树比特位图的名字查找过程相对比较简单。首先将目的 IP 分割成块，提取分割出来的第一块 IP 地址串(例如，如果在树状结构中三层合并为一个块，那么就先在目的 IP 中取出 3bit)，通过这个块的外部位图确定相应目的 IP 块的子指针位置。如果在位图中相应的位为 1，则说明相应的子节点存在。同时根据外部位图计算出相应的下一个子节点地址，在转移查询状态之前要通过内部位图查询相应的前缀信息。

如图 8.5 所示，树比特位图中将树状结构的三层合为一个数据块,即步长为 3。该三层树的内部位图是 1011000，外部位图为 00001101。设查找的目的 IP 地址串的前三位是 101，则通过外部位图可以找到对应位置为第 6 位，其值为 1，说明子节点存在。同时在内部图中匹配 101，匹配首先从第一位到第三位，每次匹配三位，最后可以发现 100 所表示的前缀信息是要查询的信息。

由于比特位图继承了特里树的原始结构，保持了特里树中原有的前缀信息，其更新和查询几乎是同一个过程，更新效率非常高。实验表明比特位图这种方法在数据的存储、查询以及更新方面具有良好的性能，该方案具有较强的通用性，可用于优化 NDN 网络中的名字查找。

8.4　数据名查找方法

8.4.1　数据包转发过程

NDN 网络中主要依靠数据的请求实现数据通信。数据请求者首先发出一个兴趣包，在该兴趣包中包含数据请求者所需要内容的名称信息。然后根据该名称在路由器的基础转发表 FIB 中进行查找。当兴趣包到达网络中的某个节点，并且该节点存储其所要请求的内容时，一个数据包会根据兴趣包中到达该节点的路径原路返回，将内容反馈给信息请求者。图 8.6 说明了这个过程。

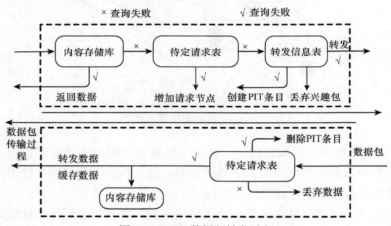

图 8.6　NDN 数据包转发过程

当路由器接收到一个兴趣包时，路由器首先会在内容存储库(content store，CS)中对兴趣包所包含的名字信息进行查找。如果 CS 中存在该名字信息，路由器则将此信息返回给请求者。如果 CS 中不存在该信息，则会在待定请求表(pending interest table，PIT)中对该名字信息进行检索，PIT 中记录了信息的名字和接收到兴趣包的相应路由器端口。如果在 PIT 中匹配到相应的条目，那么说明兴趣包已经被发出但还没有收到响应数据。如果 CS 和 PIT 中均不包含该条信息，那么兴趣包将会在 FIB 中被检索转发，同时将在 PIT 中建立一条新的关于该兴趣包的条目。

当兴趣包所需要的信息被找到后，数据包会按原路径传回。在传回的过程中，当路由接收到数据包时，首先会更新自己的 PIT 表，对所有与该数据包相匹配的 PIT 条目添加相应的接口。如果 PIT 中没有与该数据包相匹配的条目，则路由器丢弃数据包，并将数据缓存在 CS 中。

与 NDN 数据的转发类似，认知物联网也是根据数据名称转发数据，依靠最长前缀匹配实现对数据的检索，并且认知物联网名字的可变长、层次化结构都为最长前缀匹配带来极大的挑战。针对类似 NDN 名字的特点，8.4.2 小节中将分析网络中的名字查找技术，以此提出认知物联网环境下的名字查找机制。

8.4.2　名字查找技术

对于数据名的查找，把 NDN 中 FIB、CS 和 PIT 三个表项进行结合，对每次接收到的数据包进行一次查询系统操作，使信息转发速率得到很大程度上的提高。在 NDN 中采用了 URL[26]形式对信息进行命名，名字由被分隔符分开的字符串组成，因此可以用名字组件字符树 NCT 表示。图 8.7 所示的树状结构是由许多名字元素的字符串构建而成，每一个节点表示当前查询的前缀信息是否存储于 NDN 的三个表项中，以及属于哪个表项。

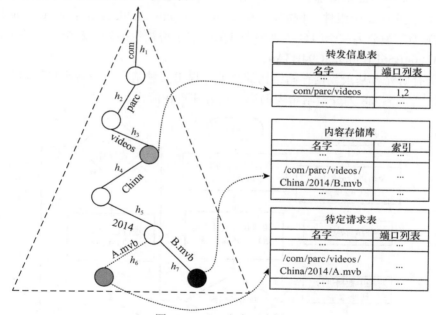

图 8.7　NDN 名字元素树

当一个兴趣包被接收后，查询操作将对一级边集合中(由根节点生成)的元素进行匹配，以确定兴趣包名字的第一个元素是否存在其中。如果有，则查询状态由一级边集合转移到二级边集合，查询迭代进行。当被查询名字的全部元素信息被完全匹配或转移条件中断时，查询结束，输出最后状态的索引。图 8.7 中对"/com/parc/videos/China/2014/A.mvb"进行查询。查询从根节点开始，第一个元素"com"在 NCT 的一级边集合中找到与其相匹配的元素，查询状态转移到二级边元素集合。第二个元素"parc"在 NCT 的二级边集合中找到与其相匹配的元素，同时返回一条对应的 FIB 条目的索引。查询过程迭代，第 6 个元素"A.mvb"在六级边集合中没有匹配到任何条目，这时将会在 NCT 中增加新的节点，同时 PIT 中将添加与之相对应的新条目。但如果第六个元素为"B.mvb"，在 NCT 中，名字前缀信息被完全匹配，同时在 CS 表中也会找到相应的条目。

8.4.3　基于哈希函数的数据名查找

NDN 数据名字的格式与 URL 的名字格式类似，均由字符串和分隔符组成，因此 URL 名字的查找方法是值得参考的。有研究者通过利用 URL 的过滤系统[27]来提高 URL 的查询性能。该算法融合了多模式查找字符串算法和压缩 URL 字符串算法，在加快 URL 查找速度的同时，实现对存储开销的压缩。该算法通过使用 32 位的 CRC 哈希函数[28]对 URL 名字的每个组件做哈希计算，从而把每个组件压缩为一个 4 字节的串，那么整个 URL 名字将会变成 $4n$ 字节的串。其中，n 代表 URL 名字具有 n 个组件。例如，URL：http：//network.bit.cs.cn/search/name 通过分隔符"/"被分为三个组件，则整个 URL 名字将被压缩为 12 个字节的串，为0x2337F04B56EB50D25C94B3A4。

仍有研究者基于数据存储结构的特征，提出一种基于分治哈希映射的名字查找方法[20]。图 8.8 为分治哈希表的构建过程和查找流程。

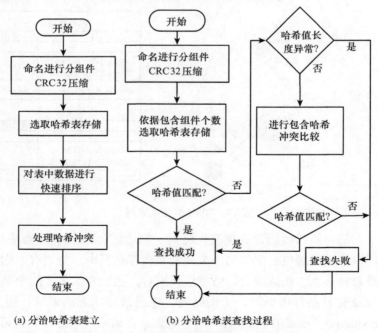

(a) 分治哈希表建立　　　　　　(b) 分治哈希表查找过程

图 8.8　分治哈希表的建立过程和查找流程

如图 8.8 所示，在表的构建过程中，首先会对名字的组件进行 CRC32 运算，将得到各个组件的哈希值，并将各个组件的哈希值拼接起来以十六进制的数据形式存放在哈希表中。每个名字存放的哈希表号与改名字的组件个数相同。例如，对于名字"www.tju.edu.cn/seie/xygk/xyjj"，其被分隔符"/"分解为 4 个组件，那么将其存放于哈希表 4 中，依此类推，如果一个名字含有 5 个组件，那么该名字的哈希值将被存放在哈希表 5 中，如图 8.9 所示。

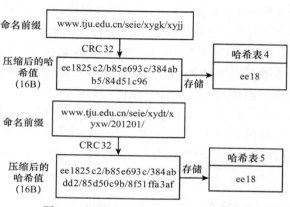

图 8.9　组件哈希值存入相应的哈希表

建立好哈希表后，对每个哈希表中的元素进行快速排序，其排序依据的是每个哈希值所表示的数学意义。例如，名字"www.tju.edu.cn/seie/xygk/xyjj"有 4 个组件，其哈希值被存放在哈希表 4 中，且哈希表中的元素均为十六进制数据，所以名字"www.tju.edu.cn/seie/xygk/xyjj"的哈希值可以表示为 $ee1825c2\times16^3+b85e693c\times16^2+384abb5\times16^1+84d51c96\times16^0$。在同一个哈希表中，两个哈希值排序比较过程如图 8.10 所示，图中箭头中间的一些符号表示在同一个数量级上两个来自不同名字组件哈希值的大小。图中比较了名字"www.tju.edu.cn/seie/xygk/xyjj"和名字"www.tju.edu.cn/seie/xydt/xyxw"中各个组件的前后关系。两个名字均含有 4 个元素组件，分别将相应的组件比较大小，进行排序。通过这种方法可以快速地使哈希表中的元素按递增的顺序排列，在查找相应名字的哈希值时可以采用二分查找的方法提高查找速度，同样有利于对哈希表中元素的更新操作。

其名字的查找过程与 TCP/IP 不同，其名字查

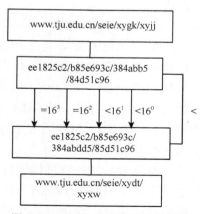

图 8.10　哈希表中两个哈希值比较

找的基本单位为名字组件，如请求数据的名字为"a/b/c"，同时在路由表中含有
"a/b/c"和"a/b"两种名字，经过最长前缀匹配，可以找到"a/b/c"。根据构建好
的哈希表，其最长前缀匹配的过程首先会通过 CRC32 计算出要查询名字各个组件
的哈希值。根据名字的组件个数，会在对应的哈希表中进行查找。如果查找失败，
没有找到最长前缀，那么要查询名字的最后一个哈希值将被删除，并跳转到该张
哈希表的上一张哈希表，再次对名字哈希值进行查找，直到找到相应的哈希值，
说明查询成功。或者一直找到第一张哈希表仍没有找到，说明查找失败。该方法
在哈希表的查找中使用了二分查找的方法快速定位哈希值。大量的实验证明，该
方案极大地压缩了 NDN 名字集合的存储空间，也大幅提高了名字的查找效率。

　　基于哈希函数的名字组件处理算法均运用哈希函数来加速查询过程和压缩
存储空间。这些方法虽然简单但存在严重的问题。一方面，哈希函数的假阳性
会对名字的查询产生一定的误判率。对哈希冲突的处理也会增加额外的时间开
销。另一方面，哈希函数不能满足 NDN 网络中对名字信息的频繁更新操作。
因此该方法虽然对 URL 名字的查询有一定的帮助，但并不完全适用于 NDN 的
名字查询操作。

8.4.4　数据名的分层编码技术

　　NDN 数据名的分层是基于树状结构的一种名字查找技术。它将 NDN 中的信
息名字根据分隔符分成各个组件，从而实现对树状结构的存储压缩。例如，名字
信息"com/edu/videos/www"，根据分隔符被分为 4 个组件："com"、"edu"、"videos"、
"www"。再将名字信息分割成各个独立的组件后，再由被分割后的各个组件构成
特里树，其定义如下：

　　(1) 连接父节点和子节点的每一条边代表一个组件，其查询状态转移按照组
件边进行。

　　(2) 所有的名字组件将被存放于同一个编码集合中，被编成不同的代码。

　　如图 8.11 所示，将左侧的名字集合按照分层的思想把组件作为名字树的
边建立名字查找特里树。可以发现，在树状结构的第一层上仅有两个组件，
分别为"com"和"cn"，所以根节点仅有与这两个组件相对应的孩子指针。
特里树构建好之后，名字集合中的每一条数据名都具有对应的叶子节点，叶
子节点中保存了相应的名字前缀信息。这种方法构建的特里树较为复杂，不
利于查找操作。

　　对这种复杂的特里树进行改进，按照名字为各个组件进行编码。首先将名
字集合中的所有名字分割为各个组件，将这些组件存放入集合 S 中，所有相同
的组件在集合中仅占有一个集合元素。然后对集合中的元素进行编号来编码集
合元素。如图 8.11 所示，可以将组件"com"编码为 1，将组件"cn"编码为 2。

依此类推树状结构中的所有组件边进行编码。一共可以得到 9 个组件边的编码和 14 个节点。

数据名字集合	前级信息
/cn/yahoo	P1
/cn/yahoo/news	P2
/cn/yahoo/maps/uk	P3
/cn/google	P4
/cn/google/maps	P5
/com/google/maps	P6
/com/sina	P7
/com/baidu	P8
/com/baidu/maps	P9

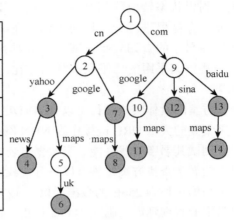

图 8.11　命名分层编码示例

由于 NDN 名字具有层次化的特性，因此可以通过分层编码的方法进一步改进集体编码方式。首先将名字树每一层级中的相同元素进行合并，将相同元素合并后的同一层级上的组件划分到同一个集合，然后对每一层上的名字组件集合进行编码。例如，对图 8.11 中第二层级的组件进行编码，其中"baidu"被编码成 1，"yahoo"也被编码为"1"，"sina"被编码为 2，"google"被编码为 3。这里，"baidu"和"yahoo"都被编码成了 1，但并不冲突。假设有两个数据名 $A=a_1,a_2,\cdots,a_n$ 和 $B=b_1,b_2,\cdots,b_n$ 分别被编码为 $Ea_1, Ea_2,\cdots, Ea_n$ 和 $Eb_1, Eb_2,\cdots, Eb_n$。如果 Ea_n 和 Eb_n 都属于树状结构的第 n 层组件，并且 $a_n \neq b_n$，但编码值 $Ea_n = Eb_n$。从中可以看出，当且仅当数据名 A 和 B 在第 1 层~第 $n-1$ 层的所有组件都相同时，才会产生冲突。而且当两个数据名在第 n 层之前的所有组件都相同，而且 $a_n \neq b_n$，说明 a_n 和 b_n 属于同一节点的子节点，则必然有 $Ea_n \neq Eb_n$，因此该编码方法是有效的。

8.4.5　基于特里树的名字查找

基于特里树的查找方法也被应用到快速名字查找中，其中基于压缩特里树的方法为典型代表。压缩特里树充分利用 GPU 并行处理大规模数据的能力，是一种快速数据查找方案[13]，同时降低了名字开发的现金成本。该方案将数据的查询分成了数据层和控制层。在数据层，根据网络中名字的层次化结构，构建字符树，利用树状结构的特性实现了对名字集合的聚合，并使用多步长的字符树对名字集合实现快速更新，以保证适应网络的动态变化。在控制层，使用了多对齐转换数组(aligned transition arrays，ATA)实现数据名表与树状结构的对应。查询开始时，首先会以树状结构的根节点为起点，对照相应的状态转换阵列，不断地转换当前的查询状态，直到匹配到最后一个节点，找到相应的前缀信息，完成查询过程。利用状态转换阵列有两个优点。其一，每对一个节点进行状态转移时，只需要对存储器进行一次访问操作，在减少程序运行所消耗的存储空间的同时能够提高名字的查询效率。其二，多对齐状态转换数组本质上是一个一维数组，与一些方案采用的二维状态数组相比，其在对存储空间的压缩方面具有较大的优势。

该查找方案的具体实施过程可以在 NVDIA GTX590 的 GPU 上实现。通过在互联网上采集到的大量 URL 链接作为 NDN 网络的数据名，对该方案进行大规模的实验，以测试其名字查找性能。当数据名表中含有 10M 的大规模名字信息时，基于特里树的名字查找方案每秒可以进行负载量为 63.52Mbps 的名字搜索。这相当于，对于平均包长为 256B 的数据提供了 127Gbit/s 的链路速度。与此同时，该方案也将名字的查询延迟控制在 100μs 以内，满足网络对名字查询延迟的需求。即使在处理量较大的情况下，该方案仍可以将网络延迟控制在 100μs 以内，并且将查找速度控制在 50Mbit/s 之上，相当于 111Gbit/s 的链路速度。在实验中同时体现了该方案可以满足名字集合实时快速的更新。

8.4.6　名字并行查找方法

尽管 NDN 网络是一种新型的网络模型，但它是以目前的网络为基础发展起来的。它的路由及数据转发模型和 IP 网络都有共同之处。但在 NDN 网络中，利用名字对每个内容进行标识，路由和转发数据依据的是名字而不是 IP 地址。为了提高名字的查找速度，一种并行名字查找(parallel name lookup, PNL)结构[20]被提出，极大地提高了 NDN 网络中名字的查找速度。它主要利用并行的存储器实现对名字的快速访问。在 PNL 中构建了名字前缀树(name prefix tree, NPT)，前缀树的每一个节点代表一组名字组件，关键是将数以百万计的节点有选择性地分配到并行的存储器中。当输入任何一个名字时，PNL 将对这些缓存进行遍历和匹配。当有多个名字被同时插入时，系统将会对这些名字并行地进行处理，以提高名字的查询速度。

在 PNL 中，其 NPT 是由许多个原始组件构成的，而不是一些字符或者编码，因此在最长前缀匹配的过程中可以立刻匹配到名字组件，而无须做中间的编码转换之类的工作。图 8.12 中的树状结构展示了图中由 7 个名字组成的名字集合。NPT 中每条边代表一个名字的组件，每个节点代表一种查询状态。查询开始时首先获得名字的第一个状态，对根节点的边集合进行匹配。如果匹配成功，则按照转换条件将查询状态转移到节点 2 的边集合，进行多次迭代。如果不符合相应的状态转换条件或者状态转换到了一个叶子节点，那么查询过程将终止，并输出最后一个状态对应的节点号。

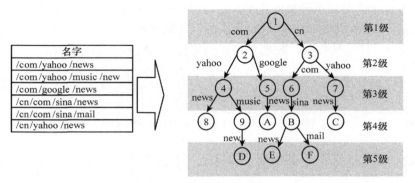

图 8.12　名字前缀树

　　将 NPT 中由不同层级生成的状态节点组成一个集合,并通过单独的物理模型对这些集合进行存储,一个集合对应一个物理模型。图 8.13 表示 15 个名字组件被分成 3 个集合,并且通过 3 个相对应的物理存储器进行存储。这些节点被分到各个集合的过程中,虽然与它们所属的层级无关,但都保留了它们在 NPT 中的相应转换状态。

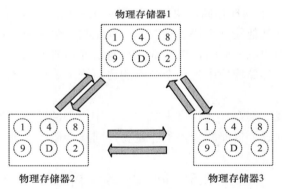

图 8.13　物理存储模型

　　图 8.14 为物理存储模块并行的运行过程。例如,在第二行,对数据名“/cn/com/sina/news”进行查找。当查找到后两个组件时,首先在物理存储器 3 中找到状态节点 6,匹配到“sina”节点。之后要转换到物理存储模型 3 中的状态节点“B”。查询过程首先会判断当前物理存储模块 3 是否被占用,如果没有被占用,则没有冲突,查询状态将转换到“B”并且继续匹配下一个状态转换。图 8.14 利用多个线程表示并行的查找过程。多个物理模块可以并行工作,能够实现对名字信息的并行查询。但如果存在多个线程,同时需要在同一个物理存储模块中进行查询,则需要进行排队。只有当该物理存储模块中当前查询节点状态转换完毕后,

其他线程才可以进行匹配、状态转换操作。在图 8.14 中，当线程 1 和线程 3 完成对组件"yahoo"的状态转换操作后，均需要在模型 1 中对状态节点 4 和状态节点 1 进行匹配，那么首先对线程 1 的状态进行匹配转换，线程 3 将处于排队等候状态。待线程 1 成功转换后，物理存储模块将会通知线程 3 进行操作。

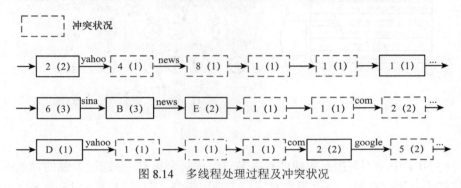

图 8.14 多线程处理过程及冲突状况

为了减少多线程的冲突操作，这里提出一种有效的发布状态策略。首先，根据一个物理存储模块中每一个节点先前的访问情况计算出该节点的访问概率。如果一个节点没有被访问过，则为其赋上一个缺省值。其次，为物理存储模块设置一个阈值 P_t。在一个物理存储模块中，如果一个节点的访问概率 $P > P_t$，那么对其进行复制，并向其他物理模块进行发布，其复制次数 $m = (P_t / P) - 1$。同时节点的访问概率也将变为 P_t / m。同时，将副本向其他 m 个物理存储模块进行发布，这样就会使每一个物理存储模块中每一个节点的访问概率不超过 P_t，减少了多线程的冲突概率。

并行名字查找方案在一定程度上加快了名字查询的速度，但其造成的多条名字查询线程冲突问题，只能减少，不能避免，同样会造成查询时间的浪费。

8.5　问题分析

认知物联网是一种以内容为中心的新型物联网系统，其主要根据数据名字对数据进行路由和转发，满足了用户对网络中海量、异质信息的高效访问需求。纵观国内外研究情况以及实际的互联网发展需求，认知物联网研究已成为未来物联网的研究热点和重要分支。认知物联网中信息名字数量的不断增大，以及认知物联网名字的层次化结构及其可变长的特性，不仅增大了认知物联网对信息缓存的压力，也增加了信息名字查询的复杂度。因此，目前关于实现认知物联网中对信息名字集合的快速查找是一项重要的研究工作，关于信息名字的高效存储也需要深入研究。借鉴 NDN 中的数据名字转发技术，本节将针对如何压缩认知物联网名字的信息存储空间以及如何提高认知物联网名字查询解析速率进行研究，旨在建立一个高效存储且快速信息解析查找的方案，以提高认知物联网的路由效率，同时满足用户对海量异质信息的访问。本节的主要研究内容如下。

1. 理论基础

针对认知物联网现有的命名机制进行深入分析，了解当前有关认知物联网命名方式的特性以及认知物联网名字的本身特性，选定层次化的命名方式作为研究的基础。另外，详细阐述并分析认知物联网中的路由转发机制，以及现有名字查找方案，深入了解当前名字解析查找方案的优缺点，为之后的研究奠定理论基础。

2. 哈希编码和树比特位图的认知物联网名字快速查找机制

认知物联网名字采用 URL 形式进行命名，名字由可变长字符串和分隔符组成。针对这一特性，首先构建 NPT，实现信息名字的聚合，压缩名字所占空间。然后通过哈希增量函数，构建元素哈希值树，实现名字集合的极大限度压缩，并且有效减少认知物联网存储的负载量。另外，认知物联网中信息名字具有分层级结构的特点，针对名字的这一特性提出一种基于元素哈希值树(name component Hash tree, NCHT)的查询方法。该方法主要通过两个状态转换阵列来实现名字的快速查询和更新，其中两个状态阵列分别为基础阵列和过渡阵列。基础阵列主要记录编码树中每个节点所包含的信息在过渡阵列中的存储位置。针对树状结构的层次性，在每一层级建立一个过渡阵列。过渡阵列中包含两种条目：偏移量标识符和状态符。偏移量标识符记录了该节点有几个偏移量(即有几个子节点)。状态符主要记录这条状态在 FIB、PIT 或 CS 中所对应的条目序号。同时设计了相应的更新算法以满足认知物联网中名字信息的快速插入、删除、修改操作。最后通过实验验证该方法在极大提高名字的存储效率和查询速率的同时具有稳定的更新性能。

基于哈希编码的名字查找方法不仅压缩了认知物联网名字的存储空间，而且有效地加快了名字的查询效率。但哈希函数的假阳性问题，可能会造成待查找名字的错误转发。为了解决这一问题，本章提出另一种查询算法，基于树比特位图(bitmap-based character tree, BCT)的认知物联网名字高效查询方法。

BCT 以字符树为基础，并结合数据名分层编码技术和树比特位图技术。该方法首先根据数据名分层编码技术对元素树进行分层编码，聚合每一层的节点。其次，对编码树中的每个节点添加比特位图，该树比特位图中包含了比特位数组和孩子指针数组以及前缀指针信息。比特位数组与孩子指针数组一一对应。比特位数组记录相应的子节点信息是否存在，子指针数组记录子节点的存储位置，前缀指针记录当前节点所指向的路由表条目。最后设计了基于比特位图的查询算法、插入算法、删除算法以及更新算法。实验表明,与 NCT、NCE 相比,本章提出的 BCT 只是 NCE 查找与更新时间的 1%。虽然牺牲了一定的存储效率,但在查找速度和更新性能方面与之前的工作相比均得到大幅提升,并且随着名字集合规模的不断增大,BNT 的更新效率以逼近线性幅度在增长,与其他方法相比增长较为平缓。

8.6　基于哈希编码的名字查找方法

随着互联网中应用类型的增加以及信息量的膨胀,传统的以 IP 数据分组交换为核心的互联网运行机制已不能满足当前网络的需求。近年来,未来物联网发展的主要趋势已转向智慧性的认知物联网。相较于传统物联网,认知物联网是一种智慧型的物联网架构。它将数据的存储位置与数据本身进行分离,整个网络的需求由面向主机转换为面向内容[29]。因此,与传统物联网对内容存储地址的关注不同,认知物联网更加关注的是内容本身。由于关注点的不同,认知物联网提高了网络的整体性能。

与传统物联网不同,认知物联网采用层次化结构的命名方式对资源进行命名以替代传统的物联网中以地址对主机地址的标识[30]。根据信息的名字对数据进行检索,通过名字的最长前缀匹配进行路由。由于原有的物联网检索方法已不适应新一代的认知物联网,因此在认知物联网中,研究全新的名字查找方法是一项关键工作。

传统物联网使用 IP 地址进行包的转发,而 IP 地址的长度是固定的,由 32 位或 128 位二进制数组成。由于认知物联网名字的前缀是一些可变长的字符串,因此认知物联网名字所占空间更大。在认知物联网中,认知物联网名字的总数量远大于 IP 地址的总数量,因此认知物联网的基础转发表消耗的空间要远大于 IP 地址的转发表所耗空间。在认知物联网中,信息名字采用了层次化的命名结构,名字长度没有上限,是由一些可变长的字符串和分隔符组成的,这就增加了名字查找的复杂度,使前缀匹配消耗的时间更多,名字更新操作更加复杂。原有的查找算法在确定名字的长度方面将花费一定的时间,因此在认知物联网中压缩名字所占空间,实现名字的快速查找、更新,在提高认知物联网整体性能上具有重要的作用,这项工作也是一个极大的挑战。

文献[16]和文献[31]采用布隆过滤器对名字信息进行过滤,通过将相同长度的名字信息过滤到同一集合中以提高查找速度。布隆过滤器比散列技术的存储开销更低,但当数据量不断增大时,布隆过滤器的查询效率将降低。Yuan 等[32]在名字查找中使用了哈希函数算法,将名字作为关键字进行查找,该算法很难处理海量数据的高速查找。同时,有学者提出对信息名字进行哈希编码,提高对名字集合的压缩率,却增加了前缀匹配的复杂度。采用多步进对齐转移数组表示字符树的方法,虽然加快了查找速度,但受内存大小的限制。文献[33]通过对名字进行编码以压缩存储空间,利用状态转换阵列实现对名字表条目的快速查找,但其编码方式仍可进一步改善。有学者通过增量哈希函数,从树状结构的深度方面进行编码并通过状态转换阵列进行内容匹配查找[34],这样极大地压缩了名字字符串的长度,节约了存储空间。但每次查找中将从左到右遍历名字树,造成时间的消耗。

综合分析以上 NDN 中的名字查找方法,借鉴其思想并结合认知物联网特性及命名的特点,本节提出一种基于元素组件哈希编码(component Hash encoding,CHE)的名字查询方法。根据名字分隔符对认知物联网名字进行分层,在每一层上采用增量哈希函数对名字组件进行编码以压缩名字存储空间。然后,构建对应的状态转换阵列(state transition arrays,STA)实现对信息名字的快速查找和更新。

8.6.1 元素哈希编码

1. 元素哈希链

这里采用递归增量哈希函数 $H(h, s)$ 对树状结构中每一个节点的所有子节点进行哈希编码。假设给定一个节点 N_j,其子节点集合为 $N=(n_1, n_2, \cdots, n_{i-1}, n_i)$。该集合通过哈希函数 $H(h, s)$ 进行编码后,将产生一条连续且相邻子节点哈希值相关联的哈希链。也就是说,N_j 节点的第 i 个子节点通过哈希函数产生的哈希值是基于其上一个子节点的哈希值进行计算的。其第一个子节点的哈希值是基于其父节点的哈希值进行计算的。

假设上述节点 N_j 的哈希值为 h_j,可得节点 N_j 所有子节点的哈希编码。根节点的哈希值为 $h_0=H(0, \text{scheme})$,scheme 表示的是 NDN 名字的格式,则

$$h_1 = H(h_j, n_1)$$
$$h_2 = H(h_1, n_2)$$
$$h_3 = H(h_2, n_3) \tag{8-1}$$
$$\vdots$$
$$h_i = H(h_{i-1}, n_i)$$

2. NCHT

利用上述编码方式,可以对下列命名集合构造 NCHT,如图 8.15 所示。图中给出的 NCHT 由 14 个元素节点组成,表示 9 个数据名。连接给定节点与其不同子节点的边所组成的集合称为该节点的原始编码集合。边表示该边所连接的子节点被编码后的哈希值。例如,"sina" 和 "yahoo" 都是节点 2 的子节点,边 $h_{2,1}$ 表示节点 "sina" 被编码后的哈希值,边 $h_{2,2}$ 则表示节点 "yahoo" 被编码后的哈希值。

由增量哈希函数可得 $h_{2,1}=H(h_{0,2},\text{sina})$，$h_{2,2}=H(h_{2,1},\text{yahoo})$，则节点 2 的原始编码集合为 $\{h_{2,1},h_{2,2}\}$。

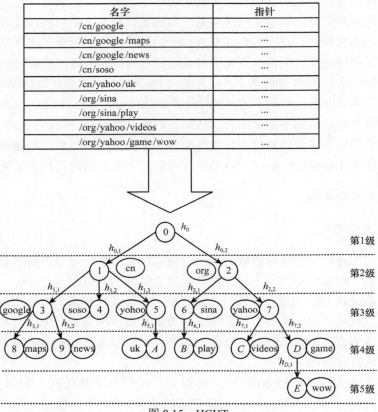

名字	指针
/cn/google	…
/cn/google/maps	…
/cn/google/news	…
/cn/soso	…
/cn/yahoo/uk	…
/org/sina	…
/org/sina/play	…
/org/yahoo/videos	…
/org/yahoo/game/wow	…

图 8.15 HCHT

组件的编码值由组件本身及其上一个组件编码决定。由图 8.16 可知，可以采用分组并行的方式对节点的原始编码集合进行编码。例如，在第 2 级中含有两个组件 cn 和 org，分别被标记为节点 1 和节点 2，与其相连的子节点分别为 {google, soso, yahoo} 和 {sina, yahoo}，各自被编码为 $\{h_{1,1},h_{1,2},h_{1,3}\}$ 和 $\{h_{2,1},h_{2,2}\}$，则 $\{h_{1,1},h_{1,2},h_{1,3}\}$ 和 $\{h_{2,1},h_{2,2}\}$ 可以并行编码，且可以看出相同组件 "yahoo" 在两个不同的原始编码集合中被编码为不同的哈希值。

第1级	第2级	第3级	第4级
cn,$h_{0,1}=H(h_{0,0},\text{cn})$ org,$h_{0,2}=H(h_{0,1},\text{org})$	google,$h_{1,1}=H(h_{0,1},\text{google})$ soso,$h_{1,2}=H(h_{1,1},\text{soso})$ yahoo,$h_{1,3}=H(h_{1,2},\text{yahoo})$ sina,$h_{2,1}=H(h_{0,2},\text{sina})$ yahoo,$h_{2,2}=H(h_{2,1},\text{yahoo})$	maps,$h_{3,1}=H(h_{1,1},\text{maps})$ news,$h_{3,2}=H(h_{3,1},\text{news})$ uk,$h_{5,1}=H(h_{1,3},\text{uk})$ play,$h_{6,1}=H(h_{2,2},\text{play})$ videos,$h_{7,1}=H(h_{2,2},\text{videos})$	wow,$h_{D,2}=H(h_{7,2},\text{wow})$

图 8.16 分层编码集合

8.6.2 状态转换阵列

NCHT 是由两个状态转换阵列组成并实现信息名字的快速查询。状态转换阵列包括基础阵列和过渡阵列。阵列 A 的第 i 个条目记录为 $A{:}i$。

1. 基础阵列

基础阵列的结构是一个十六进制的整型数组，每个元素占 4 个字节，前两个字节表示该元素对应的过渡阵列序号，后两个字节表示该元素在过渡阵列中的条目序号。

NCHT 中，节点从 0 开始编号，即根节点的序号为 0。相应地，基础阵列的元素序号也从 0 开始，依次表示 NCHT 中的各节点。例如，Base$:i(i=0,1,2,\cdots,n)$ 表示 NCHT 中节点 i 的状态信息。如图 8.17 所示，Base$:6$ 的值为 0X00030007，Base$:6$ 的前两个字节为 0003，表示 NCHT 中的第 6 个节点信息存储在过渡阵列 3 中，后两个字节为 0007，表示过渡阵列 3 中的第 7 个条目存放节点 6 的信息，记为 Transiton3$:7$。

2. 过渡阵列

一个 n 层的 NCHT 对应 n 个过渡阵列，即每层对应一个过渡阵列。一个过渡阵列由若干个段组成，每个段表示该层的一个节点信息，如图 8.17 所示。NCHT 的第一层只有 1 个节点(根节点)，过渡阵列 1 只有一个段。段的长度不固定，由该段中所含子节点数决定。每个段包含指示符和状态符两种条目，每种条目占 8 个字节。指示符的前 4 个字节记录该段的状态符个数(即该节点的子节点总数)，后 4 个字节表示条目指针。如果 FIB、PIT 或 CS 中不存在该条状态，则该条目值为 0。状态符的第一个值表示与该节点相连的子节点的哈希值，第二个值表示该子节点在基础阵列中的存储位置。过渡阵列中一个段的所有状态符构成这个段的状态列表，记为 List$_s$(s 为与该段所对应节点的序号)。如在图 8.17 中，Transition$_3{:}1$ 是一个指示符，其条目有两个数字，其中 2 表示该节点有两个子节点，1 表示该状态节点存放在 FIB 的第 1 个条目；Transition$_1{:}2$ 是一个状态符，$h_{0,1}$ 表示根节点第一个子节点的哈希值，1 表示该子节点在基础阵列中的序号。

3. 查询过程

在图 8.17 中，名字/org/sina 的哈希编码为 $h_{0,0}$，$h_{0,2}$，$h_{2,1}$，其查询过程如下。

(1) 由 Base$:0$ 开始，基础阵列的第 0 个元素是 NCHT 中的根节点 0。

(2) Base$:0=$0X00010001，表示根节点 0 的信息存储在 Transition$_1{:}1$ 中。

(3) Transition$_1{:}1$ 是一个指示符，前 4 个字节表示根节点具有两个子节点，也就是节点 0 有两个状态符。用组件 org 的哈希编码 $h_{0,2}$ 分别与每个状态符的前 4 个字节进行匹配，发现其与 Transition$_1$:3 相匹配。Transition$_1$:3 的后 4 个字节为 2，对应了基础阵列中的第二个元素 Base:2。

(4) Base:2=0X00020005。迭代上述过程使哈希编码 $h_{0,0}$，$h_{0,2}$，$h_{2,1}$ 被完全匹配，Transition$_3$:7 是最后一个元素所对应的过渡阵列条目。至此，名字组件已被完全匹配，无须转入下一节点继续查询。Transition$_3$:7 的后 4 个字节为 6，因此指针指向 FIB 中的第 6 个条目，完成此次查询。

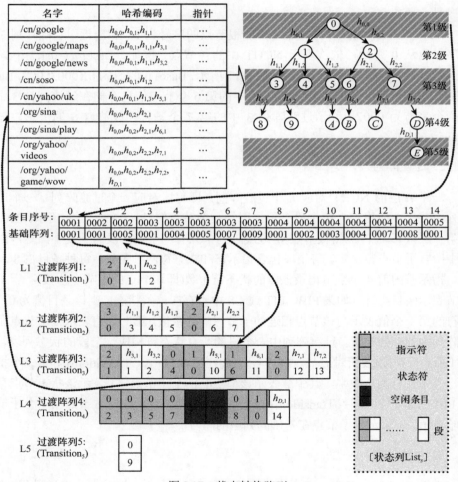

图 8.17 状态转换阵列

8.6.3 阵列生成算法

阵列中名字查询、插入过程如算法 8.1 所示。name 表示输入的名字，C_1，C_2，$\cdots$，

C_i 表示名字被函数 Decompose(name) 分成 i 个组件元素。LookupLevel$_j(C_j)$ 是元素 C_j 在第 j 层过渡阵列中进行元素哈希值查询的函数。S 表示当前的查询在过渡阵列 T 中的状态。S 值有 3 个，0 表示在过渡阵列中未查找到相应哈希值；1 表示在过渡阵列中已查找到相应哈希值，且哈希值属于被查询节点相对应的状态列表；哈希函数具有局限性，因此在同一过渡阵列中可能会出现其他状态列表中元素 C_k 哈希值与被查询元素 C_j 哈希值相同的情况。鉴于此种情况，当 S 值为 2 时，表示在相应过渡阵列中已匹配到相同的哈希值，但查询到的哈希值不属于被查询节点，所对应的状态列表。

算法 8-1　插入一个名字到 NCST

1.(C1,C2,···,Ci)←Decompose(name)

2. for j←i to i do　　　　 // i 是组件的个数

3. (hj,S)←Hj(hj　1,Cj)and LookupLevelj(Cj)

4. if S=1 then

5. hj+1←Transition(T, S, Hj)

6. else

7. Lists←AddH(hj, Cj)

8.(T, S)←AddT(T, S, Hj)

9. end if

10. end for

输入名字 name 被 Decompose(name) 函数分解。函数 LookupLevel$_j(C_j)$ 用来查询相应元素的编码，查询结果可以得到元素的哈希值 h_j 和当前查询状态 S 的值。当 $S=1$ 时通过 Transition(T, S, H_j) 转入下一元素哈希值的查询。当 $S=0$ 或 $S=2$ 时，说明 C_j 为该状态列表的新元素，通过 Add$_H(h_j, C_j)$ 将其哈希值插入相应的状态列表。然后在状态阵列 T 中通过 Add$_T(T, S, H_j)$ 建立新的状态条目，并将状态 S 值变为 1。

算法 8.2 实现了对 NCHT 的构建。可通过状态符的后 4 个比特置 0 来实现删除操作。对于节点信息的更新操作，也可通过直接修改相对应的状态阵列来实现。

算法 8-2　构建 NCHT

1. T←NULL

2. for j←1-to K-do　　 // K 是名字的数量

3. NCHT-Search(namej,T)

4. end for

5. return   T, h1, h2,…, hj

8.6.4 实验与性能分析

实验在 PC 上(具有 8GHz 的四核处理器和 16GB 的 DDR3 存储器)对名字的存储开销和查询时间进行测量。采用 C 语言对名字的编码机制进行编写。从 CWR、DMOZ、ALEXA 与 Chinaz 中采集数据作为实验输入数据,基本数据信息如表 8.1 所示。

表 8.1   数据集表

组件数量	1	2	3	4	5	6	7	8	9
CWR	0	10	14537	939485	307109	210684	3771	432	301
DMOZ	0	0	147345	1376428	431245	48690	3501	153	8
ALEXA	0	0	1764	239867	153986	77410	1251	96	11
Chinaz	0	4	143256	859478	202130	287564	2396	314	117

1. 存储复杂度

对于一个元素哈希值树 T,其节点和元素边的大小决定了 T 的存储空间。节点总数量 $nodes(T)=edges(T)+1$,由此可得元素哈希值树 T 所消耗的空间大小为

$$\begin{aligned} memory &= nodes(T) \times \alpha + hashes(T) \times \beta \\ &= nodes(T) \times \alpha + [nodes(T)-1] \times \beta \\ &= nodes(T) \times (\alpha+\beta) - \beta \end{aligned} \tag{8-2}$$

对于原始的 NCHT(未利用书中的状态转换阵列组件的元素哈希值树),每个节点至少具有一个指向其哈希列表的指针、一个指向转发表中与其相对应条目的指针、一个位置编号。一条哈希边包含所连节点的哈希值、指向下一子节点的指针以及该边所属哈希边列表编号。其中一个指针消耗 4B 的空间,一个编号消耗 4B 的空间,一个哈希值也消耗 4B 的空间。由此可知每个节点所占空间 α 为 12,每条哈希边所占空间 β 为 12。由上述方程可得原始 NCHT 将消耗 $24 \times nodes(NCHT)-12$ 的空间。

本章通过两个状态转换阵列组建 NCHT,每个节点由基础阵列的一个元素和过渡阵列的一个指示符表示。一条哈希边占用过渡阵列中的一个状态符。其中,基础阵列中单个元素消耗了 4B 的存储空间,过渡阵列中指示符和状态符均消耗 8B 的存储空间,因此每个节点所占空间 $\alpha=12$,其每条哈希边所占空间 $\beta=8$,由式(8-2)可得 NCHT 的总开销为 $20 \times nodes(NCHT)-8$。因此利用状态转换阵列构建 NCHT

比原始 NCHT 减少了 1–[20 × nodes(NCHT)–8]/[24 × nodes(NCHT)–12] ≈16.7%的空间。

表 8.2 给出了 4 个域名集的压缩效果。其中，节点总数表示元素树中的节点总数。元素树大小表示压缩前元素树所占比特。哈希值树大小表示经过哈希编码后元素树所占比特。压缩率为 1–哈希值树大小/元素树大小。表 8.2 说明该方法中的各个数据集压缩率相对平稳，均达到 50%以上。

表 8.2　元素树压缩率

数据集	节点总数	哈希值树大小/B	元素树大小/B	压缩率/%
CWR	2671263	9716890	21023684	53.78
DMOZ	3124531	10380428	22712462	54.30
ALEXA	1540737	7823541	16423587	52.37
Chinaz	2474356	19939764	43459867	54.12

为了测试哈希编码对名字集合的压缩率，每次从 DMOZ 中取得 100K 的名字集合进行实验。由图 8.18 可以看出，随着名字集合的增大，元素哈希编码对名字集合的压缩效率也在升高。

图 8.19 中将 CHE 的存储开销与 NCT 相比较，可以看出，随着名字数量的增加，CHE 的存储开销增长慢于 NCT，说明 CHE 的压缩性能比 NCT 更好。

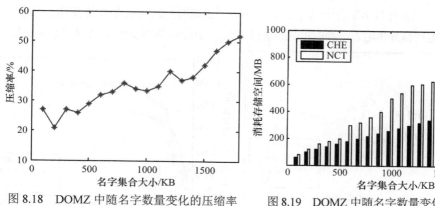

图 8.18　DOMZ 中随名字数量变化的压缩率　　图 8.19　DOMZ 中随名字数量变化内存开销

为了测试哈希编码对名字集合的压缩率，每次从 DOMZ 中抽取 100K 的名字集合进行实验。由图 8.18 可以发现，随着名字集合的增大，元素哈希编码对名字集合的压缩效率也在升高。图 8.19 中将 CHE 的存储开销与 NCT 进行比较，可以看出，随着名字数量的增加，CHE 的存储开销增长慢于 NCT，说明 CHE 的压缩性能比 NCT 更好。

2. 查询时间优化

这里通过计算 CHE 对名字集合的平均查询时间证明 CHE 对名字查询的优化作用。首先输入大小为 200K 的名字集合，记录其执行时间，然后以此为基础每次增加大小为 200K 的名字集合，分别记录其时间，最后求得名字查询的平均时间。NCT 和 CHE 的查询时间如表 8.3 所示。

表 8.3　NCT 和 CHE 的查询时间

数据集	域名数	NCT		CHE		加速时间/s
		构建时间/s	平均查询时间/s	构建时间/s	平均查询时间/s	
CWR	1.5×10^6	40.23	18420	34.51	3248	5.39
DOMZ	2×10^6	57.26	29414	51.96	4284	7.16
Chinaz	1.5×10^6	31.48	10213	25.64	2894	4.78
ALEXA	1×10^6	49.71	27314	43.47	4179	7.63

图 8.20 为在名字数量不相等的情况下各个数据集的平均时间。各个数据集所含的名字种类不同，长短格式不同，导致其结果有所不同。

3. 更新机制性能

为了测试本章更新机制的性能，分别从 DOMZ、ALEXA、Chinaz 三个数据集中抽取 100K 的名字集合为基础，每次更新 100K 的名字集合，记录其更新时间。从图 8.21 中可以发现，随着名字集合中名字数量的增多，更新时间的变化率由快变慢。当名字集合数量达到临界值时，更新时间逐渐趋于稳定，由此可知本章更新机制的效果良好。

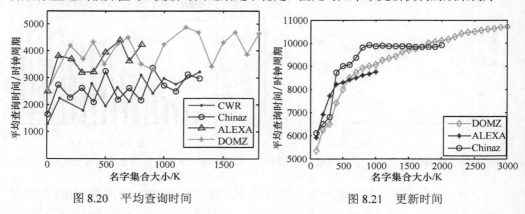

图 8.20　平均查询时间　　　　　　　　图 8.21　更新时间

8.7　基于树比特位图的认知物联网高效名字查找方法

基于哈希编码的名字快速查找方法，虽然压缩了认知物联网名字的存储空间，加快了名字的查询速率，但由于哈希函数的假阳性，难免会出现对信息名字的误判。为了避免这种错误的出现，本节提出一种基于树比特位图(bitmap-based character tree,BCT)的认知物联网高效名字查询方法。接下来将从 BCT 节点的构造、BCT 的构建以及 BCT 的查找更新算法展开本次研究，并通过实验验证 BCT 在提高名字集合查询速率和更新速率上的优越性。

8.7.1 BCT 节点

BCT 的基础为 IP 查找的特里树,在特里树的基础上为每个节点添加包含其所有子节点信息的比特位图来实现快速查找、更新。比特位图包含了比特位数组、子节点指针数组和前缀指针。

在 BCT 字符中，任意一个节点的结构如图 8.22 所示。

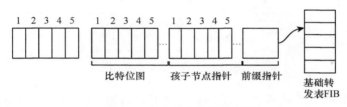

图 8.22 BCT 节点结构示意图

(1)比特位数组。该数组主要表示的是该节点指向第 i 个子节点的指针是否存在。

(2)子节点指针数组。该指针数组主要记录该子节点所存储的位置，方便快速查找。

(3)前缀指针。记录了一个指向路由器基础转发表的指针，其对应路由表中与该孩子节点相对应的前缀信息。

在 BCT 字符树中,节点比特位数组的编号与孩子指针数组的编号均从 1 开始,如图 8.22 所示，两个数组一一对应。在比特位数组中，每个数组元素值可以为 1 或者为 0。1 表示相应的子节点指针存在，0 表示相应的子节点不存在。例如，要匹配一个节点的第 5 个子节点，就要查找比特位数组的第 5 个元素值是否为 1。如果为 1 则说明这个子节点存在，则在孩子指针数组中找到第 5 个指针查找子节点的存储位置。如果为 0 则说明该子节点不存在。

8.7.2 BCT 构建

1. 数据名分层编码

认知物联网采用层次化的形式对信息进行命名。其名字结构与 URL 类似，名

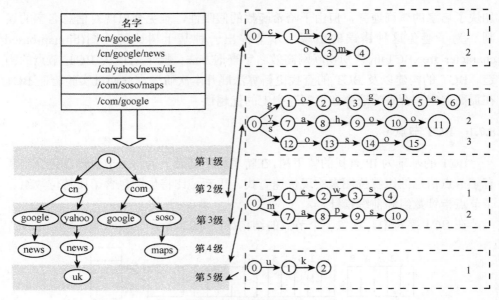

图 8.23　数据名编码示例

字的各个层级被"/"或者","分隔符分隔开。例如，名字/com/google/maps 被分隔符"/"分为三级，其中 com 为第 1 级，google 为第 2 级，maps 为第 3 级。在每一层级上将对每一个组件的再次分解构造一个元素编码树。如图 8.23 所示，在第 2 级上有 cn 和 com 两个组件，因此可以得到关于第一层级的组件字符树。当在同一层级中每获得一个新的组件时，根据组件的字符串进行插入操作，如果编码树中含有该组件，那么返回相应的编码值。如果名字组件树中没有该组件，那么在组件树中建立相应的新节点，并在最大编码值的基础上加 1 作为组件的编码值。如图 8.23 所示，在第 2 级中，cn 为第一个组件，所以 cn 被编码为 1。也就是说 cn 是根节点比特位图数组的第一个元素。com 为第二个组件，被编码为 2，则 com 为根节点比特位数组的第二个元素。根据分层编码的思想对第 3 级进行编码，在第 3 级中建立一个新的元素组件编码树，可以得到图中第 3 级编码树。其中 google 被编码为 1，yahoo 被编码为 2，soso 被编码为 3。

2. BCT 构造算法

对 BCT 的构建将从根节点开始，根节点不具有任何前缀信息。对信息名字的查找都将从根节点开始，因此这里首先对根节点进行初始化，然后依次插入其余各个节点。

对于根节点的初始化，将根节点的比特位数组的所有元素值设为 0，所有子指针数组全为空。根节点不存在前缀信息，因此前缀指针也为空。然后以根节点为起点，依次插入前缀信息名称。对于将插入的信息名称，根据分隔符将其分解为各个组件。将各个组件按照先后顺序分到各个层级。并行地在各个层级的编码树中对各个组件进行插入操作，得到各个组件的编码值及信息名称编码序列。按照名字组件的顺序依次取出编码序列的编码，对于名字的各个节点，如果该节点不是最后一个节点，则获取该节点的编码值。根据该节点的编码值检查其在上一个节点所对应的比特位数组值。如果该比特位数组值为 1，则通过相对应的子指针连接到该节点，并将查询状态转换到该节点的下一个节点。如果相对应的比特位数组值为 0，则建立一个新的空节点，为其分配空间并将该比特位数组值改为 1，同时令子指针数组中相应的孩子指针指向该空节点，最后将该节点置为空节点。如果该节点为名字信息的最后一个节点，那么其编码值也为编码序列的最后一个编码。检查该编码对应的比特位数组值，如果对应的比特位数组值为 1，则把该节点移动到相对应的子指针记录的子节点上，并令该子节点的前缀指针指向相对应的路由表条目；如果对应的比特位数组值为 0，则新建立一个节点，令比特位数组值为 1，同时，相对应的子指针指向该新节点，并将新节点的前缀指针指向相对应的路由条目。

假设对表 8.4 中的路由条目进行插入操作，按照前缀顺序进行插入。第一个要插入的数据名为/cn/google，首先根据分隔符将数据名/cn/google 分隔为 cn 和 google 两个组件。cn 在第 1 级的编码树中获得其编码值为 1，google 在 Level-2 的编码树中获得其编码值为 1，可以得到整个名字的编码序列为/1/1。如图 8.24 所示，0 表示根节点(初始节点)，cn 的编码值为 1，则读入 1 建立 1 号节点。将 0 节点的比特位数组值的第一位置为 1，并让子指针数组的第一个指针指向 1 号节点，同时把当前的插入操作转移到 1 号节点。接下来，在 1 号节点的基础上，读入组件 google 的编码值 1，建立 2 号节点。同样将 1 号节点比特位数组的第一个元素值设为 1。令 1 号节点孩子指针数组的第一个指针指向 2 号节点。2 号节点为第一个信息名字的最后一个节点，要为 2 号节点添加前缀信息，即要将 2 号节点的前缀指针指向路由表中的第一个条目。以此类推，插入剩下的所有数据名。对于最后插入的数据名/com/soso，其编码序列为/2/3，节点 7 的编码为 3，则在节点 6 的比特位数组的第三位为 1，与其相对的孩子指针数组的第三个指针元素则指向了节点 7，那么节点 6 的前两个比特位数组的值均为 0，与其相对应的孩子指针数组的前两个元素也为空。对于表 8.4 中所有的名字，其插入过程如图 8.24 所示，具体过程如算法 8.3 所示。

表 8.4　前缀信息表

前缀	名字	编码
1	/cn/google	/1/1
2	/cn/google/news	/1/1/1

续表

前缀	名字	编码
3	/cn/google/news/uk	/1/1/1/1
4	/cn/yahoo	/1/2
5	/com/ soso	/2/3

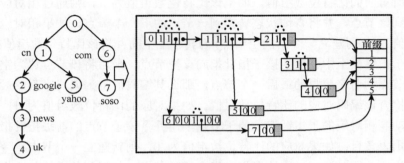

图 8.24　数据名插入过程

算法 8-3　BCT 节点插入算法

1. now = BitmapTree.getRoot()；//根节点初始化

2. while Get code[i] from code trie do　//获取数据名编码序列

3. while Get the insertCode from code[i]do

4. if now->pointMap[insertCode]== 0 then

5. Create(now->point[insertCode]；//不存在该节点时生成节点

6. now=now->point[insertCode]；

7. else

8. now=now->point[insertCode]；//移动到子节点

9. end

10.end

11. if now->getNextHop()!= nextHop then

12. insert Ans = true；//返回插入成功信息

13. else

14. insert Ans=false；//返回插入失败信息

15. end

16. end

8.7.3　BCT 数据名查找

对于一个要被查找的名字，根据名字的分隔符将名字分为各个组件，这里用 $C_1, C_2, C_3, \cdots, C_n$ 表示。查询从根节点开始。因为树的第 1 级仅有根节点，将在第 2

级上的元素编码树对组件 C_1 进行查找，如果第 2 级上不存在 C_1，查询结果将返回查询失败。如果在第 2 级的元素编码树上找到 C_1 组件，返回 C_1 组件的编码值 encond1，同时检查根节点比特位数组的 encond1 位是否为 1。如果为 1，则将查询状态由根节点转移到相应的孩子指针所指的子节点；如果为 0，则返回查询失败。

迭代上述过程，若查询状态成功转移到最后一个组件 C_n，则查找到该数据名的最后一个节点。对于最后一个节点，将读取其前缀指针所指的路由表中的前缀信息，并将前缀信息返回。到此则成功完成一次查询。

假如要插入图 8.24 中的数据名/cn/google/news，首先可以获得其编码序列为/1/1/1，查询从根节点开始，首先检查根节点比特位数组的第一位，其值为 1，通过与其对应的孩子数组指针将查询状态转移到相应的子节点 1 上。因为第二个组件的编码值也为 1，然后检查节点 1 的比特位数组的第一位，其值也为 1，由此根据孩子指针数组中相应的指针，可以找到节点 2；然后检查节点 2 的比特位数组的第一位，从而找到节点 3，根据节点 3 的前缀指针找到相应的前缀信息。具体算法如下。

算法 8-4　BCT 数据名查找算法

1. now=BitmapTree．getRoot0；//初始化

2. while Get code[i] from code trie do　　//获取编码序列

3. while Get the searchCode from code[i]do　　//依次查找各个序列

4. if now->pointMap[searchCode]==0 then　　//找不到则返回失败

5. return false；

6. else

7. now=now->point[searchcode]；//移动到孩子指针

8. end

9. end

10. return now->getNextHop()；//返回查找结果

11. end

8.7.4　BCT 更新算法

BCT 的更新主要包括修改和删除两个操作，两种操作均以查询操作为基础。对于数据名称的修改操作，包括对数据名本身的修改和对数据名所代表的前缀信息的修改。针对数据名本身的修改，确定要修改的组件所属的树状结构层次，再在相应层次的元素编码树中进行修改。针对数据名所代表前缀信息的修改，首先

在树状结构中找到最后一个节点，将其前缀指针指向新的路由条目即可。例如，在图 8.22 中要修改名字/cn/yahoo 所代表的前缀信息，只要找到节点 5，将节点 5 的前缀指针指向新的路由条目即可。

对于数据名的删除操作，首先要对这条数据名进行查找，找到其最终节点，将最终节点的前缀指针删除。其次，检查最终节点的比特位数组是否全为 0，如果不为 0，则结束删除操作；如果为 0，则释放最终节点空间，同时将最终节点在其父节点中对应的子指针置为空，并将父节点比特位数组的相应值改为 0。迭代该过程，每次都要查看当前要删除的节点的比特位数组是否全为 0，若为 0，则回到父节点，删除相应孩子指针并将相应比特位数组元素置 0。直到将根节点比特位数组的相应元素值置为 0 或者当前节点的父节点比特位数组不全为 0 则终止操作。例如，要删除图 8.24 中的数据名/cn/yahoo，首先查找到该数据名的最终节点为 5 号节点。将 5 号节点的前缀指针置为空，检查 5 号节点，其比特位数组全为 0，则将 5 号节点所占用的空间释放，同时将 1 号节点比特位数组的第二个元素值修改为 0，并将 1 号节点孩子指针数组的相应孩子指针置为空。检查 1 号节点的比特位数组不全为 0，结束删除操作。

8.7.5　实验性能与分析

本节将在 8GHz 四核处理器的 PC 上、16GB 的 DDR3 存储器上对本章所提出方法在存储开销和算法的查询速率以及更新速率方面进行评估。从数据集 DMOZ 网站和 Blacklist 网站中采集 URL 数据，并随机对所采集到的数据进行合并排序，以模拟认知物联网的名字进行实验。对比 NCT、NCE 和本章所提出 BCT 之间的各项性能。基本数据集如表 8.5 所示。

表 8.5 共给出 3 组采集到的实验数据，分别为包含 3×10^8、2×10^8 和 1×10^8 条数据名的数据集，其中由于树状结构的可聚合性，所以 3 组数据集的组件总数小于名字的个数，分别为 9.036×10^7、6.591×10^7 和 3.431×10^7 个，各占 73.5MB、41.7MB 和 25MB 的空间。在实验过程中，分别对各个数据集的数据名进行编号，构建 BCT 节点信息，以测试 BCT 的构建时间和查找时间以及 BCT 树的存储空间开销。

表 8.5　数据集

名字数量($\times 10^8$)	名字组件总数量($\times 10^7$)	数据集大小/MB
3	9.036	73.5
2	6.591	41.7
1	3.431	25

1. 存储开销

BCT 的存储开销主要包括比特位数组的存储开销、子指针数组的存储开销和每个节点的前缀指针存储开销。比特位数组的总开销由下一层节点的最大编码值决定。设 n 为 BCT 的层数，i 代表编码树的第 i 层，$\text{Max}(i+1)$ 为第 $i+1$ 层的最大编码值(表示第 i 层比特位数组的长度)，$\text{Num}(i)$ 为第 i 层的节点总数。$\text{Cost}[\text{Max}(i+1)n]$ 为第 i 层比特位数组的空间开销(单位为比特)。子指针数组与比特位数组一一对应，因此子指针数组的存储开销也为 $\text{Cost}[\text{Max}(i+1)n]$。由此可得，BCT 的存储开销 Cost(BCT)为

$$\text{Cost(BCT)} = 2i\text{Cost}\big[\text{Max}(i+1)n\big] + \sum_{i}^{n} \text{NodeNum}(i) \tag{8-3}$$

NCT 不需要对节点进行编码，根据名字树对原始组件进行最长前缀匹配，因此 NCT 数据名字树的开销即为名字集合的总开销。NCE 与 BCT 基本相同，都要对命名进行编码。编码方式的不同导致两种方法的存储开销不同，BCT 名字查找方法是在传统的树状结构上对每个节点添加比特位数组、孩子指针数组和前缀指针数组实现快速查询，因此其所消耗的存储空间要比 NCE 大。表 8.6 对比了 NCT、NCE、BCT 三种名字查找方案对 3 个名字数量不等的名字集合的压缩效果。由此可知，无论哪种方法，随着名字集合中名字数量的增加，其压缩效率也在不断增加。这是由于随着名字集合中名字数量的增加，相同组件数量也在不断增加。树状结构的聚合性使三种方法对名字集合的压缩率也不断增大。同时能够看出，无论名字集合的大小，NCE 对名字集合的压缩效果最好，NCT 次之，BCT 消耗了一些额外的存储空间，但无论在成本方面还是在当前的硬件资源配置上，这些存储空间的消耗都在可接受范围之内。

表 8.6　NCT、NCE、BCT 存储开销

名字个数	NCT	NCE			BCT		
	数据名树大小/MB	编码树/MB	数据名树大小/MB	总大小/MB	编码树/MB	数据名树大小/MB	总大小/MB
1×10^{8}	107.5	73.9	23.4	97.3	74.6	84.3	158.9
2×10^{8}	213.2	126.4	40.2	166.6	117.8	158.7	276.5
3×10^{8}	406.3	195.4	78.2	273.6	213.6	286.7	500.3

2. 查询效率

由于 NCT 没有对组件进行编码，而是直接根据名字树对名字组件进行匹配查询，因此其查询效率较低。这里将通过与 NCE 的查询速度的对比来验证所提 BCT 名字查找方法在名字查询上的优越性。实验采用的数据将从 3×10^{8} 的数据集中获取，每次取出 500 条数据进行查询。记录每次的查询时间，最后求其平均值进行对比。

图 8.25 为 BCT 和 NCE 的平均查询时间，横坐标为名字条目的数量，纵坐标

为查询时间。从仿真结果可以看出，随着数据名的不断增加，两种查询方法的查询时间都较稳定，波动不大。NCE 的平均查询时间大约在 240 个时钟周期，而 BCT 大约在 30 个时钟周期，为 NCE 的 1%。说明与 NCE 相比，BCT 在查询速率上具有较大的优势。

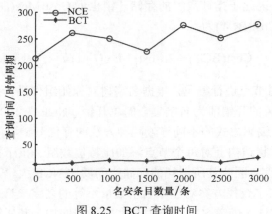

图 8.25　BCT 查询时间

3. 更新性能

名字查询方法更新性能是否良好，主要体现为更新性能是否稳定。对于良好的更新机制，其更新速率不会随着名字集合的增大而成倍增长。图 8.26 为 BCT 算法的更新性能。本次实验从 3×10^8 的数据集中获取数据，首先从数据集中取出 20000 条数据名作为初始数据名，以后每次随机地增加 20000 条数据名进行更新测试，记录其时间，求其平均值作为对比数据，总共进行 10 次更新操作。图 8.26 中，横坐标为数据集每次更新的名字条目数量，纵坐标为更新时间。从图中可知，当数据集大小为 20000 时，BCT 的平均更新时间大概是 8 个时钟周期；数据集为 80000 时，平均更新时间大约为 12 个时钟周期。结果表明，随着数据集的增加，更新时间也在不断增加。此外，由图可知，当数据集增加一倍时，更新时间并没有翻倍地增加，说明 BCT 的更新性能低于线性增长，更新性能效果较好。

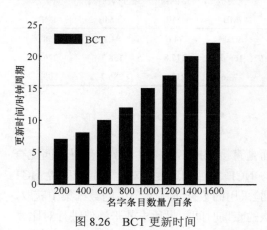

图 8.26　BCT 更新时间

通过实验分析可知，与 NCT、NCE 算法相比，BCT 算法在可接受范围内，虽然牺牲了一定的存储空间，却在查询效率上得到提升，并获得相对稳定的更新效率。

8.8 小　　结

随着互联网中应用类型的增加以及信息量的膨胀，认知物联网成为未来物联网发展的一个趋势。数据名字作为物联网中的数据标识，直接影响资源的检索效率。为了提高对数据名字的检索效率，本章提出基于哈希编码的名字查询方法和BCT 名字查找算法，以实现对信息名字的快速查询和更新。实验表明，基于哈希编码的名字查询方法对名字压缩效率、名字查询速率以及更新速率进行了优化；BCT 名字查找算法虽然在名字的空间存储上造成一定的额外空间开销，但极大地提高了认知物联网中名字的查询速率和更新速率。

参 考 文 献

[1] 杨柳, 马少武, 王晓湘. 以内容为中心的互联网体系架构研究. 信息通信技术, 2011, 05(6): 66–70.

[2] Bari M, Chowdhury S, Ahmed R, et al. A survey of naming and routing in information-centric networks. IEEE Communications Magazine, 2012, 50(12): 44–53.

[3] Ghodsi A, Koponen T, Rajahalme J, et al. Naming in content-oriented architectures// Proceedings of ACM SIGCOMM Workshop on Information-Centric Networking, Toronto, 2011: 1–6.

[4] Sollins K. Pervasive persistent identification for information centric networking// Proceedings of Edition of the Icn Workshop on Information-Centric Networking, Helsinki, 2012: 1–6.

[5] Dannewitz C, D'Ambrosio M, Vercellone V. Hierarchical DHT-based name resolution for information-centric networks. Computer Communications, 2013, 36(7): 736–749.

[6] Liu C, Yang B, Liu T. Efficient naming, addressing and profile services in internet-of-things sensory environments. Ad Hoc Networks, 2014, 18(7): 85–101.

[7] Pagiamtzis K, SheTkholeslami A. Content addressable memory(CAM)circuits and architectures: A tutorial and survey. IEEE Journal of Solid-State circnits, 2006, 41(3): 712–727.

[8] 田乐. 面向存储和功耗优化的 TCAM 报文分类算法研究[硕士学位论文]. 郑州: 解放军信息工程大学, 2013: 123–148.

[9] Nawa M, Okuda K, Ata S, et al. Energy-efficient high-speed search engine using a multi-dimensional TCAM architecture with parallel pipelined subdivided structure//Proceedings of 13th IEEE Anunal Consumer Communications and networking conference, Las Vegas, 2016, 309–314.

[10] 田小梅, 胡灿, 李浪. 多布鲁姆过滤器检索算法研究. 衡阳师范学院学报, 2015, 06: 27–31.

[11] Ray S, Chatterjee A, Ghosh S. A hierarchical high-throughput and low power architecture for longest prefix matching for packet forwarding// Proceedings of IEEE International Conference on Computational Intelligence and Computing Research, Madurai, 2013: 1–4.

[12] Wang Y, He K, Dai H, et al. Scalable name lookup in NDN using effective name component encoding// Proceedings of 2012 IEEE 32nd International Conference on Distributed Computing Systems(ICDCS), Kanazawa, 2012, 688–697.

[13] Wang Y, Dai H, Zhang T, et al. GPU-accelerated name lookup with component encoding.

Computer Networks, 2013, 57(16): 3165–3177.

[14] Wang Y, Zu Y, Zhang T, et al. Wire speed name lookup: A GPU-based approach// Proceedings of Usenix Conference on Networked Systems Design and Implementation, Lombard, 2013: 199–212.

[15] Lim H, Lim K, Lee N, et al. On adding bloom filters to longest prefix matching algorithms. IEEE Transactions on Computers, 2014, 63(2): 411–423.

[16] Song H Y, Sarang D, Turner J, et al. Fast hash table lookup using extend bloom filter: An aid to network processing. Acm sigcom computer communication Review, 2005, 35(4): 181.

[17] Wang Y, Pan T, Mi Z, et al. Name Filter: Achieving fast name lookup with low memory cost via applying two-stage Bloom filters// Proceedings of IEEE Infocom, Turin, 2013: 95–99.

[18] Quan W, Xu C, Guan J, et al. Scalable name lookup with adaptive prefix bloom filter for named data networking. IEEE Communications Letters, 2014, 18(1): 102–105.

[19] 牛翠翠, 杨晓非, 许江华. NDN 中内容名称查找策略研究综述. 广东通信技术, 2014, 06: 53–60.

[20] Wang Y, Tai D, Zhang T, et al. Greedy name lookup for named data networking// Proceedings of Global Communications Conference, Atlanta, 2013: 359–360.

[21] Zhang T, Wang Y, Yang T, et al. NDNBench: A benchmark for named data networking lookup //Proceedings of 2013 IEEE Global Communications Conference, Atlanta, 2013, 2152–2157.

[22] Le H, Ganegedara T, Prasanna V K. Memory-efficient and scalable virtual routers using FPGA// Proceedings of Acm/Sigda International Symposium on Field Programmable Gate Arrays, Athens, 2011: 257–266.

[23] Huang K, Xie G, Li Y, et al. Offset addressing approach to memory-efficient IP address lookup// Proceedings of Infocom, Shanghai, 2011: 306–310.

[24] Luo L, Xie G, Salamatian K, et al. A trie merging approach with incremental updates for virtual routers// Proceedings of Infocom, Turin, 2013: 1222–1230.

[25] Manuel U, David L. Nested uniform resource identifiers//Proeedings of 31st EUROMICRO Conference on Software Engineering and Advanced Appricaitons, Porto, 2005: 380–385.

[26] Ahsan R M, Ahmed R, Boutaba R. URL forwarding for NAT traversal// Proceedings of Ifip/IEEE International Symposium on Integrated Network Management, Ottawa, 2015: 599–605.

[27] 邢文钊. 基于 URL 分类技术的垃圾邮件过滤系统的分析与设计[硕士学位论文]. 北京: 北京邮电大学, 2013: 123–138.

[28] Ekambaram V, Sivalingam K. Interest flooding reduction in content centric networks// Proceedings of IEEE International Conference on High Performance Switching and Routing, Taipei, 2013: 205–210.

[29] Zhang L, Afanasyev A, Burke J, et al. Named data networking. Acm Sigcomm Computer Communication Review, 2014, 44(3): 66–73.

[30] Zhang L, Estrin D, Burke J, et al. Named data networking(NDN) project 2011-2012annual report. Transportation Research Record Journal of the Transfortation Research Board, 2012, 1892(1): 227–234.

[31] Quan W, Xu C, Vasilakos A et al. TB2F: Tree-bitmap and bloom-filter for a scalable and efficient name lookup in content-centric networking// Proceedings of Networking Conference, Hague, 2014: 1–9.

[32] Yuan H, Song T, Crowley P. Scalable NDN forwarding: Concepts, issues and principles// Proceedings of International Conference on Computer Communications and Networks, Munich, 2012: 1–9.

[33] Monnerat L, Amorim C. An effective single-hop distributed hash table with high lookup performance and low traffic overhead. Concurrency & Computation Practice & Experience, 2014, 27(7): 1767–1788.

[34] 杜传震, 兰巨龙, 田铭. 一种基于哈希编码的内容路由查询匹配机制. 计算机应用研究, 2014, 31(10): 3081–3086.

第 9 章　基于合作博弈的认知物联网资源自主配置方法

9.1　概　　述

随着信息技术的发展，海量数据信息需要进行高速、准确地传播，而物联网是大数据的重要来源之一，其中大量的传感设备需要不断获取周围的实时数据，其数据获取量的增长也大大超出之前的网络环境。由于如此庞大的数据量及其无中心、自组织和高动态的特性，构建一种适用于物联网的路由算法变得更为复杂。与此同时，认知物联网的提出，对路由的建立提出了新的要求，即在面对不同自治域的不同 QoS 需求的情况下，如何使路由体现出自适应、自配置、自优化等智慧特性将成为认知物联网自组织路由新的研究重点。同时，在路由优化方面，网络中自私节点的出现势必影响网络的性能，阻碍最优路径的建立，所以为了提升网络在数据转发方面的性能，建立积极主动的节点激励机制也极为重要。

本章首先对现有的自组织路由技术进行概述，之后对认知物联网自组织路由的相关理论进行详细的描述和分析，最后根据具体例子介绍自组织路由的相关算法。

9.2　自组织路由技术概述

自组织路由问题是过去十年移动自组网(mobile Ad Hoc network，MANET)领域的研究焦点。作为其关键技术之一，自组织路由算法在很大程度上决定了网络的性能。它可以通过中继为更大范围内的节点提供交互信息，减少了建立基站所需要的高额开销。在 20 世纪末，研究主要聚焦于设计分布式、动态通信协议，目的是共享无线信道，并在移动设施之间发现路由。这些协议的目标是当无线链路或移动设备失效时，仍能够在共享的无线通信环境中尽可能多地提供服务，保持有效的网络拓扑或路由，确保网络的正常运行。

路由协议是用来寻找源节点(一般为传感器节点)到目的节点(一般为汇聚节点)之间的最优路径，然后将数据进行分组，并沿着找到的路径进行正确转发。认知物联网与传统网络有很大的差异。与传统网络相比，多跳自组织无线网络(Ad Hoc)与无线传感网络(wireless sensor network, WSN)和认知物联网更相似。三者具有许多共性：它们均为无线多跳自组织网络，拓扑变化相对比较频繁。针对 Ad Hoc 网络路由技术，人们已经开展了较为深入的研究，并提出许多经典的路由协议，如

AODV(Ad Hoc on demand distance vector)协议、AOMDV 协议、DSR(dynamic soure routing)协议、DSDV 协议、TORA 协议等。具体协议的分类描述如图 9.1 所示。

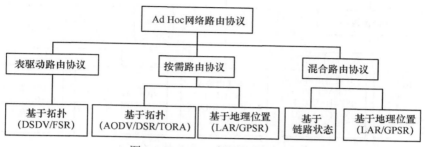

图 9.1　Ad Hoc 路由协议分类图

如图 9.1 所示，传统 Ad Hoc 路由技术主要分为三种：表驱动路由协议、按需路由协议和混合路由协议，分别描述如下。

(1) 表驱动路由协议是通过定期发送广播消息交换节点间的信息，所有节点需要对自己通往其他节点的路由进行有效的维护。这种方式可以保证有效路由存在的可能性。其发送时延比较小，路由维护起来却需要花费更多的开销。

(2) 按需路由协议是一种在网络具有路由需求时才发起的模式。其优点是能有针对性地进行路由消息的广播，可大大节约无用的消息广播对网络资源的浪费。缺点是由于在发送分组时才临时启动路由发现，因此时延比较大，并且当数据更新率高时，路由发现将频繁进行，效率急剧降低。

(3) 混合路由协议的提出综合考虑了表驱动路由协议和按需路由协议的特点。由于物联网是一种异构型的泛在网络，因此，单独采用任何一种路由选择方法都不能很好地支持物联网的数据通信，所以需要考虑节点移动的特殊性，以及多业务类型不同的 QoS 需求这一特点，选择符合这些条件的路由技术方案进行实现。

另一个与认知物联网有关的网络是 WSN，相比于 Ad Hoc 网络，WSN 在通常情况下，节点都是静止的，很少移动，因此无须花费很大的代价去频繁更新路由表。WSN 一般属于一次性使用网络。为了节约成本，节点自身的资源非常有限，使节点不能存储大量的路由信息，不能进行复杂的计算，而且路由协议必须简单、高效。但 WSN 经常在相对恶劣的环境中使用，无法频繁更换电池或对其进行充电，所以减少节点能量的消耗便成为首要任务，然后才考虑如何保证其服务质量[1]。Ad Hoc 路由协议虽然也对节点能耗有一定的要求，但节点能源可以得到有效的补充，所以研究侧重于如何寻找节点之间的最优路径，并在此基础上最大化地提高相应的 QoS。具体的协议分类如图 9.2 所示。

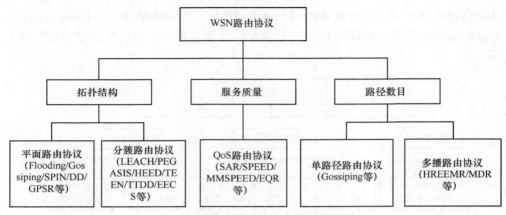

图 9.2　无线传感网络路由协议分类图

WSN 路由协议的设计首先需要考虑能量效率的问题,其次是提高路由各项 QoS 的问题。根据以上对 Ad Hoc 网络以及 WSN 的描述可以得出,认知物联网路由协议的设计目标是使用混合协议以满足认知物联网异构网络的数据通信,另外,需要对路由的能耗进一步优化,以降低能量开销,提高能量利用率,同时,路由需自适应地根据相应 QoS 条件约束进行智能决策,以保证网络的负载均衡。

9.3　认知物联网自组织路由相关理论

9.3.1　认知物联网的路由认知过程

认知物联网中认知终端节点需要在发送数据包之前对数据包进行解析,感知其业务类型及其业务相应的 QoS 需求,然后根据解析结果在数据包的相关标识区域进行预标记,这将成为网络中认知节点转发的依据。

认知节点接收到认知终端节点已经预标记的数据分组后,根据预标记业务类型以及对 QoS 需求的权重,结合从路由信息知识库中获得的网络状态信息,进行对下一跳路由选择的优先级判断。这次判断具有可扩展性和认知自适应性,这就要求网络中的节点同时具有认知、计算、处理等功能。

路由信息知识库是最高级的路由控制管理中心。它根据收集到的网络状态信息对网络进行建模学习,具有路由行为学习反馈以及网络流量预测等功能。路由信息知识库在进行建模学习后,其输出的知识存储在知识库中,并且可以向其他认知节点下发策略。

认知物联网路由自主认知过程如图 9.3 所示。

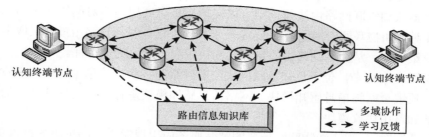

图 9.3　认知物联网路由自主认知过程

9.3.2　认知物联网路由决策模型

认知物联网路由决策模型可分成 4 个基本功能模块，如图 9.4 所示，分别是网络信息感知模块、路由信息知识库模块、认知路由协议模块以及节点配置模块。

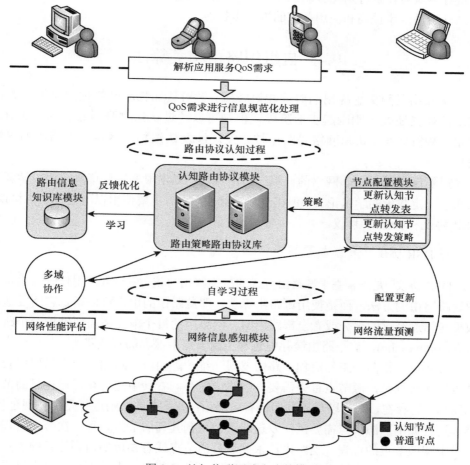

图 9.4　认知物联网路由决策模型

　　根据认知物联网路由决策模型可以发现，基于底层网络对网络状态信息的感知，针对认知物联网应用服务的 QoS 需求和局部性能目标，路由策略采取多因子均衡决策理论，从而达到路由的自我认知决策和自学习优化特性。

　　由图 9.4 可知，位于认知物联网底层的网络服务状态信息由认知节点收集，并实时反馈至网络信息感知模块。网络信息感知模块进行相应的处理后将信息提交至认知路由协议模块。

　　与此同时，位于认知物联网顶层的智慧服务应用层需经过解析服务 QoS 需求，进而得出不同应用的 QoS 参数偏好。针对相应的 QoS 偏好，认知路由协议模块可以自适应地调整路由表转发规则，选择不同的转发表进行逐跳转发，最后到达目的节点或终端。

　　为了适应更高层次的网络生态环境对路由的需求，认知物联网各自治域之间需进行多域协作进行路由策略的学习和优化，实现认知物联网路由自主认知决策智慧性的进一步提高和应用范围的进一步扩展。

9.4　自组织路由相关算法

　　认知物联网概念提出的时间相对较短，针对认知物联网特性的自组织路由技术的研究还处于刚刚起步的阶段，但是可以通过认知物联网底层的 Ad Hoc 网络、WSN 以及认知网络等路由技术发现涉及认知物联网自组织路由的研究依据。

　　虽然现在 Ad Hoc 网络的自组织路由协议已提出很多协议草案，相关学者也发布了一定数量的学术论文，但在目前实际应用中，主要使用以下两种路由协议：DSR 协议和 AODV 协议。

1. DSR 协议

　　DSR 协议[2]是一种基于源路由方式的按需路由协议，它不再使用传统路由协议中逐跳路由的方法，而是使用源路由算法，即源路由的用户可以指定它所发送的数据包沿途经过的部分或者全部路由器。网络中的每个节点还需要维护一个路由缓存(route cache)，这个路由缓存中包含当前节点中保存的有效路由。

　　该协议包括两个工作流程：路由发现和维护路由。当路由源节点需要向目的节点发送数据时，源节点首先需要查看路由缓存，看其中是否存在通往目的节点的路由，若存在，则可以直接利用该有效路由；若不存在，则进行路由发现过程。具体过程如下。源节点需要洪泛发送路由请求到其邻居节点，每一次转发过程中记录下相应节点的标识。当路由请求到达目的节点或者知道如何到达目的节点的中继节点后，该路由请求数据包已标记该路径上的所有节点，则目的节点只需要按照这些标记的顺序逆向发送路由应答即可得到一条有效路由。

DSR 协议的优点如下：

(1) 节点维护的路由相对目的性较强，可以有效控制路由的开销。

(2) 路由发现过程中，中间节点使用相应的路由缓存技术，避免了能量的过度消耗。

(3) 在路由发现过程中可能产生不止一条的有效路由。

DSR 的缺点如下：

(1) 所有数据包的首部都需要封装该路由的详细内容，会产生更大的开销。

(2) 洪泛的发送路由请求，可能会造成链路相交，形成路由环路。

(3) 网络拓扑变化后，之前的有效路由会失效，此时存在缓存中的路由信息会影响之后路由的选择。

2. AODV 协议

AODV 协议[3]是一种典型的按需驱动路由协议。由于网络动态的特性，它并不需要对相应的路由信息进行过多的维护，而是需要在路由发现时，将自己的路由请求进行广播，并且路由请求包对各个节点进行序号标记，减少了路由环路发生的概率，同时，利用这种方式可以得出中间转发节点对路由请求的影响，直到路由请求到达目的节点后，目的节点可以根据路由请求中的节点序号逆向发送路由应答分组，源节点收到路由应答分组后则该路由建立成功，即可进行通信转发。

当网络中的节点由于移动造成路由失效时，该协议会重新进行路由发现；当中间节点的路由失效后，该协议将向源节点的方向发送相应消息来表明现有路由已失效，之后源节点也将重新进行路由发现。

AODV 协议具有良好的可扩展性，同时具有一定的 QoS 保障性，也可以经过改进形成多播路由协议，如 AOMDV 协议[4]，但其路由维护比较复杂。

另一个和认知物联网底层网络类似的是 WSN，与 Ad Hoc 路由协议不同的是，WSN 路由协议更侧重于节省能量的消耗，达到延长网络生命周期的目的，经典的路由协议包括 LEACH(low energy adaptive clustering hierarchy) 协议、PEGASIS(power-efficient gathering in sensor information system)协议、HEED 等。

3. LEACH 协议

Heinzelman 等[5]设计的 LEACH 协议是一种具有自适应特征的路由协议，其利用数据聚合实现网络中簇头节点的轮流选取，保证了能耗的均匀分布。该协议可动态选取簇头节点，且簇头节点的选取过程通过簇内节点的协作选举产生。在 LEACH 协议每一轮的工作周期内，通常需要完成簇的划分和相应簇内的信息收集。簇的形成是通过簇内所有节点的历史行为选举簇首节点；当某一节点被选为簇首节点后，它将向其通信范围内的节点发送当选消息，未当选簇首节点的节点通过当选信息选择性地加入最近的簇首节点的簇中。

LEACH 协议的优点如下：

(1)通过动态轮流选取簇首节点确保了整个网络能量消耗的均匀分布，避免某节点因过度转发而造成能量消耗殆尽。

(2)节点利用数据聚合对数据进行一定的简化，减少了通信负担。

LEACH 协议的缺点如下：

(1)网络中的节点通常随机分布，当节点分布区域性集中时，易分布不均匀，造成密集区域的簇首节点能量消耗过大。

(2)在簇首节点选举过程中并没有约束节点的剩余能量，可能会使剩余能量较低的节点被选举为簇首节点，进而造成节点的死亡。

(3)无法适应大规模网络，这是因为每个节点都被假设具有较大的通信功率，而实际中这种情况是无法得到保障的。

4. PEGASIS 协议

PEGASIS 协议[6]是 LEACH 协议的改进，在保持了 LEACH 协议对数据进行有效融合优点的基础上，在重新簇首节点选举方面做了相应的改进，大大提升了网络的生命周期。PEGASIS 协议降低能量消耗的方法主要包括：对所有节点的传输范围做出相应的限制；控制每个簇首节点下互联的节点数量。在该协议下，所有节点首先需要让其他节点知道自己相应的位置，在选择下一跳节点时优先考虑距离最近的节点，通过使用贪心算法(greedy algorithm)把网络中的全部节点组成一条链路，且需要保证此时的链路总长度最小，此时在该链路节点中选取一个节点作为簇首节点。

PEGASIS 协议的优点如下：

(1)由于选取的下一跳节点拥有较短的距离，因此可以更好地减少发送功率，以达到节能的目的。

(2)经过数据融合后的节点，信息数量更少，通信方式更为简单，因此可以在节能的基础上提高网络的运行效率。

PEGASIS 的缺点如下：

(1)对网络的数据融合能力要求较高，不适合进行过于复杂的数据监测。

(2)该协议对网络中各节点的地理位置要求过高，建立链路时需要使用全局信息，而全局信息并不容易获取。

(3)不适用于网络规模过大的情况。由于需要建立包含所有节点的链路，网络规模过大会影响路由传输的时延，且节点与汇聚节点之间需要进行直接通信，因此通信距离不能过长。

(4)容错性不足。所有节点形成的链路中，如果有一个节点有问题就意味着会产生大量的丢包。

5. Zigbee 路由算法

针对 IoT 应用环境路由算法的研究，Zigbee 技术应用较为广泛着，其发展潜力巨大，Zigbee 路由算法也成为 IoT 路由的重点研究方向。Zigbee 路由算法[7]结合 AODVjr 算法和 Cluster-Tree 算法，它将网络中的节点分为两种不同的类型，分别执行不同的算法来寻找符合要求的路由。Zigbee 路由算法中的路由度量指标需要考虑 IEEE 802.15.4 物理层提供的 LQI(link quality indicator)值。LQI 值越高表示链路质量越好，节点会选择 LQI 值较高的路径建立路由并发送数据包，而 Cluster-Tree 算法可以帮助转发减少分组数量，且无须对路由表进行特意的缓存，可有效减少节点能耗和相应的开销。

Zigbee 路由算法的优点如下：

(1) 其拥有不同的网络节点类型，并使用混合路由模式，更加适用于异构网络。

(2) 其对有可能成为有效的路径进行相应的评估，并比较得出路由的优劣。

(3) Zigbee 路由协议合理利用两种路由算法，扬长避短，让二者更好地为网络服务。

Zigbee 路由算法的缺点如下：

(1) 在路由发现过程中，由于发送了过多的无用路由请求，造成路由请求的冗余和能耗加大。

(2) 在网络规模过大的情况下很难选取到最佳路由，以致加大路由开销和时延。

通过以上对认知物联网相关自组织路由技术的描述和分析可以发现，虽然它们都在一定程度上推进了认知物联网路由技术的发展，但是考虑到认知物联网对智慧特性更高的要求，还需要设计出一种动态、自适应的智慧路由。

9.5　问题分析

近年来，物联网依靠 RFID、WSN、智能嵌入式技术和云计算等新兴技术迅猛发展，已被广泛应用于物流运输、农业生产、医疗保健和智能楼宇等社会应用领域。与此同时，多类型传感设备、无线移动终端等硬件的升级也为其快速发展提供了有力的支撑和保障。IoT 提出于 20 世纪末，经过近十年的发展，到 2009年 IBM 公司提出智慧地球计划，此时的 IoT 研究已越来越注重提升其自身的智慧特性，并通过智能处理，达到全面感知、无缝互连、高度智能的状态。在最近几年的研究中发现，物联网已不满足仅停留在 RFID 互联网，而是被重新定义为利用各种信息传感设备与互联网结合，从而形成一个巨大的泛在网络，以达到物物相连，并实现自主认知、可靠传递、智能处理等特性。利用多种感知技术相结合的方式，对物体信息进行动态、及时的采集，并实现多网融合，实时、准确、可靠、自适应地将感知信息进行传递。为了达到自主智慧化控制的目的，还需要结合云计算、数据融合等智能计算技术实现异质信息的融合、巨量数据的分析以及策略的学习优化等。

随着认知物联网的提出以及相关技术的发展，QoS 路由已成为该网络环境下 QoS 保障的重要研究课题。目前，国内外学者针对不同的网络场景，对 QoS 路由进行了广泛的研究，推进物联网数据传输从感知走向认知，提升了物联网的自适应性和抗毁性。Elik 等[8]结合染色理论以及博弈理论，为节点收益建立模型，并实现相关的路由算法，不仅能使网络中节点能量的分布更理想，同时能够建立质量更好的不相交路径。基于距离和误码率的路由算法 MAODV-BER[9]将带宽和时延添加到每个路由信息中以保证网络中的服务质量，进而选出符合 QoS 需求的路径。针对低开销和低能耗两个关键问题，Usha 等[10]提出一种改进路由算法 RE-AODV，将路由开销和时延作为 QoS 参量，有效提高了标准的 AODV 性能。Shi 等[11]设计出考虑隐藏节点问题的路由算法，证明了相关度量在算法中的重要性。

此外，在路由智慧决策方面，博弈论在近几年中得到了一定程度的应用，针对期望的服务质量，可以根据网络的吞吐量从博弈的角度判断，量化节点选择路由的熵，使节点进行博弈并最终达到平衡[12]。在 Ad Hoc 网络中，可能会因为通信负载不均衡而影响节点协作，博弈论还被应用在促使节点协作进行转发数据包中[13]，实现高效的数据传输。针对 WSN 中节点负载均衡不足的问题，董荣胜等[14]利用马尔可夫博弈论，构建了 WSN 博弈模型，并提出相关的路由算法，同时兼顾节点间的协作，使能量和收益之间达到纳什均衡，提高了网络的生命周期。

综合比较相关研究发现，尽管目前对 QoS 路由的研究广受关注，在路由算法和路由策略方面的研究也不断取得进展，但针对认知物联网环境下的 QoS 路由研究还涉及较少，而现有的路由算法无法满足认知物联网的需求，现有的认知物联网 QoS 路由算法研究有以下缺陷：

(1) 网络多为静态网络，无法达到物联网动态和静态相结合的特殊场景。

(2) 对于物联网中不同自治域的不同 QoS 需求，缺少考虑不同网络性能目标下的自适应路由机制。

(3) 对于过量发送信息而造成节点死亡这一情况，需要进行进一步的优化，以实现节点的负载均衡。

因此，本章基于合作博弈理论，重点研究认知物联网环境下节点如何通过自主认知选取具有 QoS 保障的路径，使节点和路径之间产生博弈关系，同时根据节点加入路径的收益动态选取最优路径，引入路由删除机制，避免节点因过度转发数据包而能量耗尽，造成路由失效，在一定程度上保证了认知物联网的负载均衡，提高了整个网络的生存时间。

9.6　相　关　理　论

9.6.1　认知物联网拓扑结构

本研究建立在图 9.5 所示的网络路由拓扑结构上。一般认为认知物联网是一组自治域，定义为 $AD_1, AD_2, AD_3, \cdots, AD_n$，自治域内部是高耦合，对外是相对独立的。每个自治域包含不同的认知节点 CN，简单节点 SN 和网络链路等，各自治域内通过认知节点对其自治域内的简单节点进行管理。一个自治域内可以同时存在多个认知节点，当需要进行跨自治域的数据传输时，自治域之间通过该自治域中的主要认知节点，也就是 CA 进行跨域协作传输，自治域内通常只有唯一的 CA。

认知物联网需要覆盖有线与无线网络，并且要求具有多种处理方式混合的特性，其中最重要的是为用户提供最佳的端到端传输性能，且需要具备自感知、自适应、自决策、自学习、自优化等智慧特性。

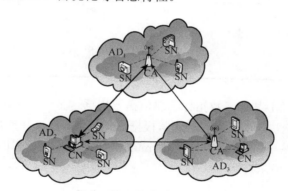

图 9.5　认知物联网路由拓扑结构图

9.6.2　认知物联网 QoS 参数

QoS 是一组网络服务度量要求。它可以用多种指标进行描述，这些具体指标可为应用服务提供有力的保障。认知物联网 QoS 路由算法在选择路径时必须要以这些指标为依据进行路径选择，从而保证认知物联网服务需要达到的传输要求。以下是几种常用的 QoS 参数。

(1) 路径长度：表示源节点与目的节点之间链路的总长，通常体现为跳数或节点距离。

(2) 带宽(bandwidth)：传输介质有效通信容量，即传输介质中可以达到的吞吐量的最大值。

(3) 时延(delay)：数据分组从发送端传输到接收端所经历的时间，包含主机的编码/解码时间、分组在传输介质中传输的时间、数据分组在网络设备中的排队和处理时间等。

(4) 延迟抖动(jitter)：数据分组延迟变化，即发送方和接收方之间传输数据所经历的延迟变化。

(5) 可靠性(reliability)：某段时间内，成功转发数据占所发送数据总量的比例。

(6) 剩余能量(energy)：针对无线传感设备，指当前传感设备自身还可以消耗的能量数值。

表 9.1 给出认知物联网一些常见的应用对各种 QoS 需求的要求程度。在网络的分析中，通常将这些参数指标与网络连接相关联，也就是说，把这些参数看作链路的属性。

表 9.1　认知物联网常见应用信息 QoS 需求

应用范围	带宽	时延	延迟抖动	可靠性	剩余能量
物流运输	低	中	低	高	低
智能家居	中	高	低	低	高
公共交通	高	高	中	中	中
医疗健康	低	高	中	高	高

一条传输路径上某个参数指标的总值需要根据这个参数指标的数学特性进行计算，计算方式取决于数学特性。通常根据数学特性，把这些参数指标分为三类：加性度量(additive metric)、乘性度量(multiplicative metric)和凹性度量(concave metric)，如表 9.2 所示。

表 9.2　QoS 参数指标分类

类型	具体 QoS 参数指标
加性度量	路径长度、时延
乘性度量	丢包率
凹性度量	带宽、能量

在计算同一链路上的 QoS 度量时，如果它们具体的 QoS 参数指标属于同一类型，则其度量方法也可以相同。假设认知物联网中每条链路 e 都具有加性度量 $A(e)$、乘性度量 $M(e)$ 以及凹性度量 $C(e)$，p 表示从源节点到目的节点的路径，则

$$A(p) = \sum_{e \in p} A(e) \tag{9-1}$$

$$M(p) = 1 - \prod_{e \in p} [1 - M(e)] \tag{9-2}$$

$$C(p) = \min[C(e)] \tag{9-3}$$

对于认知物联网，定义其 QoS 需求为一个四元组 $Q = \langle B, D, \text{PL}, E \rangle$，其中，$B$ 为带宽，D 为时延，PL 为丢包率，E 为剩余能量，并且应给予各参数相应的权重来细化各自治域对 QoS 参数的偏好。

如果用有向图 $G(N,E)$ 体现认知物联网，$N = \{n_1, n_2, \cdots, n_i\}$ 表示认知物联网中节点的集合，而节点之间链路的集合可以用 $E = \{e_{12}, e_{13}, \cdots, e_{mn}\}$ 来体现，其中 N 和 E 分别表示网络中节点和链路的数目。路径 p 为源节点与目的节点间的可用路径。认知物联网路由的 QoS 参数可描述如下：

$$B(p) = \min_{n \in p} \{B(n)\} \tag{9-4}$$

$$D(p) = \sum_{n \in p} D(n) \tag{9-5}$$

$$\text{PL}(p) = 1 - \prod_{n \in p} \text{PL}(n) \tag{9-6}$$

$$E(p) = \min_{n \in p} \{E(n)\} \tag{9-7}$$

式中，$B(p)$ 表示所有 p 中的最小链路带宽；$D(p)$ 表示 p 中所有链路的时延之和；$\text{PL}(p)$ 表示 p 的丢包率；$E(p)$ 表示 p 中能量值最少的节点所具有的能量。

9.6.3　合作博弈理论

合作博弈理论(cooperative game theory)[15]是博弈论的一个重要组成部分，也被称为正和博弈，是一种具有强制执行协议的博弈类型，可以使博弈参与双方获得的收益均有所提高，或在参与博弈的两者其中一方获得收益不减少的情况下，另一方达到收益增加的目的。强调集体理性是合作博弈的重点，追求集体利益最大化，其结果必须是一个帕累托最优(Pareto optimality)。如何对博弈双方经过合作获得的利益进行合理的分配是合作博弈需要重点解决的问题。其相关概念定义如下。

定义 9-1　在 n 个参与者的博弈中，N 为参与者集合，N 的任意子集 S 称为一个联盟(coalition)，单点集、$\varnothing$ 以及全集 N 也可看做一个联盟。

定义 9-2　在 n 个参与者的博弈中，S 是一个联盟，$V(S)$ 指 S 和 $N-S$ 两者博弈中 S 的最大效用，其中 $N-S = \{i \mid i \in N, i \notin S\}$，$V(S)$ 是联盟 S 的特征函数。

空集的特征函数为零。特征函数十分重要，且需满足 $V(S_1 \cup S_2) \geqslant V(S_1) + V(S_2)$，$S_1 \cap S_2 \neq \varnothing$。

定义 9-3　每个合作博弈均存在唯一的利益值，$\varphi(V) = [\varphi_1(V), \cdots, \varphi_N(V)]$ 是一组参与人对联盟做出贡献所应分配的利益，其中 $\varphi_N(V)$ 表示第 N 个参与者在这种合作情况下应分配的利益。$\varphi(V)$ 的计算公式为

$$\varphi_i(V) = \sum_{S \in S_i} W(|S|) |V(S) - V(S - \{i\})| \tag{9-8}$$

由式(9-8)可以得出，在一个合作博弈中，每个参与者的利益收入应该与其对联盟所做的贡献成正比。对于联盟 S，其合作利益为 $V(S)$，如果参与者 i 加入 S，新联盟的合作获得的利益为 $V(S \cup \{i\})$，因此参与者 i 对联盟 S 做出的贡献值应为 $|V(S) - V(S \cup \{i\})|$。式中，S_i 为参与者 i 的一切子集组成的集合；$|S|$ 为集合 S 中的元素个数；$W(|S|)$ 为参与合作贡献的权重因子，具体计算公式为

$$W(|S|) = \frac{(|S| - 1)!(n - |S|)!}{n!} \tag{9-9}$$

9.7　路径 QoS 评价及收益计算

对认知物联网中可用路径进行 QoS 评价是实现路径和节点之间博弈的关键。当认知物联网中节点之间需要建立路由，且符合具体 QoS 需求时，在发起路由请求后，需要源节点在路由请求包中封装对路径最低的 QoS 需求，筛选出符合需求的路径，即记作可用路径，同时得出该可用路径的 QoS 评价值，以此作为之后合作博弈计算路径收益的特征函数。

9.7.1　路径 QoS 评价

认知物联网中路径 p 所需考虑的 QoS 参数可通过式(9-4)来约束其最小带宽；利用式(9-5)度量整条链路的时延之和；利用式(9-6)约束其丢包率；利用式(9-7)约束该链路上节点需要具备的最少能量值。具体对路径 p 的 QoS 评价函数可以表示为

$$\text{QoS}(p) = \alpha[B(p) - B_{\min}] + \beta[D_{\max} - D(p)] + \gamma[1 - \text{PL}(p)] + \omega[E(p) - E_{\min}] \tag{9-10}$$

式中，α、β、γ、ω 分别表示 4 个主要 QoS 参数在路径 QoS 评估中所占的权重；$B_{\min}$ 表示 QoS 要求的最小带宽；$D_{\max}$ 表示 QoS 要求路径具有的最高时延；$E_{\min}$ 表示 QoS 要求的最小能量剩余。满足以上 QoS 要求的路径可表示为 $p = \{p_1, p_2, \cdots, p_k\}$。

9.7.2　收益计算

将认知物联网路由下一跳选择的问题转化为计算收益的问题，即选择加入该路径收益较大的节点作为下一跳节点。收益计算过程中，将已形成的路径作为联盟，下一跳节点作为联盟成员，通过利用合作博弈理论中的 Shapley 值概念，计算得出联盟成员加入联盟所获得的收益，路径会理性地选择收益较高的下一跳节点进行路由请求。这样可避免路由请求洪泛发送所造成的开销过大的问题，以减少路由发现的开销以及能量消耗，进而间接提高整个网络的寿命。可以用 $\mu(n,p)$ 表示节点 n 加入路径 p 所获得的收益，将特征函数 $\text{QoS}(p \cup n)$ 和 $\text{QoS}(p)$ 之差与合作博弈理论中的收益计算过程相结合，得出节点加入路径的收益，计算的具体过程为

$$\mu(n,p) = \sum \frac{(n-|p|)!(|p|-1)!}{n!}[\text{QoS}(p \cup n) - \text{QoS}(p)] \qquad (9\text{-}11)$$

9.8　基于合作博弈的认知物联网 QoS 路由算法

本章提出的路由算法主要针对节点和路径当前的状态，并对其进行客观评估，之后利用合作博弈理论进行收益计算，理性确定收益较高的下一跳节点进行数据传输，从而确保路径的 QoS 质量，同时针对路由的节能问题，对过期失效的路由进行相应处理，达到认知物联网中节点节能的目的。

该算法主要包含四个部分：邻居节点信息收集、路由发现、路由失效处理、路由删除。

9.8.1　邻居节点信息收集

邻居节点信息收集是 QoS 路由算法的基础。邻居节点信息收集对于之后进行路由发现起着指导性的作用。在一段时间内，网络中的各个节点在发现周围有效的邻居节点(neighbor nodes,NN)以及获取有效 NN 的详细属性时都需要用到该策略。对于节点 n，其有效 NN 集合可以用 $N(n)$ 进行描述。NN 信息收集步骤如下。

步骤 1：在初始化阶段，认知物联网中全部的节点需要对它覆盖范围内的节点广播 Hello Message，主要包含消息类型、节点 ID、自治域 ID 和时间戳。Hello Message 格式见表 9.3。

表 9.3　Hello Message 格式

内容	消息类型	节点 ID	自治域 ID	时间戳
长度/bit	1	2	2	2

步骤 2：节点 n 的有效邻居节点获取到 Hello Message 后，需要及时回复响应 ReplyHello 消息，同时广播自己的 Hello Message。ReplyHello 消息中包含消息类型、该节点的节点 ID、邻居节点 ID、邻域 ID、响应时间、剩余能量值以及节点之间距离等信息。

具体的 ReplyHello 消息格式见表 9.4。

表 9.4　ReplyHello 消息格式

内容	消息类型	该节点的节点 ID	邻居节点 ID	邻域 ID	响应时间	剩余能量	距离
长度/bit	1	2	2	2	2	2	2

步骤 3：节点收到其邻居节点回复的 ReplyHello 消息，把对应信息添加到自身的邻居节点列表中。

相应的算法描述如下。

算法 9-1　邻居节点信息算法

//所有节点收集邻居节点信息

(1)初始化节点收益，广播 Hello Message，设置初始时间；

(2)while 周期 T 内收到有效邻居节点回复的 ReplyHello 消息 do；

(3)提取消息中的有效信息，更新节点邻居信息表；

(4)更新邻居节点的路由表信息；

(5)end while

9.8.2　路由发现

如果认知物联网中两个节点之间需要建立一条满足相应 QoS 需求的路径，源节点需要在路由请求包(route request,RREQ)封装对该路径的最低 QoS 需求，中间节点在转发 RREQ 时，需要寻找满足最低 QoS 需求的邻居节点进行转发，当消息可以到达目的节点时即记作一条满足 QoS 需求的有效路径。

当目的节点收到 RREQ 后，对 RREQ 进行登记并按照 RREQ 中的标记顺序逆向发送路由答复消息(route reply,RREP)，此时即可确认一条满足 QoS 需求的路径，当同时存在多条满足 QoS 需求的路径时，则需要通过合作博弈理论计算出每条路径的收益，并挑选收益最大的路径转发数据。

路由发现过程可以分为以下 4 个步骤。

步骤 1：判断有效邻居节点。源节点发送路由请求 RREQ 时，需要通过式(9-10)计算链路之间的 QoS 性能函数，以此作为下一跳转发节点选择的依据。如图 9.6 所示，$\text{QoS}(\{A,B\})=1$，$\text{QoS}(\{A,C\})=2$。根据之前对于路径 QoS 的最低要求，可以判断得出路径 A-B、A-C 符合 QoS 要求，则 B、C 节点为 A 节点的有效邻居节点，如果节点性能不满足 QoS 最低要求则不记作有效邻居节点。

步骤 2：对有效邻居节点进行收益计算。当需要进行转发 RREQ 时，为了减少洪泛转发 RREQ 造成的能量消耗，需利用式(9-11)对有效邻居节点加入该路径获得的收益进行计算，负责转发 RREQ 的节点将根据收益计算结果，理性选择地收益最大的有效邻居节点作为下一跳转发 RREQ。当最大收益值相同时，节点优先加入路径长度较小的路径。如图 9.7 所示，可以得出节点加入路径的收益值，即 $\mu(D,\{A,B\})=0.4$ ，$\mu(E,\{A,B\})=0.6$ ，$\mu(E,\{A,C\})=1.2$ ，$\mu(F,\{A,C\})=0.8$ ，因此可得当前最优路径为 *A-C-E*。

步骤 3：当新节点确认加入该路径后，其上一跳节点向其转发 RREQ。该节点负责计算并修改当前路径的 QoS 性能值，作为上一跳重复之前步骤进行下一轮有效邻居节点的判断，直至找到缓存有目的节点地址的中继节点或直接找到目的节点。

步骤 4：当 RREQ 消息顺利找到目的节点后，目的节点做出相应处理，并根据该 RREQ 中登记的路由节点编号，进行逆序发送路由答复消息，源节点收到该消息后，便可形成一条满足 QoS 需求的路由，之后进行数据转发。

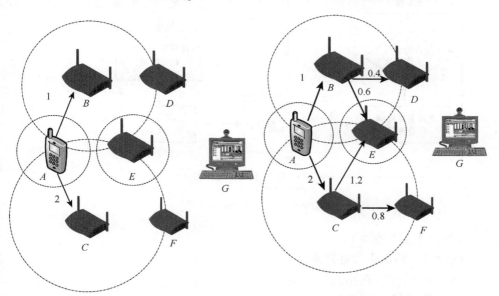

图 9.6　判断有效邻居节点　　　　　图 9.7　有效邻居节点加入该路径收益计算

9.8.3　路由失效处理

由于认知物联网中的节点存在异构性和不稳定性等因素，当中间节点的现存能量不能够完成一次数据转发任务时，又或者由于网络拓扑的变化，之前的有效路径已无法满足该路径对 QoS 的最低要求时，当前路由已经失效，这就需要实施路由失效处理。源节点将会重新发送 Hello Message 数据包进行新一轮有效邻居节点的确认，之后发送 RREQ 来获取新的 QoS 路由。

具体流程如图 9.8 所示。

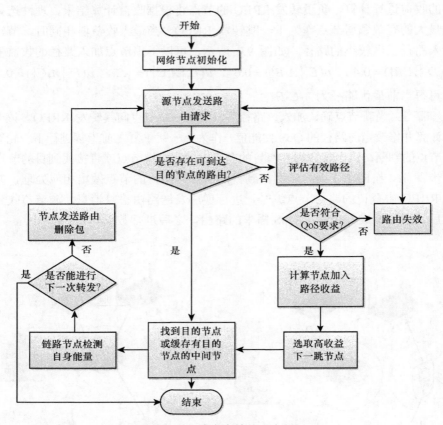

图 9.8　路由失效处理流程

相应的算法描述如下。

算法 9-2　路由失效处理算法

//节点 i 到节点 j 路由失效处理

(1) while 没有可以到达目的节点的路由 do；

(2) 调用节点 i 的邻居节点信息；

(3) 根据式(9-10)寻找有效邻居节点；

(4) 根据式(9-11)得出其邻居节点加入链路的收益值；

(5) 通过收益大小选择下一跳节点；

(6) while 路径 QoS 评价低于阈值 do；

(7) 重新进行有效邻居节点的判断；

(8) end while。

(9) 根据 QoS 参数变化对节点参数进行更新；

(10) end while。

9.8.4　路由删除

认知物联网底层多为简易传感设备，节点一般都存在能量有限的弊端。当某一节点的能量耗尽时，此节点即看作死亡节点，大量死亡节点的存在，势必影响网络的连通性。

路由删除是为防止某一节点死亡后，其他节点仍存有此节点的信息，就会在之后的路由发现时产生不必要的发送，影响最优路径的选择，造成能量浪费。

如图 9.9 所示，当某一节点的能量即将耗尽时，它将主动向路由源节点发送能量耗尽提示数据包(RA)，当源节点收到该提示数据包后以广播的形式发送路由删除包(RD)进行路由删除，并删除包含它的缓存。在下次路由发现过程中，不会对该节点转发任何信息，从而避免能量的浪费。

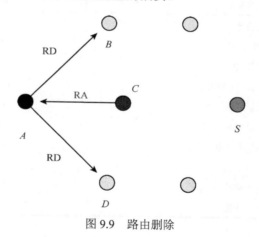

图 9.9　路由删除

9.9　仿真实验及结果分析

9.9.1　仿真工具介绍

目前对网络的路由协议以及算法的模拟，国内外大部分研究机构均采用NS2(network simulator 2)进行仿真模拟，其开源、免费和易扩展的特性使其拥有庞大的用户群体。NS2 作为一个面向对象的、离散时间驱动的模拟器，使用 C++和

OTCL(面向对象的 TCL 语言)作为开发语言，它将数据操作与控制部分的实现相分离，有效提高了代码的执行效率。C++编写和编译主要对网络组件和事件进行调度，实现了数据包的处理，而 NS2 中 OTCL 编译器的功能是建立和配置模拟虚拟的应用场景。

由于通常利用 Windows+虚拟机+NS2 的方案进行仿真实验。本章研究内容在 Intel(R)Core(TM)i3-2130 处理器，3.40GHz，4GB 内存，Windows 7 操作系统的实验 PC 上建立 Linux 操作系统，在此操作系统环境下安装 NS2.34 完成相关实验。

9.9.2　场景设置

根据本章研究内容，仿真场景设置如下：50 个认知节点，节点均是可移动的，节点运动模型使用 Random Waypoint 模型，并利用 Setdest 工具随机产生网络所需的实验环境，利用 NS2 自带的能量模型，在仿真中使用固定的接收/发送功率，能量由于接收、发送消息包(包括发送 RREQ 包与数据包)或者空闲侦听消耗而减少。初始能量值为 40J，详细参数设置如表 9.5 所示。

表 9.5　仿真参数设置

参数	数值
通信半径	250m
认知节点数	50
发送开始时间	5s
数据包发送时间间隔	1～5s
发射功率	0.66W
接收功率	0.395W
空闲侦听功率	0W
数据包大小	512bit
仿真结束时间	300s
仿真次数	10

9.9.3　仿真结果

在相同的网络拓扑环境下，本仿真实验对比分析了本章所提出的认知物联网 QoS 路由算法(cognitive iot-QoS routing algorithm，C-QRAG)与现有的 AODV 算法、DSR 算法的性能差别。首先在吞吐量和抖动方面进行对比，其次是对丢包率和时延的对比，之后对比了分组投送率和归一化开销，最后对比三种算法在仿真结束时的剩余能量。具体对比分析如下。

1. 吞吐量

吞吐量表示在一段时间范围内节点有能力接收到的数据量。它反映当前网络性能的重要指标，其单位是 B/s 或 bit/s。网络的状态在很大程度上决定了网络的吞吐量，如果需要测试当前的最大网络吞吐量，就需要在数据发送速率上进行逐步增加，利用接收端的吞吐量来计算得出最大吞吐量。

通过使用 NS2 分析 Trace 文件时，常利用式(9-12)得到相应的吞吐量：

$$Th(i) = \frac{Tb(i) - Tb(1)}{Rt(i) - Rt(1)} \tag{9-12}$$

为了更清晰地展示 C-QRAG、AODV 算法和 DSR 算法对吞吐量仿真实验的效果，实验对两个不同阶段的吞吐量进行展示。

图 9.10(a)是仿真实验前 150s 的吞吐量对比。由图可知，在实验初期，C-QRAG 吞吐量增长缓慢。这是由于在建立有效路径时需要更多地考虑各种 QoS 指标，因此在路由路径还没有正式建立时，吞吐量增长速度不如 AODV 算法以及 DSR 算法的效果明显；但一旦建立符合 QoS 需求的有效路由路径后，吞吐量就能实现有效的增长，并在 150s 时超过 AODV 算法和 DSR 算法的吞吐量，增长幅度分别高出 AODV 协议及 DAR 协议 2%和 4%。由图 9.10(b)可知，实验进行到 150s 之后，在吞吐量方面，C-QRAG 与 AODV 算法不相上下，两者趋于稳定，且明显高于 DSR 算法。这主要是由于 C-QRAG 算法兼顾了多项 QoS 指标因素，对路径的选择更优，而到了实验中后期，由于节点各项 QoS 指标均有所下降，容易造成之前最优路径失效，影响网络吞吐量，而 AODV 算法相对来说更简单直观，对节点的选择约束条件更少，所以两者基本持平，增长幅度分别为 2%和 8%。

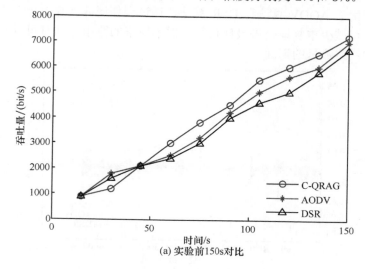

(a) 实验前150s对比

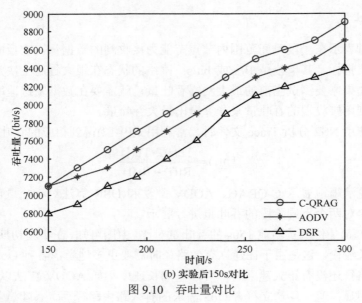

(b) 实验后150s对比

图 9.10 吞吐量对比

2. 抖动

抖动反映了网络进行传输数据时，相关数据在传输时延上具体的变动状况。抖动是由网络中流量具有不稳定性，每个数据分组在遇到当前网络流量较大的情况时所产生的时延不一致造成的。通过分析 NS2 产生的跟踪文件，该过程中的抖动可以表示为两个数据分组之间所产生的延迟差值，计算公式为

$$J(i) = D(i) - D(i-1) \tag{9-13}$$

由图 9.11 可知，C-QRAG 在抖动方面更稳定。总体来说，C-QRAG 在抖动方面的表现要优于 AODV 算法和 DSR 算法，通过合作博弈计算得出节点加入路径的收益后，可减少重复地公告最佳路径，撤销原来的路由，同时可以减少节点处理的负担和网络流量的消耗。

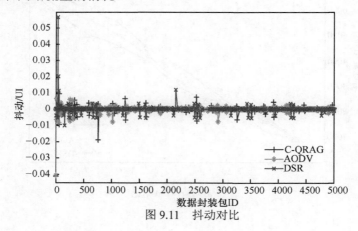

图 9.11 抖动对比

3. 丢包率

丢包率一般指在传输过程中，由各种原因造成的分组丢失数量与总数据传输量之间的比值。式(9-14)中 NAP 和 NRP 分别表示节点发送的数据分组的数量和节点接收到的数据分组的数量。

$$PL = 1 - \frac{NRP}{NAP} \tag{9-14}$$

首先在相同的仿真场景中，设置不同的暂停时间，分别为 0s、50s、100s、200s 和 300s，使用 10 对通信连接和 20 对通信连接的数据流场景，各取 5 个数据流场景，并取 5 次仿真结果的平均值作为丢包率的对比。

由图 9.12 可知，在丢包率方面，DSR 算法和 C-QRAG 明显优于 AODV 算法。而在节点暂停时间为 0s 时，即节点不停地移动的情况下，C-QRAG 要优于 AODV 算法。当节点趋于停止移动时，C-QRAG 也有明显的优势。

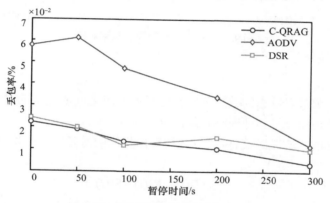

图 9.12　不同暂停时间的丢包率对比

在保持仿真总时间不变的情况下，可以使用不同的发包间隔来测试算法平均丢包率。为了更为客观地体现实验结果，随机抽取实验中的 4 次实验结果进行对比。

由图 9.13 可知，在发包间隔较短时，C-QRAG 的丢包率要优于 AODV 算法和 DSR 算法，也就是说在业务量较高的情况下，C-QRAG 有着更为明显的优势。但随着发包间隔时间的加大，三种算法的丢包率又趋于接近。实验证明，C-QRAG 比 AODV 算法和 DSR 算法在高业务量的情况下有着更好的表现，更加符合认知物联网多业务、数据交互频繁的需求，较好地保证了数据传输的可靠性。

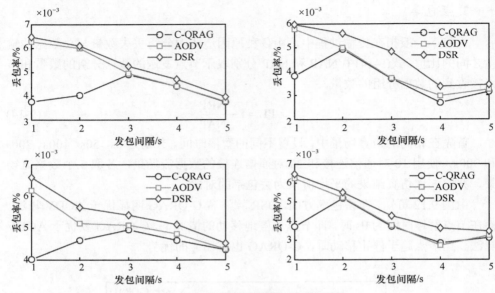

图 9.13　不同发包间隔丢包率对比

4. 时延

时延表示源节点发送的数据分组到达目的节点之间所花费的时间。时延包括分组的传播时延和分组的处理时延两部分。

结合 NS2 的相应跟踪文件,可以分析得出相应的时延以及平均时延计算方式,具体为

$$D(i) = \text{Rt}(i) - \text{St}(i) \tag{9-15}$$

$$\overline{D} = \frac{\sum D(i)}{N} \tag{9-16}$$

式中，$D(i)$ 是第 i 个分组在传输过程中产生的时延；$\text{Rt}(i)$ 是第 i 个分组到达目的节点时的时间；$\text{St}(i)$ 是第 i 个分组由源节点实施发送时的时间。通常,分析网络时延时大多采用计算平均时延 $\overline{D}$ 的方式,具体计算如式(9-16)所示。

由图 9.14 可知,在不同暂停时间的情况下,C-QRAG 的平均时延均明显低于对比算法,且变化曲线较为平稳,具有更好的端到端时延。这是因为网络在提出的算法中加入了对链路时延的具体要求,所以选出的路径也相对具有更低的时延。而 ADOV 算法和 DSR 算法都只是简单地考虑了如何选择符合某一项要求的下一跳节点,而并没有对具体的时延做出要求。

图 9.15 表示在不同的发包间隔条件下三种算法在时延方面的对比。由于每次实验的实验场景均随机生成,因此数据有一些正常的上下浮动,但还是可以较为

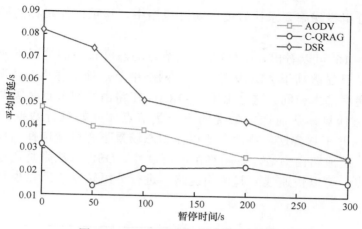

图9.14　不同暂停时间的平均时延对比

清晰地看出，C-QRAG 在较大业务量时与 AODV 算法和 DSR 算法的性能相当；在中等业务量的情况下，可以更好地保证传输时延；而在业务量较低的情况下，相比于 AODV 算法和 DSR 算法也有着更为良好的时延。

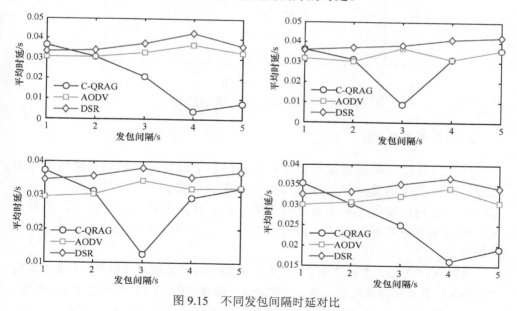

图9.15　不同发包间隔时延对比

5. 分组投递率

分组投递率反映了一段时间内正确接收报文数量与发送报文总量的比值，它反映了网络传输的可靠性。对于路由算法来说，分组投递率越高越好。

在对数据分组投递率要求比较高的实际应用中，该项性能指标的要求就显得尤为重要。

由图 9.16 可以看出，C-QRAG 在节点动态度较高的情况下要略微高于 DSR 算法，且显著高于 ADOV 算法。在网络中节点处于静止的情况下，三者的分组投递率基本相同。这是由于 C-QRAG 在路由发现节点时需要进行相应的博弈收益计算，从而选出最优的下一跳节点才开始进行数据的转发，而 AODV 算法并不具备这一特性。所以在动态场景下有可能选择到自身资源不足的节点，造成路由失效，影响路由的可靠性。DSR 算法则是通过距离判断下一跳节点，可以快速建立起传输链路，进行分组转发，所以也具有较好的性能。

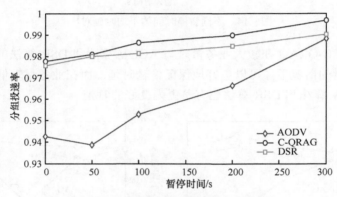

图 9.16　不同暂停时间的分组投递率对比

6. 归一化路由开销

归一化路由开销是指发送和转发的路由包个数与接收到的数据包个数的比值，其值为传递数据包，即平均每个数据包所需要的路由包个数。它可以反映出网络的拥塞程度和节点电源效率。归一化路由开销大的网络，相对来说，网络拥塞概率也会较大，而且会对接口队列中数据包的发送造成一定程度的延迟。

由图 9.17 可知，三种路由算法在归一化路由开销方面基本持平，且变化曲线较为均匀；节点动态性越强，路由开销越大。仿真实验采用节点随机分布的机制，具有一定的偶然性，因此细微的开销变化可忽略不计。总体来说，三种算法的开销都不算很高，基本没有造成网络拥塞。通过归一化路由开销的实验得出，C-QRAG 虽然在算法复杂度上高于其他两种路由算法，但在保证其他网络 QoS 性能指标的前提下，算法并没有过多地增加路由的开销。

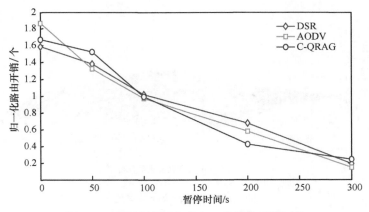

图 9.17　不同暂停时间的归一化路由开销对比

7. 剩余能量

在节点剩余能量方面，为了更直观地表现出能量变化的趋势，对三种算法最后得出的数据进行了相同的处理。如图 9.18 所示，当仿真结束时，C-QRAG 相对于 AODV 算法，整体节点剩余能量更多，且分布较为均匀；相比于 DSR 算法则有着出色的能耗表现。

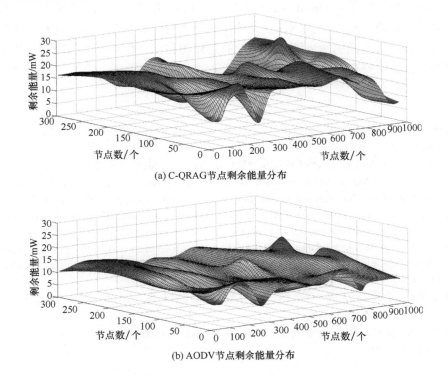

(a) C-QRAG节点剩余能量分布

(b) AODV节点剩余能量分布

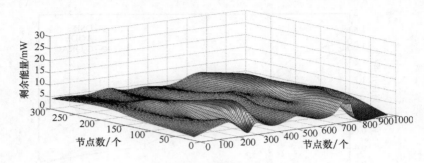

(c) DSR节点剩余能量分布

图 9.18　节点剩余能量对比

9.10　小　　结

物联网的发展对传统网络技术提出了新的挑战。针对网络 QoS 需求及网络性能目标，本章提出了一种基于合作博弈的认知物联网 QoS 路由算法，依据 QoS 需求对认知物联网的链路做出客观评价，利用合作博弈理论分析得出节点加入不同路径的收益情况，同时加入相应的失效处理以及路由删除策略，最后利用相应的仿真实验证明了 C-QRAG 与 AODV 算法和 DSR 算法相比在吞吐量和抖动指标上都有较好的表现。C-QRAG 在高业务量下的时延、丢包率以及能耗上表现更为突出，且拥有更低的能量消耗。后期的工作将在保证数据可靠传输的前提下进一步提升路由的安全性以及学习优化能力。

参 考 文 献

[1] 赵彤, 郭田德, 杨文国. 无线传感器网络能耗均衡路由模型及算法. 软件学报, 2009, 20(11): 3023–3033.

[2] 魏滢, 沙锋. Ad Hoc 的 DSR 协议在物联网中的运用. 物联网技术, 2014, (7): 48–51.

[3] Ranigupta R, Mishra M, Shrivastava M. Power saving routing protocol for Ad Hoc networks based on AODV. International Journal of Computer Applications, 2013, 85(19): 18–23.

[4] Biradar S, Majumder K, Sarkar S, et al. Performance evaluation and comparison of AODV and AOMDV. International Journal on Computer Science & Engineering, 2010, 2(2): 373–377.

[5] Heinzelman W, Chandrakasan A, Balakrishnan H. An application-specific protocol architecture for wireless microsensor networks. IEEE Transactions on Wireless Communications, 2000, 1(4): 660–670.

[6] 李舒颜, 李腊元. 无线传感器网络 PEGASIS 协议的研究. 武汉理工大学学报信息与管理工程版, 2012, 34(4): 426–429.

[7] 钱志鸿, 朱爽, 王雪. 基于分簇机制的 Zigbee 混合路由能量优化算法. 计算机学报, 2013, 36(3): 485–493.

[8] Elik Y, Ekuklu G, Tokuç B, et al. A QoS routing algorithm for multi-sink wireless multimedia sensor networks. Information Sciences & Service Sciences, 2012, 4(6): 203–209.

[9] Dahal R, Sanguankotchakorn T. QoS routing in MANET through cross-layer design with BER and modifying AODV//Proceedings of Second Asian Himalayas International Conference on Internet, Kathmandu, 2011: 1–4.

[10] Usha M, Jayabharathi S, Banu R. RE-AODV: An enhanced routing algorithm for QoS support in wireless ad-hoc sensor networks//Proceedings of 2011 International Conference on Recent Trends in Information Technology, Vellore, 2011: 567–571.

[11] Shi L, Fapojuwo A, Viberg N, et al. The effectiveness of QoS constrained AODV routing for voice support in multi-hop IEEE802.11 mobile Ad Hoc networks//Proceedings of IEEE Wireless Communications and NETWORKING Conference, Budapest, 2009: 1–6.

[12] Venkitasubramaniam P, Tong L. A game-theoretic approach to anonymous networking. IEEE/ACM Transactions on Networking, 2012, 20(3): 892–905.

[13] Li Z, Shen H. Game-theoretic analysis of cooperation incentive strategies in mobile Ad Hoc networks. IEEE Transactions on Mobile Computing, 2012, 11(99): 1.

[14] 董荣胜, 马争先, 郭云川, 等. 一种基于马尔可夫博弈的能量均衡路由算法. 计算机学报, 2013, 36(7): 1500–1508.

[15] 杨宁, 田辉, 黄平, 等. 基于博弈理论的无线传感器网络分布式节能路由算法. 电子与信息学报, 2008, 30(5): 1230–1233.

第 10 章　认知物联网非均匀分簇路由自主配置方法

10.1　概　　述

物联网是一种大规模网络，拥有不同的传感节点，多样的通信机制，其资源管理困难，应用领域广泛。同时，物联网的复杂性、不确定性使综合认知、智能决策成为物联网的重要发展方向。Mitola 等[1]提出认知无线电的概念，将认知元素加入无线电网络中，对认知无线电网络和智慧网络进行了大量的研究，并得到了许多研究成果，大大促进网络智能研究的发展。

近年来，随着物联网的快速发展，越来越多的研究已涉及物联网的智慧特性。认知物联网[2]的概念是基于自律计算和生物启发理论派生出来的，是在物联网的概念中加入认知元素，其核心思想是赋予物联网自主、智慧的特性，使其具有自感知、自决策、自学习、自优化、自调节等智慧特性。在网络通信中，尽管节点应该相互协作并为其他节点提供服务，但事实上，现有的研究表明，由于节点能量有限，大量节点只想享受其他节点提供的服务，而不想为其他节点提供服务[3]。由于 CIoT 网络规模大、节点能量有限、自私节点的存在会造成数据包的消极转发，因此如何在均衡网络能量的条件下设计出可靠的路由机制，成为认知物联网信息传输领域有待解决的关键问题。

考虑到网络的可扩展性和节能的特点，常常将分簇方法应用于异构无线传感器网络协议中，特别是大规模部署的网络，如认知物联网。分簇为传感器网络提供了一个层次的结构。簇结构有两种成员：簇首和簇成员。簇首拥有更好的自身条件，簇首管理簇成员，并收集簇成员采集到的信息进行融合，发送给基站。早期的分簇路由常使用均匀分簇，典型的均匀分簇协议有 LEACH、LEACH-C、TEEN、APTEEN 等。均匀分簇要求网络中簇的大小相等，簇中的节点数目相同。虽然轮询的簇首选举方式可以均衡簇内的能量，但是簇内数据收集、数据融合以及与基站的通信通常都是由簇首节点单独完成的，这样，簇首节点易因承担过多任务而过早死亡，造成网络中能量分布不均，严重影响网络的生命周期。

许多学者考虑使用一个新的分簇方式来解决这一问题，即非均匀分簇方法。典型的非均匀分簇方法有 EECS、EEUC、UCS、CEB-UC 等。EECS 考虑簇成员节点与簇首节点距离的同时也考虑了簇首到基站的距离，通过构造出大小不均匀的簇，缓解了簇首能量消耗不均的问题。EEUC[4]提出非均匀分簇方法中的一个关键问题，即簇首的竞争半径，竞争半径的大小与簇首节点距离簇首的距离相关，距离越近，竞争半径越小，且簇成员节点越少，在一定程度上优化了节点的能耗。文献[5]通过对构建的传感器网络模型进行非均匀分层，然后各层独立开展簇的组建来实现非均匀分簇，均衡簇首的能量消耗，延长网络寿命。文献[6]以候选簇首的剩余能量和其邻居节点的剩余能量作为标准竞争簇首，同时确保网络中不同位置节点之间的簇内和簇间通信能耗得以互相补偿。

上述研究大多考虑簇首节点能量、距离基站的距离来进行簇首选举及簇的划分，但未考虑簇首节点的可靠性。常用信誉值来衡量节点的可靠性。簇首节点的信誉值越大表明节点越可靠，为簇内节点提供的服务质量就越高。文献[7]设立一个信誉阈值，通过将阈值与监测邻居节点得到的信誉值进行对比，判断节点的可靠程度。文献[8]提出一个新的信誉机制——看门狗机制，用于监听下一跳节点的转发行为，如果下一跳节点不能正常转发数据包则表示该节点的可靠性低。另外，该机制考虑了其他节点推荐的间接信誉值协同计算节点的信誉值，并可以通过路径评估选择可靠的路径转发数据。文献[9]提出基于信誉的异常检测系统，该系统将信誉值作为评判节点行为是否可靠的标准，并且证明了信誉值有助于检测自私节点及网络中的攻击。

针对上述问题，本章提出基于信誉模型的认知物联网非均匀分簇路由算法。该算法引入信誉机制，通过节点的历史交互信息、采集数据的相似性计算节点的直接信誉值和相对信誉值，并考虑节点加入簇时的信誉收支情况来综合评估节点的信誉。针对现有网络分簇协议的不足，使用候选簇首的剩余能量、信誉值的综合权重进行簇首选举，并通过入簇竞争函数优化节点对簇的选择。将避免正常节点与自私节点交互时造成的能量浪费，有效降低节点的死亡速度。

10.2　相　关　理　论

10.2.1　认知物联网模型

本节建立一个认知物联网的网络模型，如图 10.1 所示。认知物联网借鉴传感器网络的分簇模型划分为多个簇。本节采用非均匀分簇方法，越靠近基站的簇，半径越小。网络中的节点分为簇首节点和簇成员节点。簇首节点根据簇首的竞争规则推举产生，具有更好的自身条件，如剩余能量更多、通信中的能量消耗更少等。簇首节点管理簇内的簇成员节点，收集簇成员节点采集到的信息并进行融合，发送给基站。簇成员节点包括认知节点和普通节点。其中，认知节点是将普通节点中加入认知元素，赋予其智慧特性，认知节点可以感知周围环境，并作出相应决策。

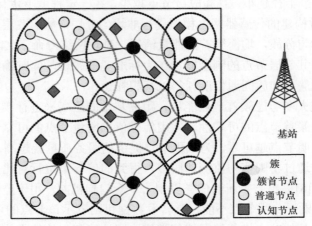

图 10.1 认知物联网网络模型图

对算法使用的网络模型进行如下假设:

(1)每个节点都有唯一的 ID。

(2)节点的能量可异构,节点能量有限且不能补给,节点可以获取自身的当前能量。

(3)基站不能移动,能量没有限制,有较强的计算、存储能力。

(4)节点根据通信的距离动态地调节自己的发射功率。

(5)通过接收到的信号的强度,节点可以判断出通信的距离,信号越强,距离越近。

(6)基站具有数据融合的功能,融合收集到的数据,减少数据冗余,节约能量损耗。

10.2.2 能耗模型

本节采用文献[10]的能耗模式。其中,d_0 为通信距离的阈值,如果通信距离小于 d_0,无线通信的能耗模型使用自由空间模型;反之则采用多径衰落模型。

无线传感器节点的接收和发送电路模型如图 10.2 所示。

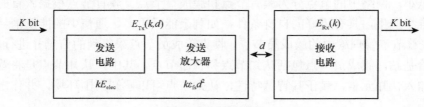

图 10.2 电路模型

由图 10.2 可知，电路模型主要分为数据的发送阶段和数据的接收阶段。数据的发送阶段分为发送电路和功率放大电路两部分。在接收数据阶段，只有接收电路。节点发送数据和接收数据的能耗分别为

$$E_{\text{Tx}}(k,d) = \begin{cases} kE_{\text{elec}} + k\varepsilon_{\text{fs}}d^2, & d < d_0 \\ kE_{\text{elec}} + k\varepsilon_{\text{mp}}d^4, & d \geqslant d_0 \end{cases} \tag{10-1}$$

$$E_{\text{Rx}}(k) = kE_{\text{elec}} \tag{10-2}$$

式中，k 为发送数据的数量；d 为通信距离；ε_{fs} 和 ε_{mp} 分别为不同通信模型下的功率放大能耗系数，由式(10-1)可得 $d_0 = \sqrt{\varepsilon_{\text{fs}} / \varepsilon_{\text{mp}}}$；$E_{\text{elec}}$ 为射频能耗系数值。

10.2.3　信誉模型

信誉提供了一种有效的方式来判断节点间的信任关系。信誉的引入可以帮助判断节点间合作的强弱，识别出自私节点，并对自私节点进行惩罚和激励。

所谓的自私节点是指为了保持自身的能量不减少，而不转发数据或选择性转发数据的节点。假设节点 i 和节点 j 是邻居节点，则当节点 i 判断节点 j 是否安全可靠时，可通过 j 的信誉值进行判定。

传统的节点信誉计算主要考虑两个方面的因素：直接信誉值和间接信誉值。信誉的评估过程如图 10.3 所示。

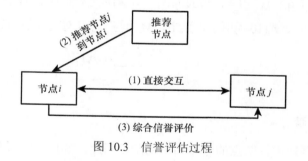

图 10.3　信誉评估过程

直接信誉是指节点 i 根据与节点 j 的直接历史交互经验，形成对节点 j 的评价信誉值；间接信誉也称推荐信誉，是指节点 i 根据其他节点对节点 j 信誉的推荐值，形成对节点 j 的评价。由于认知物联网环境中，节点的移动性很强，且节点的发射功率可调节，同一簇中任意两个节点可以实现单跳通信，因此在此不考虑间接信誉值。

10.3　信誉评估及信誉值计算

网络中节点的能量有限，这使部分节点为了节约自己的能量而具有自私性，

因此需要考虑节点的信誉问题。节点的信誉值越低，说明节点越自私。因此，将节点的信誉值作为选择簇首需要考虑的因素之一。

节点信誉值可通过节点间采集数据的相似性、历史交互经验计算得到。并且，在节点竞争成为簇首，为其他节点服务的同时，可以向其他节点收取一定的信誉值作为能量消耗的补偿。

10.3.1　直接信誉

直接信誉通过监听获得两个节点的直接交互，评估得出该节点的信誉值，并借鉴节点间的历史交互经验。节点 i 对于节点 j 的成功交互次数越多，说明节点 i 对于节点 j 越可靠。假设在一段时间内，节点 i 对节点 j 的交互次数为 N，成功交互次数为 k，则节点 i 对于节点 j 直接交互的可靠度可表示为式(10-3)，式中，N_0 为交互次数的阈值。

$$\varphi_{ij} = \begin{cases} 0.5 + \dfrac{k-(N-k)}{2N_0}, & N < N_0 \\ \dfrac{k}{N}, & N \geqslant N_0 \end{cases} \tag{10-3}$$

距离节点间交互的时间越近，评价的可靠度越高。节点采集的信息越重要，获得的信誉值也应该越高。因此，将节点 i 与节点 j 交互的时间分为 R 段。对于节点 i 第 r 段时间采集的信息，引入时间衰减因子 ρ_r 和重要性因子 V_r 计算直接信誉值。节点 i 的直接信誉值如式(10-4)所示，其中，M 为与节点 i 有交互的相邻节点的个数。

$$\mathrm{DRV}_i = \frac{\displaystyle\sum_{j=1}^{M}\sum_{r=1}^{R}\varphi_{ij}\rho_r V_r}{R} \tag{10-4}$$

10.3.2　相对信誉

在认知物联网中，节点的分布相对稠密，因此，邻近节点采集到的观察数据往往有很大的相似性。对比相邻节点在同一时段的数据特征，相似度越高，可以看作越可靠。

假设节点 i 在一段时间内采集到的环境数据的特征向量为 $D_i=(t,e,a,v)$。其中，t 表示事物类型(取值范围为集合 T)，e 表示事件类型(取值范围为集合 E)，a 表示观察区域属性(取值范围为集合 A)，v 表示感知信息值(取值范围为集合 V)。

节点间的相对可信度通过数据特征向量的相似度进行计算。设有两个相邻节点 i 和节点 j，其数据特征向量为 $\mathrm{DF}_i = (t_i, e_i, a_i, v_i)$ 和 $\mathrm{DF}_j = (t_j, e_j, a_j, v_j)$，则节点 i 和节点 j 在该时段的特征向量相似度为

$$\mathrm{Sim}(\mathrm{DF}_i, \mathrm{DF}_j) = \cos\left(\overrightarrow{\mathrm{DF}_i}, \overrightarrow{\mathrm{DF}_j}\right) = \frac{\overrightarrow{\mathrm{DF}_i} \cdot \overrightarrow{\mathrm{DF}_j}}{\left|\overrightarrow{\mathrm{DF}_i}\right|\left|\overrightarrow{\mathrm{DF}_j}\right|} \tag{10-5}$$

节点 i 在该时段的相对信誉值为

$$\mathrm{RRV}_i = \frac{\sum_{j=1}^{M} \lambda\left[1 + \mathrm{Sim}\left(\mathrm{DF}_i, \mathrm{DF}_j\right)\right]}{M} \tag{10-6}$$

式中，M 为节点 i 的相邻节点数；$\lambda > 0$ 为相对信誉值的相似参数。

10.3.3　信誉值计算

节点 i 的信誉值由节点直接信誉(direct reputation value，DRV)、相对信誉(relative reputation value，RRV)、信誉收支(income and expenses value of reputation，IEV)组成，如式(10-7)所示：

$$\mathrm{RV}_i = \omega_1 \mathrm{DRV}_i + \omega_2 \mathrm{RRV}_i + \omega_3 \mathrm{IEV}_i \tag{10-7}$$

式中，$\omega_1 + \omega_2 + \omega_3 = 1$。当节点 i 为簇首节点时，普通节点加入该簇需要向簇首节点缴纳虚拟信誉值，$\mathrm{IEV}_i \geqslant 0$；反之，节点 i 为普通节点，请求加入簇时，$\mathrm{IEV}_i < 0$。

10.4　基于信誉的认知物联网非均匀分簇路由算法

10.4.1　簇首的竞争半径

在分簇路由模型中，簇首节点需要收集簇成员节点所采集的信息并进行数据融合，去除冗余信息，同时需要承担域间的数据传输。若使用均匀分簇，靠近基站的簇首将会由于频繁进行数据传输而造成过早死亡。因此，为了均衡簇首的能量消耗，本章使用非均匀分簇方法，距离基站越近的簇的半径越小，可以定义簇首的竞争半径为

$$R_i = \left[1 - \mu\frac{d_{\max} - d(\mathrm{Si}, \mathrm{BS})}{d_{\max} - d_{\min}}\right]R_{\max} \tag{10-8}$$

式中，R_i 代表候选簇首 i 的竞争半径；μ 为常数；$d_{\max}$ 和 $d_{\min}$ 分别为到簇首节点的最远距离和最近距离；$R_{\max}$ 为系统设置的簇的最大半径；$d(\mathrm{Si}, \mathrm{BS})$ 表示 Si 到基站 BS 的距离。

10.4.2　簇首的竞争权值

由于自私节点会损耗网络中的大量能量，因此在选择簇首时，需要避免剩余能量较少的节点或自私节点成为簇首。本节构造了一个簇首的竞争权值，如式

(10-9)所示：

$$W_i = \alpha \frac{E_{\mathrm{res}}}{\overline{E_{\mathrm{res}}}} + \beta \frac{\mathrm{RV}}{\overline{\mathrm{RV}}} \tag{10-9}$$

式中，W_i 表示节点竞争簇首的权值，权值越高，成为簇首的可能性越大；E_{res} 表示节点 i 当前的剩余能量；RV 表示节点 i 当前的信誉值；$\overline{E_{\mathrm{res}}}$ 表示网络区域中节点的平均剩余能量；$\overline{\mathrm{RV}}$ 表示该网络区域中节点的平均信誉值。

10.4.3　入簇的竞争函数

当簇首竞争完成，每个簇的簇首确定后，簇首广播其成为簇首的消息，其他节点接收该消息后，选择合适的簇，向簇首发送入簇请求。节点 i 的入簇竞争函数为

$$F(i, \mathrm{CH}_i) = \frac{E_{\mathrm{res}}}{d(i, \mathrm{CH}_i)^2 + d(\mathrm{CH}_i, \mathrm{BS})^2} \tag{10-10}$$

式中，CH_i 为簇头；E_{res} 代表簇头 CH_i 当前的剩余能量；$d(i, \mathrm{CH}_i)$ 代表节点 i 和簇头 CH_i 的距离；$d(\mathrm{CH}_i, \mathrm{BS})$ 表示簇头 CH_i 与基站 BS 的距离。由式(10-10)可知，该入簇竞争函数综合考虑了节点的剩余能量、节点与簇首的距离和簇首与基站的距离这三个因素，确保了普通节点能选择更适合自己的簇加入。

簇建立过程的伪代码描述如下。

	For every node in the network
1:	$t \leftarrow RAND(0,1)$
2:	**if** $t < T$
3:	*beCluserHeadCandidate* ← *TRUE*
4:	**end if**
5:	**if** *beCluserHeadCandidate* = *TRUE*
6:	compute R_i and W_i
7:	*CompetitiveHeadMsg(ID, R_i, W_i)*
8:	**else**
9:	sleep
10:	**end if**
	For every candidate node i
11:	receiving a *CompetitiveHeadMsg* from j
12:	**if** $d(i,j) < R_i$ OR $d(i,j) < R_j$
13:	add j to i neighbor set NS_i
14:	**end if**
	For every candidate node j
15:	**if** $W_i \geqslant W(NS_i)$
16:	j give up the competition
17:	**end if**
	For every normal node i
18:	**if** i is just in one cluster_coverage
19:	i apply to join into the cluster
20:	i pay reputation value to cluster
21:	**else**
22:	i select cluster following Eq. (3-10)
23:	i pay reputation value to cluster
24:	**end if**

10.5　仿真实验及结果分析

10.5.1　仿真工具介绍

MATLAB 是美国 MathWorks 公司出品的仿真软件，广泛用于算法开发、数据分析、数学建模中。MATLAB 尤其善于模拟网络的路由算法，通过分析不同网络的环境特征、成员特点，对网络路由算法的过程进行仿真，从得到的数据预测网络走向，判断算法的优劣。

认知物联网虽然具有区别于传统网络的特性，但由于 MATLAB 具有开放性好，移植性强，便于扩展、交互等特点，可以方便地应用于认知物联网环境下的路由优化机制的仿真实验中。

本章研究内容在 Inter(R)Core(TM)i3-2130 处理器，3.40GHz，4GB 内存，Windows7 操作系统的实验 PC 上，利用 MATLAB(R2010b)进行仿真实验。

10.5.2　场景设置

根据本章研究内容，仿真场景设置如下。1500 个节点分布在 400m×400m 的网络区域内，基站的坐标为(200,500)，节点的初始能量为 0.75J，数据包的大小为 4000bit。本实验采用文献[10]的能耗模型。在实验过程中，节点使用规定的数据发射功率与接收功率。由于网络中的节点不断地接收、发送数据包以及网络监听、数据处理，其能量逐渐减少。详细参数的设置如表 10.1 所示。

表 10.1　仿真参数设置

参数	数值
网络覆盖区域	(0m,0m)～(400m,400m)
基站位置	(200m,500m)
节点数量	1500
E_{elec}	50nJ/bit
ε_{fs}	10pJ/(bit·m^2)
ε_{mp}	0.0013pJ/(bit·m^4)
E_{fusion}	5nJ/bit

10.5.3　仿真结果

本章算法将信誉的概念引入认知物联网的分簇过程中，减少了正常节点与自私节点通信时能量的消耗，同时，使用非均匀分簇方法均衡了网络中节点的能耗。

从图 10.4 可以看出，对比 LEACH 算法、EEUC 算法，本章提出算法的第一个节点死亡时间和网络失效时间都明显晚于其他两种协议。

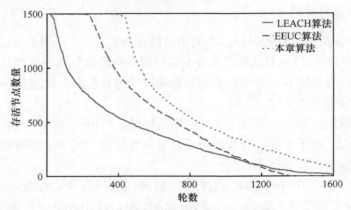

图 10.4　存活节点数量随轮数的变化情况

图 10.5 为三种算法的网络剩余能量随轮数的变化情况。本章算法可以避免自私节点与正常节点通信所造成的能量浪费，同时延长网络的生命周期。从图中也可以看出其能量的消耗最慢，生命周期最长。

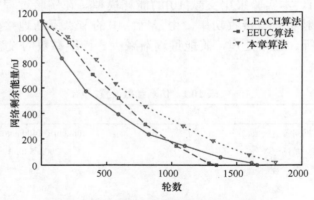

图 10.5　网络剩余能量随轮数的变化情况

图 10.6 为三种算法的网络节点平均剩余能量值随轮数的变化情况。相对于其他两种算法，本章提出的算法具有更高的能量均值，表明其能更好地均衡网络的能量。

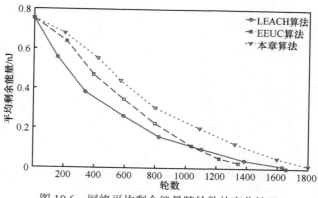

图 10.6 网络平均剩余能量随轮数的变化情况

图 10.7 显示了算法的稳定性。分簇算法越稳定，其每轮生成的簇首数量越一致，因此网络中的能耗也越均衡。分别从三种算法的实验过程中随机选择 100 轮，然后统计出所生成簇首数量的分布情况，结果如图 10.7 所示。

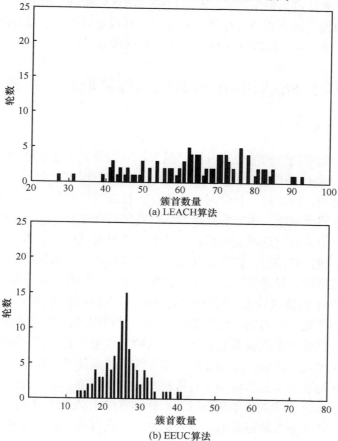

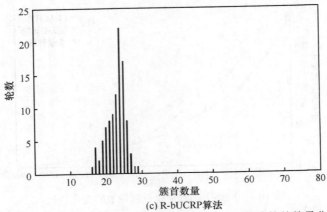

(c) R-bUCRP算法

图 10.7　LEACH 算法、EEUC 算法、R-bUCRP 算法簇首数量分布

由图 10.7 可知，LEACH 算法的簇首数量范围波动较大，这是由于其缺乏有效的簇首竞争方法，只使用随机数和阈值的方法选取簇首。EEUC 算法以及本章提出的算法均使用候选簇首进行竞争的方法，有效地将簇首数量控制在一定的范围内。其中，本章提出的算法生成了更加稳定的簇首数量，具有更好的可靠性。

10.6　基于 Stackelberg 博弈的认知物联网节点择簇方法

10.6.1　问题引入

近年来，随着物联网的快速发展，越来越多的研究已经涉及物联网的智慧特性。认知物联网在物联网的概念中加入认知元素，赋予物联网自主、智慧的特性，使其具有自感知、自决策、自学习、自优化、自调节等智慧特性。基于前面所提的非均匀分簇路由模型，本节重点研究簇首选举后普通节点的择簇问题。

当分簇结束，簇首选举完成后，普通节点选择合适的簇加入。若普通节点只处于一个簇的覆盖范围时，则其直接选择这个簇加入。若普通节点处于两个或多个簇的覆盖范围时，普通节点之间形成竞争关系，它们都倾向于损耗小但服务好的簇加入。CIoT 网络规模大、网络结构复杂，节点分布相对稠密，因此处于多个簇覆盖范围的普通节点的数量可能非常多。而这些节点如果选择不恰当的簇加入，可能会出现某些簇的节点很多但其他一些簇的节点很少的情况，造成某些簇首节点能量的快速消耗。因此，在均衡网络节点能量的条件下设计出一种有效的择簇机制成为认知物联网信息传输领域有待解决的关键问题。本节提出一个基于多主多从的 Stackelberg 博弈的认知物联网节点择簇算法来动态地调节簇首的信誉价格策略和普通节点的服务质量需求，旨在构造一个既有效又信誉可靠的分簇路由模型。本节提到的普通节点均为处于多个簇覆盖范围并准备选择簇加入的节点。

簇首节点为簇成员节点提供通信服务时，会消耗自身的能量，因此，为了补偿簇首节点提供通信服务时造成的能量损耗，簇首节点可以向簇内的成员节点收取一定的虚拟信誉值作为报酬。普通节点选择簇加入时，需要衡量簇首节点的虚拟信誉价格并对簇首节点能够提供的服务进行选择。普通节点可以通过竞争成为簇首来赚取虚拟信誉值。博弈论适用于解决这类问题。文献[11]运用博弈论解决无线用户选择服务提供商的问题。用户不同，效用函数和服务质量需求也不同，因此，需要构建一个通用的信道模型，利用用户效用函数的子博弈完美纳什均衡得到全局最优的结果。文献[12]面向异构对等网络提出一个激励机制用于激励异构节点间的相互协作。该机制综合考虑了节点的异质性与自私性，使用 Stackelberg 博弈为不同信用、不同连接方式的节点提供差异化的激励机制和服务，最大化节点的收益。文献[13]面向多个主用户和多个二级用户解决其频谱分配问题。使用多主多从的博弈模型，二级用户通过转租频谱来降低自身的租赁成本，并采用分散算法寻找纳什均衡点。文献[14]针对小分子网络中的频谱定价、共享以及服务选择问题提出一种两层的动态博弈交易框架。在框架上层，领导者和跟随者依照顺序制定价格策略和公开的接入率。在框架下层，该方法考虑动态服务选择的分布。最后，将一个开环 Stackelberg 平衡作为这个博弈的解。文献[15]提出一种面向认知无线电网络的分布式功率控制算法，有效减少了干扰并满足信号干扰比 SIR(signal-to-interference ratio)与 CRs(cognitive radios)之间的约束关系，实现分布式的功率控制，大大减少了功率的消耗。

本节提出了基于 Stackelberg 博弈的认知物联网节点择簇算法。该算法引入 Stackelberg 博弈机制，簇首节点收取虚拟信誉价格提供传输服务作为报酬，准备入簇的普通节点根据信誉价格策略动态地进行择簇方案的调整。在虚拟信誉价格策略确定的情况下证明普通节点的效用函数符合凹函数的特征，从而确保普通节点间构成的非合作博弈纳什均衡点的存在。最后采用一种分布式的迭代算法，达到认知物联网节点择簇的子博弈完美纳什均衡，保证簇首节点、需要择簇的普通节点都得到了最优的效用，从而保证了网络通信的可靠性，均衡了网络能耗。

10.6.2　相关理论

1. 认知物联网网络模型

本节使用的认知物联网网络模型借鉴传感网的非均匀分簇模型，将整个网络划分为大小不一的多个簇，如图 10.8 所示。本节主要研究的是处于两个或多个簇覆盖范围的重叠区域下的节点择簇问题。

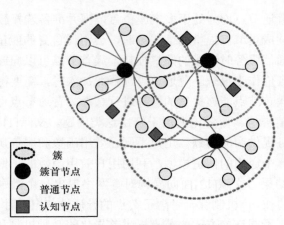

图 10.8　认知物联网网络模型

认知物联网中，节点分为两类：簇首节点和簇成员节点。簇首节点根据簇首竞争规则推举产生，具有更好的自身条件，如剩余能量更多、通信中的能量消耗更少等。簇首节点具有管理簇内的簇成员节点的功能，簇首节点收集簇成员节点采集到的信息进行数据行融合，去除错误信息、冗余信息、无用信息后，将处理后的数据发送给基站。簇成员节点包括认知节点和普通节点。认知节点是将普通节点中加入认知元素，将其赋予智慧特性。认知节点可以感知周围环境，并作出相应决策。

2. Stackelberg 博弈模型

对于多主多从的 Stackelberg 博弈问题，通常采用上下层之间构建主从博弈模型。博弈的参与者有两类：上层的领导者(leader)和下层的跟随者(follower)，如图10.9 所示。

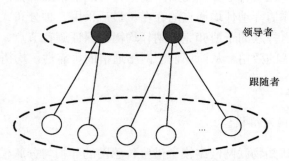

图 10.9　多主多从的 Stackelberg 博弈模型

假设领导者有 m 个，领导者的集合为 $L = \{1, 2, \cdots, m\}$。跟随者有 n 个，跟随者

的集合为 $F = \{1, 2, \cdots, n\}$。本节给出参与者的策略组合、策略集、效用函数的定义。定义领导者的策略组合为 $x = (x_1, x_2, \cdots, x_m)$，跟随者的策略组合为 $y = (y_1, y_2, \cdots, y_n)$。定义领导者的策略集为 X，跟随者的策略集为 Y。定义领导者 i 的效用函数为 $G_i(x, y)$，跟随者 j 的效用函数为 $H_j(x, y)$，其中，$x \in X$，$y \in Y$。由于博弈的领导者和参与者均为多个，则上述模型为一个多主多从的 Stackelberg 模型。

定义 $N(x)$ 表示跟随者的非合作博弈纳什均衡点的集合，其中，x 代表领导者的策略。

$$N(x) = \{F_i(x, y_j^*, y_{-j}^*) \geq F_i(x, y_j, y_{-j}^*)\} \tag{10-11}$$

如果 $y^* = (y_1^*, \cdots, y_j^*, \cdots, y_n^*)$ 满足式(10-11)，则称 y^* 为一个非合作纳什均衡点。

设 $U = \{x, y, G_i(x, y), F_i(x, y)\}$，其中 $i \in L$，$j \in F$。用 U 的效用函数表示多主多从的 Stackelberg 博弈均衡问题，表述为存在 $(x^*, y^*) \in X \times Y$，使得

$$G_i(x_i^*, x_{-i}^*, y^*) \geq G_i(x_i, x_{-i}^*, y^*) \tag{10-12}$$

式中，$i \in L$；$j \in F$；$y^* \in N(x)$。

若任何策略组合 $(x^*, y^*) \in X \times Y$ 满足式(10-12)，则称 (x^*, y^*) 为一个多主多从 Stackelberg 博弈的均衡点，则该博弈达到了子博弈完美纳什均衡。

10.6.3　基于 Stackelberg 博弈的认知物联网节点入簇算法

在认知物联网通信的过程中，簇首节点收集簇内普通节点发来的采集数据，并进行数据融合和相应处理。这几个过程都需要耗费簇首节点的能量。因此，当节点请求加入簇，获得簇首节点服务的同时，需要向簇首节点付出一定的代价。本章使用虚拟信誉价格策略，当簇首选举完成后，簇首节点向簇内节点发送簇首当选通知，并定义加入该簇虚拟信誉价格。对于只处于一个簇覆盖范围的节点，则直接交付相应价格的虚拟信誉值即可成为该簇的成员节点。但如果节点处于多个簇的重叠区域，节点则需要在自己获得服务的收益和加入簇需要支付的价格间进行权衡，然后决定加入哪个簇。

传统分簇路由协议中，处于多个簇重叠区域的节点根据与簇首节点的距离来选择簇加入。由于网络中的节点分布是随机的，当重叠区域节点的数目很大时，若仅考虑节点与簇首节点的距离问题，会造成相邻簇的成员数目相差很大，就有可能使簇首节点的能量消耗不均，因此需要权衡整个网络中簇首节点与簇成员节点的收益问题。同时，由于自私节点的存在，其为了节约自身的能量，只接受其他节点的服务而不为别的节点提供服务或选择性地提供部分服务。使用虚拟信誉

价格策略,若节点自身的虚拟信誉值不足就不能加入簇,无法进行有效的信息传输,因此虚拟信誉价格策略可以对自私节点起到一定的激励作用,激励自私节点通过参与簇首选举或作为中间节点为其他节点进行通信服务来赚取虚拟信誉值。

簇成员节点为了将采集到的数据发送出去,需要依赖簇首节点收集数据并进行数据融合。由于节点的能量、虚拟信誉值有限,它们都会偏向加入通信服务更好、虚拟信誉价格更低的簇,因此簇成员节点之间具有竞争的关系。簇首节点为簇成员节点提供服务的同时通过收取虚拟信誉货币,获得自身的收益,它们之间也存在竞争关系。簇首节点制定价格时,由于簇成员节点能够自主选择一个服务质量和价格更优的簇加入,因此簇首节点需要综合考虑自身进行数据传输所付出的代价、普通节点能够接受的虚拟信誉价格以及其他簇首节点的虚拟价格策略。簇首节点、簇成员节点之间的竞争关系符合多主多从 Stackelberg 博弈问题的特征。

1. 认知物联网中的 Stackelberg 博弈模型

在认知物联网环境下,Stackelberg 博弈模型的参与者分为领导者和跟随者。由于本节研究的是簇重叠区域下普通节点的择簇问题,领导者和参与者的数量都不唯一,因此本节讨论的是多主多从的 Stackelberg 博弈模型。

(1)领导者。领导者可以看作策略的制定者。在认知物联网环境下,定义簇重叠区域的簇首节点是 Stackelberg 博弈模型的领导者。领导者为普通节点提供传输服务(如数据融合、信息传输服务)来满足普通节点的需求,同时,虚拟信誉价格策略也会对普通节点的服务质量的需求策略有一定的影响,从而优化自身效用。

(2)跟随者。在认知物联网环境下,定义跟随者为处于两个或多个簇覆盖范围的每一个普通节点。跟随者作为簇首节点通信服务的需求者。普通节点综合考虑不同簇的虚拟信誉价格以及自身能在簇中获得的服务收益,进而修改对于簇首节点的服务需求策略。

(3)策略。每个普通节点的策略就是向被覆盖簇的簇首节点请求数据的传输、处理服务。由于普通节点面临许多可以选择加入的簇,不同的簇有自己的虚拟信誉价格策略。因此,普通节点的服务需求策略是一个混合策略。对于领导者簇首节点而言,它的策略就是其公布的虚拟信誉价格。若普通簇首节点只提供一种通信服务策略,那么簇首节点的虚拟信誉价格策略则为一个纯策略。

假定在一个簇的重叠区域存在多种不同的簇,它们为簇成员节点提供服务的能力不同,价格也不同。定义簇首节点集为 $L = \{1, 2, \cdots, m\}$,等待加入簇的簇成员节点集为 $F = \{1, 2, \cdots, n\}$,在其重叠区域中的 n 个簇成员节点竞争加入 m 个簇。簇首节点 i 的虚拟信誉价格策略是 p_i,所有簇首节点的虚拟信誉价格策略定义为

$p = (p_1, p_2, \cdots, p_m)$。一个簇成员节点 j 通过簇首节点将收集到的感知数据发送给基站。假定 q_{ij} 表示簇首节点 i 可以为簇成员节点 j 提供服务消耗的能量。定义 $q_j = (q_{ij}, -q_{ij})$ 为当前簇成员节点 j 对于不同簇首节点的能量需求，其中，$-q_{ij}$ 表示簇成员节点 j 对于除簇首 i 外的其他簇首节点的能量需求策略，$q_j = (q_1, q_2, \cdots, q_n)$ 表示所有簇内普通节点的能量需求组合。

簇首节点与重叠区域的簇成员节点间的博弈过程由两个阶段组成。在博弈的第一个阶段，不同的簇首节点首先公布自己的虚拟信誉价格策略 p。等待加入簇的普通节点在收到虚拟信誉价格策略 p 之后，拟定自身的能量需求策略 q。虚拟信誉价格策略确定后，普通成员节点对不同簇的竞争就形成一个非合作博弈，纳什均衡是这个博弈问题的解。在 Stackelberg 博弈的后半阶段，当簇首节点得到簇成员节点的能量需求策略后，对自己之前拟定的虚拟信誉价格进行微调，从而获得最优的效用。其中，(p, q) 作为 Stackelberg 博弈的一个解，代表簇首节点的虚拟信誉价格策略和节点能量需求策略[16]。

2. 参与者效用函数

假定对于簇成员节点 j，其效用函数定义为 $H_j(p, q_j, q_{-j})$，主要由簇成员节点加入簇后获得服务的收益和支付给簇首节点的虚拟信誉价格的损耗组成。其效用函数表示为

$$H_j(p, q_j, q_{-j}) = U_j\left(\sum_{i=1}^{m} q_{ij}\right) - \sum_{i=1}^{m} P_i(p_i, q_{ij}) \tag{10-13}$$

式中，函数 U_j 表示簇成员节点 j 加入以 q_j 为能量需求策略的簇的收益函数；$P_i(p_i, q_{ij})$ 表示簇成员节点加入簇时支付给簇首节点 i 的虚拟信誉值。

由于网络中节点间的通信具有一定的对称性，簇成员节点加入簇得到服务的收益可以近似看成节点对簇首能量需求的收益。使用对数函数表示簇成员节点的效用函数，如式(10-14)所示：

$$U(x) = \delta \ln(1 + x) \tag{10-14}$$

式中，δ 是用户体验参数，且 $\delta > 0$；x 为成员节点与簇首节点之间通信的总能耗。

对于簇首节点给出的虚拟价格策略 p，重叠区域的簇成员节点拟定自己对不同簇首的能量需求策略。最为理想的状态是：通过 Stackelberg 博弈过程，每个簇成员节点都能够选择到自己的最优策略 q_j^*，即领导者获得最大的效用函数 F_j，即 $\max\{F_j(p^*, q_j, q_{-j}^*)\}$，其中 p^* 和 q_{-j}^* 代表博弈中的其他簇首节点和簇成员节点都选

择到了最优的虚拟价格策略和能量需求策略。

对于普通加入簇所支付的虚拟信誉价格策略使用线性的价格方案 $\sum_{i=1}^{m} P_i(p_i, q_{ij}) = \sum_{i=1}^{m} p_i q_{ij}$ ，其中，用 p_i 表示簇首节点 i 的虚拟信誉价格策略，q_{ij} 表示节点 j 对簇首节点 i 的能量需求策略。簇成员节点 j 的效用函数则可表示为

$$H_j(p, q_j, q_{-j}) = \delta_j \ln\left(1 + \sum_{i=1}^{m} q_{ij}\right) - \sum_{i=1}^{m} p_i q_{ij} \tag{10-15}$$

对于簇首节点，不考虑其他开销，其效用函数即为其收益函数，用 $G_i(p_i, q)$ 表示。簇首节点的效用函数代表的是簇首节点向簇成员节点提供服务所获得的虚拟信誉值。定义第 i 个簇首节点的收益函数为 $G_i(p_i, q) = \sum_{i=1}^{m} p_i q_{ij}$ 。簇首节点希望得到最优的虚拟信誉价格来获得最大的收益。如果价格定得很低，加入该簇的节点很多，即使簇首节点能够获得较多的虚拟信誉值，但该簇首节点需要向更多的成员节点提供服务，能量消耗过快，使得该簇首节点过早死亡，导致需要进行下一轮的簇首节点选举。如果价格定得很高，簇成员节点就会选择其他簇加入，使得该簇首节点的收益减少。因此，簇首节点需要制定适中的虚拟信誉价格。假设簇首节点的最优虚拟信誉价格为 p_i^* ，则簇首节点的最优效用为 $\max\{G_i(p_i, p_{-i}^*, q^*)\}$ 。

3. 非合作博弈的纳什均衡

当簇首节点获得的效用最大，簇成员节点处于纳什均衡时，可以得到博弈的最优解。当达到纳什均衡点时，无论是簇首节点还是需要选择簇加入的普通节点都不会再擅自改变自己的策略，即使某一个参与者改变了自己的策略，也不会再提高自己的收益，由此确保整个网络区域的最优性和稳定性。但并不是每个非博弈合作都能够找到纳什均衡点，因此首先需要判断是否存在纳什均衡点。

定理 10-1　对于给定的虚拟信誉价格 p ，如果以 $H_j(p, q_j, q_{-j})$ 为效用函数的节点是非合作关系的，那么存在纳什均衡点 q^* 。

证明　根据纳什均衡点存在性条件[17]，对节点 i 的效用函数 $H_j(p, q_j, q_{-j})$ 求一阶偏导可得

$$h_j(q_{ij}) = \frac{\partial H_j(p, q_j, q_{-j})}{\partial q_{ij}} = \frac{\omega_j}{1 + \sum_{i=1}^{m} q_{ij}} - p_i \tag{10-16}$$

对节点 i 的效用函数 $H_j(p, q_j, q_{-j})$ 求二阶偏导得

$$\frac{\partial H_j^2(p, q_j, q_{-j})}{\partial q_{ij}^2} = -\frac{\delta_j}{\left(1 + \sum_{i=1}^{m} q_{ij}\right)^2} < 0 \tag{10-17}$$

式中，$\delta_j > 0$；$q_{ij} > 0$。即 $h_j(q_{ij})$ 是单调递减函数，成员节点的效用函数是严格的凹函数，因此纳什均衡点是存在的。

4. Stackelberg 博弈问题求解

对于 Stackelberg 博弈问题，这里不使用逆向归纳法获得 Stackelberg 博弈的子博弈完美纳什均衡解。因为逆向归纳法需要参与者知道彼此的完全信息。但在认知物联网中，这一条件难以达成。因此，本节使用分布式迭代算法用于获取 Stackelberg 博弈的子博弈完美纳什均衡解。在此算法中，参与者只需要知道一些局部信息。

假设在时刻 t，簇首节点的虚拟信誉价格策略为 $p(t)$。需要加入簇中的节点在接收到簇首节点的虚拟信誉价格策略后，调节自己的能量需求策略，使其达到纳什均衡。在此过程中使用一个动态模型描述 Stackelberg 博弈过程。其中，能量需求的改变与成员节点效用函数的改变成正比。表示为

$$\frac{dq_{ij}}{d\theta} = q_{ij}' = \frac{\partial H_j(p(t), q_j, q_{-j})}{\partial q_{ij}} \tag{10-18}$$

式中，θ 为时间变量。在 $\theta \sim \theta+1$ 的时间段内，簇成员节点 j 的能量需求策略迭代方程可以表示为

$$q_{ij}(\theta+1) = q_{ij}(\theta) + u_j q_{ij}' \tag{10-19}$$

式中，u_j 表示簇成员节点 j 的能量需求策略调节步长。

当簇成员节点达到纳什均衡后，簇首节点根据簇成员节点的能量需求策略调节自己的虚拟信誉价格策略。可以使用边界收益表示虚拟信誉价格策略对其效用的影响，表示为

$$p_i' = \frac{\partial G_i(p(t), q(t))}{\partial p_i(t)} \approx \frac{G_i(\cdots, p_i(t)+\varepsilon, \cdots) - G_i(\cdots, p_i(t)-\varepsilon, \cdots)}{2\varepsilon} \tag{10-20}$$

式中，ε 为虚拟信誉价格一个小的变化量。在 $t \sim t+1$ 时间段内，簇首节点 i 的虚拟信誉价格策略迭代方程为

$$p_i(t+1) = p_i(t) + v_i p_i' \tag{10-21}$$

式中，v_i 为簇首节点 i 的虚拟信誉价格策略调节步长。

在簇成员节点根据簇首节点的虚拟信誉价格策略调节能量需求策略从而达到纳什均衡的过程中，簇首节点必须保证自己的策略不变，等待簇成员节点加入簇，并达到一个稳定的状态。这个等待的时间长度即为簇首迭代一次的时间，记为 Δt。在每个 Δt 中，普通用户同样存在一个迭代时间，记为 $\Delta \theta$，用于得到簇成员节点的最优策略。对于整体网络而言，簇首节点和簇成员节点迭代的最终结果是它们都得到了自己的最优策略 p^* 和 q^*，Stackelberg 博弈也得到了完美子博弈纳什均衡 (p^*, q^*)。

迭代过程具体如下：

(1)簇首节点在每一个时刻 t，根据式(10-20)和式(10-21)计算其虚拟信誉价格策略 p。

(2)在每一个时刻 θ，簇成员节点根据收到的簇首节点的价格策略，通过式(10-18)和式(10-19)调整自己的能量需求策略 q。直到簇成员节点的效用函数达到最大值，每个成员节点都实现纳什均衡为止。

(3)判断参与博弈的簇首节点是否取得最优效用，若取得最优效用，停止迭代。否则，在 $t+1$ 时刻，簇首节点根据成员节点的能量需求策略，返回步骤(1)继续进行迭代过程。

10.6.4 仿真实验及性能分析

当簇的数量很多时，网络总可能存在 2 个簇重叠覆盖、3 个簇重叠覆盖甚至多个簇重叠覆盖区域同时存在的情况，在这样的环境下讨论 Stackelberg 博弈解的难度将大大增加，因此，仿真场景选取一个由两个簇组成的网络环境，在共同覆盖区域存在 50 个普通节点。本节研究内容在 Intel(R)Core(TM)i3-2130 处理器，3.40GHz，4GB 内存，Windows7 操作系统的实验 PC 上，利用 MATLAB(R2010b)进行仿真实验。详细的仿真参数设置如表 10.2 所示。

表 10.2　仿真参数设置

参数	数值
网络覆盖区域	(0m,0m)~(100m,100m)
基站位置	(50m,200m)
节点数量	50
节点初始能量	0.75J
数据包大小	4000bit
E_{elec}	50nJ/bit
ε_{fs}	10pJ/(bit·m^2)
ε_{mp}	0.0013pJ/(bit·m^4)
E_{fusion}	5nJ/bit

　　本节在基于信誉模型的认知物联网非均匀分簇模型的基础上，对认知物联网节点的择簇模型进行分析。图 10.10 是簇首节点的迭代过程中虚拟信誉价格的变化曲线。簇首节点 1 的初始虚拟信誉价格为 0.3。由于价格低廉，大量普通节点申请加入簇 1，若簇 1 的簇首节点一直使用该信誉价格，则会导致其能量迅速减少，因此簇首节点 1 持续增加自身的虚拟信誉价格以控制申请入簇节点的数量。簇首节点 2 的初始虚拟信誉价格为 0.52，相对簇首节点 1 的虚拟信誉价格偏高，申请入簇的普通节点较少，因此簇首节点 2 降低自身的虚拟信誉价格以吸引普通节点并赚取更多的信誉值。到了第 10 次迭代，簇首节点 1 和簇首节点 2 的虚拟信誉价格的变化曲线趋于平稳。

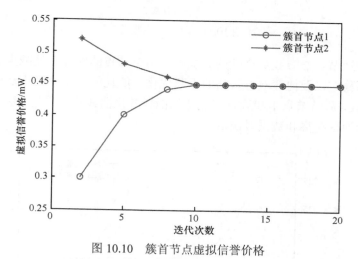

图 10.10　簇首节点虚拟信誉价格

　　图 10.11 描述了簇首节点在迭代过程中收益值的变化曲线。簇首节点 1 和簇首节点 2 的收益随迭代次数的增加而逐渐增大。在迭代开始初期，由于簇首节点 1 的虚拟信誉定价较低，吸引了较多的普通节点申请加入该簇，因此迭代初期，簇首节点 1 的收益大于簇首节点 2。之后，随着迭代过程的推进，簇首节点 1 逐渐提高其虚拟信誉价格，簇首节点 2 逐渐减低其虚拟信誉价格，两个簇首逐步均衡其虚拟信誉价格和能量消耗两个方面，因此两个簇的簇首节点的收益曲线均稳固上升。到第 10 次迭代，簇首节点 1 和簇首节点 2 的收益变化曲线趋于平稳。

　　图 10.12 描述了普通节点在迭代的过程中其能量消耗的变化曲线。在迭代初期，普通节点 1 和普通节点 2 的初始能耗基本一致。随着迭代过程的推进，普通

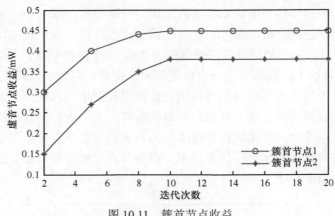

图 10.11　簇首节点收益

节点 1 和普通节点 2 寻找更合适的簇加入，两个节点的能耗迅速减少。随着网络环境的不断稳定以及博弈双方策略的不断优化，能耗的变化速度逐渐放缓。到了第 10 次迭代，簇首节点 1 和簇首节点 2 的能耗变化曲线趋于平稳。这时的能耗主要由节点的通信距离和数据量决定。

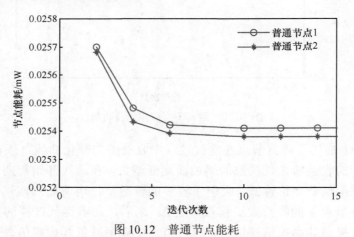

图 10.12　普通节点能耗

　　由图 10.13 可以得到认知物联网 Stackelberg 博弈的子博弈完美纳什均衡。图中，两条曲线分别是簇 1 和簇 2 的虚拟信誉价格曲线。两条曲线的交汇处即为纳什均衡点。该点处的虚拟信誉价格策略为 $p*$，其对应坐标为簇 1 和簇 2 的最优价格策略。此时，任意一个簇都不会轻易修改自己的虚拟信誉价格，因为即使簇首节点修改自己的虚拟信誉价格也不会增大其收益。

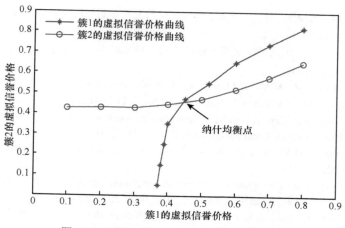

图 10.13 簇 1 和簇 2 的虚拟信誉价格曲线

10.7 小   结

物联网的发展对传统网络技术提出新的挑战。由于认知物联网存在较多自私节点影响路由的决策性能，为了优化认知物联网路由决策机制，本章提出一种基于信誉模型的认知物联网非均匀分簇路由算法：采用非均匀分簇方法，引入信誉机制，减少了正常节点与自私节点通信造成的能量浪费，有效地增加了网络的可靠性。通过候选簇首节点竞争簇首的方法，优化了簇首节点的选择。实验结果表明，该算法能够有效地均衡网络能耗、延长网络生存周期、增加网络可靠性。

此外，簇重叠区域存在大量普通节点，若这些节点选择加入不恰当的簇，会造成能量的大量损耗。因此，本章在非均匀分簇路由算法的基础上，提出一种基于 Stackelberg 博弈的认知物联网节点择簇算法：综合考虑簇首节点的虚拟信誉价格和准备择簇节点的通信服务需求，使用多主多从 Stackelberg 博弈方法分析簇首节点和普通入簇节点之间的交互关系，使网络系统达到子博弈完美纳什均衡。

参 考 文 献

[1] Mitola J, Maguire G. Cognitive radio:Making software radios more personal. IEEE Pers Commun, 1999, 6(4):13–18.

[2] 陈海明, 崔莉, 谢开斌. 物联网体系结构与实现方法的比较研究. 计算机学报, 2013, 36(1):168–188.

[3] Ciobanu R, Dobre C, Dascălu M, et al. SENSE:A collaborative selfish node detection and incentive mechanism for opportunistic networks. Journal of Network & Computer Applications, 2014, 41(1):240–249.

[4] Tang J, Wang Y. Improved EEUC routing protocol for wireless sensor networks. Journal of Chongqing University of Posts & Telecommunications, 2013, 25(2):172–177.

[5] 陈涛, 罗永健, 肖福刚, 等. 一种基于成簇优化的无线传感器网络非均匀分簇算法. 计算机科学, 2014, 41(S1):289–292.

[6] 蒋畅江, 石为人, 唐贤伦, 等. 能量均衡的无线传感器网络非均匀分簇路由协议. 软件学报, 2012, 34(5):1222–1232.

[7] Roy D B, Chaki R. MADSN:Mobile agent based detection of selfish node in MANET. International Journal of Wireless & Mobile Networks, 2011, 3(4):225–235.

[8] Michiardi P, Molva R. Core:A collaborative reputation mechanism to enforce node cooperation in mobile ad hoc networks//Proceedings of IFIP TC6/TC11 Sixth Joint Working Conference on Communications and Multimedia Security:Advanced Communications and Multimedia Security, Portoroz, 2002:107–121.

[9] Zhang Z, Ho P, Naït-Abdesselam F. RADAR:A reputation-driven anomaly detection system for wireless mesh networks. Wireless Networks, 2010, 16(8):2221–2236.

[10] Yao Y, Cao Q, Vasilakos A V. EDAL:An energy-efficient, delay-Aware, and lifetime-balancing data collection protocol for wireless sensor networks. IEEE/ACM Transactions on Networking , 2013, 23(3):810–823.

[11] Gaji V, Huang J, Rimoldi B. Competition of wireless providers for atomic users. IEEE/ACM Transactions on Networking, 2010, 22(2):512–525.

[12] Kang X, Wu Y. Incentive mechanism design for heterogeneous peer-to-peer networks:A stackelberg game approach. IEEE Transactions on Mobile Computing, 2015, 14(5):1018–1030.

[13] Pang D, Zhu M, Hu G, et al. Spectrum sublet game among secondary users in cognitive radio networks// International Conference on Wireless Algorithms, Systems and Applications, Qufu, 2015:427–436.

[14] Zhu K, Hossain E, Niyato D. Pricing, spectrum sharing, and service selection in two-tier small cell networks:A hierarchical dynamic game approach. IEEE Transactions on Mobile Computing, 2014, 13(8):1843–1856.

[15] Al-Gumaei Y, Noordin K, Reza A, et al. A new SIR-based sigmoid power control game in cognitive radio networks. Plos One, 2014, 9(10):e109077–e109077.

[16] Myerson R B. Game Theory. Boston:Harvard University Press, 2013.

[17] Rosen J. Existence and uniqueness of equilibrium points for concave N-person games. Econometrica, 1965, 33(3):520–534.

第11章 认知物联网动态激励机制

11.1 概 述

随着物联网智慧性的提升，用户对物联网中个性化的服务需求也变得越来越复杂，各个应用服务的服务质量需要网络中的节点进行有效的协作才能得到最大化的保证。认知物联网所具备的自组织、自感知、自配置和自优化等特性在满足当前网络需求的同时也会增加网络管理的难度。该方向的研究认为，某节点在获得其他节点相应的资源后，其本身也会无私地贡献出自己的资源来帮助其他节点完成相应的任务。但实际中存在的一部分节点并不愿意牺牲自身的资源来帮助其他节点，这种现象称为节点的自私性。认知物联网是由多个相对独立的自治域组成的，各个自治域中的网络性能目标也不尽相同，与此同时，认知物联网底层的节点往往是一些具有能量限制且自身处理能量有限的节点，所以节点会出现自私性的现象也将成为必然。因此，为了保证网络整体的运行性能，对认知物联网中的自私节点实施有效的监管，并依据监管结果对节点进行必要的激励，促使其协作完成共同的网络业务行为将成为一个有待解决的研究内容。

在现有研究成果中，信誉机制成为一种相对理想的方案，用来减少自私节点对网络性能的影响。而基于信誉激励机制的基本思想是通过监听节点的行为对其信誉等级进行评估，之后利用节点的信誉值判断节点何时需要进行有效的激励。当网络的性能通过节点之间的协作得到提升后，参与协作的这些节点将会得到相应的报酬，而不参与协作的节点将被认定为自私节点，并进行相应的惩罚。是文献[1]中的两种方法是两种出现比较早的监管网络自私节点的方案。Watchdog利用节点相互监听下一跳节点的行为来防止自私节点的产生；Pathrater 利用获取到相应节点的行为对该路径进行信任评估，从而尽可能地避免路径上出现存在问题的节点。

根据现在网络的需求，信任管理领域的研究热点将会偏向于分布式信誉管理模型，并且网络计算、P2P、传感网络、移动计算和普适计算等领域已经出现了针对自私节点进行信誉管理的研究。

经典的信誉管理技术有基于统计的信誉模型[2]、普适信任管理模型[3]、Hassan模型[4]、Dirichlet信任算法[5]、模糊信任模型[6]和基于云模型的信任算法[7]等。

文献[8]中针对车载 Ad Hoc 网络(vehicle Ad Hoc network，VANET)提出一种基于马尔可夫链的信誉模型，每辆车可以根据网络中自己邻居车辆的行为做出监测和更新信任度的操作。文献[9]中针对P2P网络中的恶意节点,分析了 PeerTrust-Like 机制,并给出其数学描述,形式化地描述了利用节点间的相似度来计算信任值。文献[10]描述了一种信任评估模型,它利用路径相似度以及信息的相似度评估节点的可信程度,并以此作为反馈,自适应地对网络中节点的信任度进行调节。文献[11]提出一种基于自治域间相互协作的电子邮件信誉管理系统——CARE,有效提高了电子邮件系统的可靠性和效率。文献[12]设计了一个分布式协同自治系统发表的信誉机制,该机制基于历史路由的有效性统计结果,采用后验概率分析的方法,抑制不变路由行为,有效地提高了域间路由系统的总体安全性。移动 Ad Hoc 网络中的自私节点降低了多跳连接,为了提升数据从源节点到目的节点间的合作,文献[13]利用看门狗检测机制来控制中继节点正确转发数据包,并收集有关潜在自私节点的信息来减少节点的自私行为和增加有效路由的能力。

　　针对认知物联网的特性,本书以其他文献中提出的传统信任管理模型为基础,分析了其优点和不足,并基于传统信任管理模型提出基于信誉的认知物联网多域协作动态激励机制 C2R,在计算节点信誉值时权衡直接评价和间接评价。在考虑时间因素的同时,引入惩罚值约束信誉值过高的节点,同时在原有模型中加入响应模块,依据信誉值对节点进行分类并实施相应的激励措施,最后为提升方案的应用范围,引入多域协作思想,使节点进行跨域评价时更为客观真实。

11.2　传统信誉管理模型

　　已有的信誉管理方案[14]通过基站的设立,实现了对 Ad Hoc 网络中节点行为的评估和监管。模型中设计了相应的信誉管理模块,可以有效地控制节点的行为,并且对自私节点采取动态的激励措施。它的主要功能体现为对节点的有效监控,并根据节点的行为得出节点相应的信誉值,之后通过对每个节点设置虚拟的账户,对网络中节点信誉值高的节点进行奖励,并对节点信誉值低的节点进行惩罚,具有一定的动态特征。节点的行为主要是通过节点接收和转发数据包的情况进行判定。

　　其主要优点如下:

　　(1)由于考虑了多方面的节点信任影响因素,因此信任关系的产生具有实时动态特性。

　　(2)对于节点由于消极转发数据而造成的网络性能降低有着较强的抵抗能力,并且可以较为敏感地察觉节点行为,具有一定的自适应性。

　　(3)其中的算法相对简单,收敛速度快,具有良好的可扩展性。

　　其主要不足如下:

(1)没有考虑到多个节点为了共同的利益而产生的集体欺骗行为。

(2)节点信誉值的计算通常只在小范围内进行评估，无法体现全局信誉对局部信誉的影响。

(3)缺乏对自私节点不良行为的惩罚，导致最终只获得了节点的信誉却无法促使自私节点转发数据。

11.3　基于信誉的认知物联网多域协作动态激励机制

在认知物联网体系中，各式各样的节点(如笔记本电脑、智能手机、打印机、路由器等)在一定范围内形成了一个自治域。自治域之间主要通过该自治域中的认知代理进行有效的互联互通。为了加强计算节点信誉值的客观性和准确性，本书将节点时间衰减因素纳入节点信誉计算过程中，而且节点信誉值容易评估。因为节点可能由某一次意外行为而造成错误的评估，所以将自治域全局信誉也考虑在内，避免了节点信誉评估的偶然性。当需要进行跨域评估时，需要进行多域协作来获得自治域间的信任关系，使节点的跨域评价更为准确。

本书提出的基于信誉的认知物联网多域协作动态激励机制主要包括 5 个功能，分别为邻居节点监听、节点信誉计算、节点收支计算、动态响应激励和多域协作机制，如图 11.1 所示。

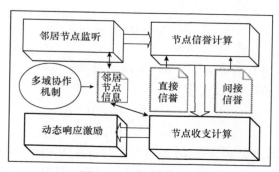

图 11.1　C2R 系统模型

11.3.1　邻居节点监听

邻居节点监听主要是为了对各个邻居节点的相关信息进行收集。认知物联网中的认知节点都可以对自己的邻居节点表进行相应的维护。具体邻居节点表格式如表 11.1 所示，其中包括该节点的邻居节点 ID、自治域 ID、节点的信誉值、自治域信誉值和节点费用。认知节点以 T_p 为周期向其他认知节点查询并更新邻居节点的信息，T_p 可根据网络变化程度进行相应的调节。

表 11.1   邻居认知节点信息列表

节点 ID	信誉值	费用	账户	自治域 ID	自治域信誉值
Node(a)	RV(a)	γ / RV(a)	AC(a)	AD$_1$	DR$_1$
Node(b)	RV(b)	γ / RV(b)	AC(b)	AD$_2$	DR$_2$
Node(c)	RV(c)	γ / RV(c)	AC(c)	AD$_3$	DR$_3$
⋮	⋮	⋮	⋮	⋮	⋮

认知节点之间相互监听邻居节点的转发行为时主要用到 RF 和 HF 两个数据包数量统计参数，分别表示请求转发数和实际转发数。如图 11.2 所示，如果节点 i 需要向节点 n 发送数据包，那么它需要通过中间节点 j。

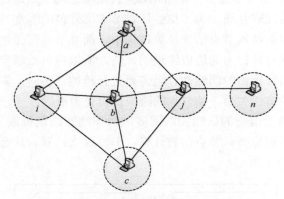

图 11.2   邻居节点监听原理

因此利用统计得到的请求转发数和实际转发数，可以在一定的周期内计算出节点可靠度 φ，$\varphi(j)$ 的计算公式为

$$\varphi_i(j) = \frac{\mathrm{HF}_i(j)}{\mathrm{RF}_i(j)} \tag{11-1}$$

式(11-1)说明周期 T_p 内，节点 j 的可靠度与自身转发数据包的数量成正比。之后缓存计算出来的 $\varphi_i(j)$、$\mathrm{HF}_i(j)$、$\mathrm{RF}_i(j)$ 值，以便进行节点信誉值的计算。

11.3.2   节点信誉计算

利用节点监听获得的节点可靠度、请求转发数以及实际转发数，可以计算得出节点的信誉值。同时权衡直接信誉、间接信誉来减小信誉评价的主观偏差，并使用相应的惩罚措施来加强信誉值评估的实时性。

节点信誉评价(RV)由节点直接信誉值(RV$_{\mathrm{dir}}$)、间接信誉值(RV$_{\mathrm{indir}}$)以及惩罚值(P)组成，具体公式为

$$\text{RV}(n) = \alpha \text{RV}_{\text{dir}}(n) + \beta \text{RV}(n)_{\text{indir}} - \omega P(n) \tag{11-2}$$

式中，$\alpha + \beta + \omega = 1$。

式(11-2)中的 RV_{dir} 是根据监听获得主体和客体的直接交互所评估得出某一节点的信誉值，加入了时间因素对节点评估的衰退影响。由于认知物联网中节点自身处于动态变化中，可以把时间分为一个个的时间段进行表示，设为 $t_1, t_2, \cdots, t_n$，具体的应用场景决定了相应时间段的长度，其时间衰退函数表示为

$$g(k) = g_k = \rho_{\text{fade}}^{n-k}, \quad \rho_{\text{fade}} \in (0,1) \cap k \in [1,n] \tag{11-3}$$

式中，ρ_{fade} 表示时间衰减率，即距离当前时间越远，其参考价值越小，则直接信誉值计算公式表示为

$$\text{RV}_{\text{dir}}(n) = \frac{\sum_{i \in S_N \cup (\varphi_i(n) > \theta)} \varphi_i(n) g_k \cdot \text{RV}_{\text{indir}}}{\sum_{i=1}^{n} \varphi_i(n) g_k} \tag{11-4}$$

式中，i 是 n 的邻居节点；S_N 是 n 的邻居节点的集合；RV_{indir} 是提供监听节点的信誉值；θ 是可靠度阈值，低于阈值的节点行为会被认为是不良的。

P_t 为节点之间的交易如果出现不良行为需要接受处罚的代价，其计算公式为

$$P_t = \frac{\sum_{k \in T_k} g_k \max[0, \text{RV}_{\text{indir}\,t}^k(i,j) - \text{RV}_{\text{dir}\,t}^k(i,j)]}{\sum_{k \in T_k} g_k} \tag{11-5}$$

式中，$\text{RV}_{\text{indir}\,t}^k(i,j)$ 和 $\text{RV}_{\text{dir}\,t}^k(i,j)$ 分别为 k 时间段内，节点 i 可以得到的所有关于节点 j 的间接信誉值和直接信誉值。最后根据不同自治域的环境，利用式(11-2)，得到的节点信誉值可用于下一步的节点收支计算。

11.3.3　节点收支计算

节点收支计算是为了使不同信誉值的节点获得不同的待遇，即进行惩罚或不进行惩罚，这样的方式可有效保证节点之间的公平性，防止自私行为的发生。

在这一步骤中，节点收支的计算是通过认知节点邻居节点表中的数据进行有效的计算。相应的计算公式为

$$M(n) = \frac{\gamma}{\text{RV}(n)} \tag{11-6}$$

式中，γ 表示一个具有连续性的权值；$M(n)$ 表示数据包在传输过程中的开销。很显然，如果节点拥有越多的信誉值，那么它的传输开销也将越低。

认知节点将对每个邻居节点构建一个收益统计 sum，如果认知节点 n 需要向其他节点发送数据包，则该节点的收益将会减少，而路径中帮助转发这一数据包

的节点的收益将会增加，可以记为 $M_l(n) \cdot \text{RFS}_l(n)$，$\text{RFS}_l(n)$ 为周期 T_p 中节点 n 发送到其他节点数据包的总量，l 为每个周期开始的时刻，如 $t_0, t_0 + T_p, \cdots, t_0 + mT_p$。当其他节点转发数据包时，节点 n 的账户会增加 $\gamma \cdot \text{HFS}_l$，其中 γ 为节点 n 转发数据包的连续奖励，HFS_l 为周期 T_p 内节点 n 转发数据包的总量。因此节点 n 的账户可计算为

$$\text{AC}(n) = \text{sum} - \sum_{l=t_0}^{t_0+mT_p} M_l(n) \cdot \text{RFS}_l(n) + \gamma \sum_{l=t_0}^{t_0+mT_p} \text{HFS}_l \tag{11-7}$$

11.3.4　动态响应激励

动态响应激励是通过感知到的节点信誉值，利用设定的阈值判断是否为自私节点，同时决定何时需要对节点采取激励措施。可利用设定的阈值 μ 认定节点是协作或者自私。一旦节点被认为是自私节点，它将受到一段时间的惩罚，在这段时间内，它将无条件地转发接收到的数据包直到恢复其信誉。惩罚时间 T 为

$$T = \begin{cases} \dfrac{\mu - \text{RV}}{\mu} T_0, & 0 \leqslant \text{RV} < \mu \\ 0, & \mu \leqslant \text{RV} \leqslant 1 \end{cases} \tag{11-8}$$

式中，μ 表示主观设定的阈值；T_0 表示基准惩罚时间。当节点信誉值高于阈值则不进行惩罚，否则，按照 RV 与 μ 之间的比例设置惩罚时间。经过动态响应激励之后需要重新判断一个节点的状态，更新信誉表中的节点状态，并通过认知节点通知网络中的其他节点。

11.3.5　多域协作机制

开放的网络环境下，信任关系的建立是实现跨自治域资源共享与协作的前提。当节点信誉评估涉及多个自治域的节点参加时，需要利用多域协作，提升其应用范围。在多域协作过程中，每个自治域中的 CA 或 CN 需要维护其自身的邻居节点信息表，更新与信誉相关的内容，此时的 CA 或 CN 即作为该自治域的代表节点，负责与其他自治域中的代表节点进行通信联络，达到多域协作的目的，并获得各自治域宏观的信誉值。假设 CA 和 CN 会正确处理关于信誉的相关数据，并且已通过加密机制保证了自治域间交互的信誉管理信息的完整性。

用有向图 $C=(D,V)$ 表示认知物联网，其中 D 表示自治域，V 表示自治域间的信任关系。$V(d_i, d_j)$ 即表示自治域 d_i 对自治域 d_j 的直接信誉值，$\text{DR}(d_i, d_j)$ 则表示两个自治域传输路径的信誉值，该信誉值的计算是基于两个自治域之间成功转发数据包与发送数据包总量的比值。

当某一自治域中的节点需要向其他自治域中的节点转发数据包时，自治域之间传输路径的信誉值即可作为判断依据。同时，该信誉值也是该自治域全局信誉的一种表现方式，自治域的信誉值保存在该自治域 CA 中。当跨域进行节点信誉评价时，可以认为信誉值包括域内评价值和域间评价值，例如，自治域 AD_m 中的节点 i 在该自治域中的信誉评价为 $RV_{d_m}(i)$，自治域 AD_n 中的节点 j 也存有对节点 i 的信誉值 $RV_{d_n}(i)$，即 i 的跨域评估信誉值可用式(11-9)计算得出：

$$RV(i) = RV_{d_m}(i) \cdot [DR(d_m, d_n)RV_{d_n}(i)] \tag{11-9}$$

通过多域协作机制，在进行节点跨自治域评估信誉值时可更加客观准确地得到相应的节点信任关系。

11.4 仿真实验及性能分析

11.4.1 仿真设置

本章提出的基于信誉的认知物联网多域协作动态激励机制是利用 NS2 仿真工具进行实验验证的。在实验之前先进行如下假设：自治域内不存在受到攻击或可以攻击其他节点的恶意节点，且自治域内的节点都可提供正确的节点信誉值评估。仿真实验只考虑固定的范围内，利用一定量的移动认知节点来体现认知物联网，并通过节点不同的转发概率来对普通节点和自私节点进行区分。假设认知节点均具有自我调节功能，当节点被认定为自私节点后，节点需要在相应的惩罚时间内强制更改自身转发概率，以加强节点自身的可靠度，从而逐步提高节点相应的信誉值。当节点完成相应的惩罚恢复到正常节点时，其转发概率也会随之恢复到之前的概率值。

为了便于实验分析，实验场景设置为 50 个移动节点随机分布在 1000m×300m 的场景中。使用 IEEE 802.11 作为网络接口，传输覆盖半径为 250m，认知物联网中节点的初始坐标和运动方向都是随机的。实验次数为 25 次，每次 300s。通过定时定量地随机选定源节点和目的节点，使每个节点有发送以及接收数据包的机会，其中自私节点占总节点数量的比例分别是 0%～60%，正常节点丢包率为 0.4，而自私节点的丢包率为 0.7。具体仿真参数设置如表 11.2 所示。

表 11.2 仿真场景设置

参数	数值
MAC 层	IEEE 802.11
模拟范围	1000m×300m
节点数量	50
最大速率	1～20m/s

续表

参数	数值
信号覆盖半径	250m
传播模型	双径传播
业务类型	CBR
数据包大小	512B
数据包传输速率	4pkt/s
节点最大连接数	20
监听周期	15s
信誉阈值	0.5

完成相关仿真参数的设置后，为了更好地表现实验的客观性，实验设置 50 个认知节点随机分布在模拟场景中，同时以 10%为间隔，设置了自私节点占总节点数量比例为 0%～60%。图 11.3 为其中一次的节点分布。

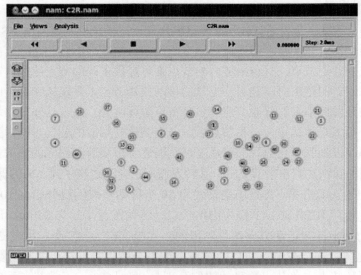

图 11.3　NS2 中节点的随机分布

11.4.2　性能分析

使用较为广泛的自组织路由协议AODV 作为本章提出优化激励机制的路由选取方案，表示为 AODV+C2R；对照实验分别为 AODV+传统激励方案，表示为AODV+RTE；没有加入任何激励机制的方案，即只有 AODV 协议，表示为 AODV。假设自私节点转发数据包的概率为 30%，正常节点转发数据包的概率为 60%，同时每次实验通过增加自私节点的比例来对路由有效吞吐量、实际有效吞吐量、丢包数以及 C2R 机制下的节点信誉值实验前后的变化进行测试。

1. 路由有效吞吐量

由图 11.4 可知，在有效吞吐量方面，随着网络中初始化自私节点比例的提升，三组实验的路由有效吞吐量也有明显的变化，其中 AODV+C2R 方案的吞吐量要优于 AODV+RTE 方案以及没有加入激励机制的原始 AODV 方案。实验反映出 C2R 机制可以对网络中节点的自私行为进行适当的抑制。由曲线可以看到，本章的解决方案随着自私节点的增加，吞吐量下降较慢且相对稳定。

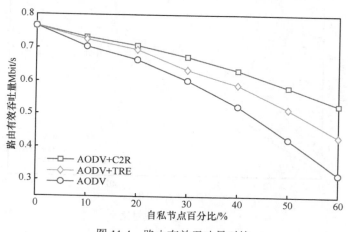

图 11.4　路由有效吞吐量对比

2. 实际有效吞吐量

由图 11.5 可知，没有加入激励机制的原始方案 AODV 和加入经典信誉激励

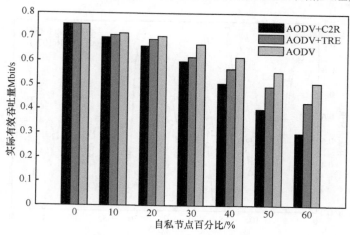

图 11.5　实际有效吞吐量对比

机制的方案 AODV+TRE 在实验效果上都没有本章提出方案的吞吐量数值高。本章提出的方案可以利用多域协作进行全局网络的信誉评估激励，使激励方案的应用范围得到相应的提高，不仅在路由方面提高了吞吐量，并且提高了网络整体的有效吞吐量。

3. 丢包数

图 11.6 说明 C2R 激励机制中的响应模块促使信誉值低的自私节点强制转发数据包。因此随着自私节点比例的增加，丢包数并没有大幅增加，增幅相对平稳。

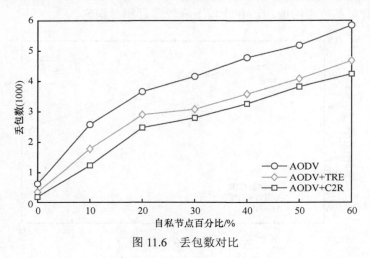

图 11.6　丢包数对比

4. 节点信誉值

图 11.7 表示 C2R 机制在自私节点比例为 60%时，各节点的信誉值在仿真进行至 150～300s 时的对比。

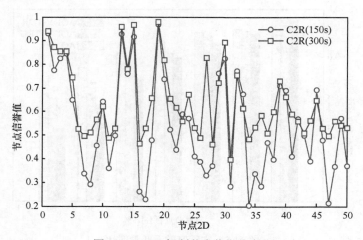

图 11.7　C2R 机制节点信誉值变化

可以看出，实验结束时，之前高信誉值的节点变化并不明显，但信誉值较低的节点有了明显的改善。这是由于对自私节点进行了相应的惩罚，促使其无条件转发数据包，进而提高了节点自身的信誉值，使整个网络中自私节点的比例有了明显的下降。

11.5　小　　结

为了改善网络中自私节点对网络性能的影响，本章针对认知物联网的自主管理需求，基于信誉概念设计了基于信誉的认知物联网多域协作动态激励机制，并建立相关模型。基于现有的信誉评估模型，完善了节点信誉评估的方法，并通过多域协作的思想，实现节点跨自治域的信誉评估，加强了节点信誉评估的客观性和准确性，最后根据计算出的节点信誉值对节点实施激励转发策略，保证了网络的利用效率，提高了路由传输效率。仿真实验验证了所提方案的有效性。

参　考　文　献

[1] 汪洋, 林闯, 李泉林, 等. 基于非合作博弈的无线网络路由机制研究. 计算机学报, 2009, 32(1):54–68.

[2] 李勇军, 代亚非. 对等网络信任机制研究. 计算机学报, 2010, 33(3):390–405.

[3] 李小勇, 桂小林. 大规模分布式环境下动态信任模型研究. 软件学报, 2007, 18(6):1510–1521.

[4] Jameel H, Xuan H L, Kalim U, et al. A trust model for ubiquitous systems based on vectors of trust values//Proceedings of IEEE International Symposium on Multimedia, Hong Kong, 2005:478–453.

[5] Fung C, Zhang J, Aib I, et al. Dirichlet-based trust management for effective collaborative intrusion detection networks. IEEE Transactions on Network and Service Management, 2011, 8(2):79–91.

[6] 唐文, 胡建斌, 陈钟. 基于模糊逻辑的主观信任管理模型研究. 计算机研究与发展, 2005, 42(10):1654–1659.

[7] 王守信, 张莉, 李鹤松. 一种基于云模型的主观信任评价方法. 软件学报, 2010, 21(6):1341–1352.

[8] Gazdar T, Rachedi A, Benslimane A, et al. A distributed advanced analytical trust model for VANETs//Proceedings of 2012 IEEE Global Telecommunications Conference, Anaheim, 2012:201–206.

[9] Miao W, Xu Z, Zhang Y, et al. Modeling and analysis of peertrust-like trust mechanisms in P2P Networks//Proceedings of Global Communications Conference, Anaheim, 2012:2689–2694.

[10] Wang X, Govindan K, Mohapatra P. Provenance-based information trustworthiness evaluation in multi-hop networks//Proceedings of 53rd IEEE Global Cornmunications Conference, Miami, 2010:1–5.

[11] Xie M, Wang H. A collaboration-based autonomous reputation system for email services//

Proceedings of Infocom, San Diego, 2010:1–9.

[12] 胡宁, 邹鹏, 朱培栋. 基于信誉机制的域间路由安全协同管理方法. 软件学报, 2010, 21(3):505–515.

[13] Rodriguez-Mayol A, Gozalvez J. Reputation based selfishness prevention techniques for mobile ad-hoc networks. Telecommunication Systems, 2014, 57(2):181–195.

[14] Shen H, Li Z. ARM:An account-based hierarchical reputation management system for wireless Ad Hoc networks//Proceedings of International Conference on Distributed Computing Systems Workshops, Beijing, 2008:370–375.

第 12 章　认知物联网自主调节策略

12.1　概　　述

物联网作为新兴产业，已逐渐成为继互联网后信息产业发展新的增长点，它实现了人与物、物与物的互联，大大方便了人们的生活和工作。智能技术在物联网中的应用也将极大地影响人们的现实生活。由于物联网是以互联网为核心的应用拓展，因此物联网的发展较互联网而言面临更严峻的安全挑战。①传感器节点安全。传感器节点呈现多源异构性，通常情况下运算速度低、携带能量少，因此，节点运行的软件就不能做得十分复杂，这使节点无法拥有比较完善的安全保护能力，在面对伪造报文和窃听等恶意攻击行为时相当脆弱。②传感网安全。传感网中节点数量庞大，例如，Zigbee 协议在同一网络内最多可支持 65535 个节点，TinyOS 支持的节点数量也无严格限制，大量数据发送可使网络拥塞，产生拒绝服务攻击。此外，现有网络的安全架构都是从通信的角度设计的，对以物为主体的物联网，要建立适合感知信息传输与应用的安全架构。③业务安全。物联网业务平台有不同的类型，如云计算、分布式系统、海量信息处理等，这些平台要为上层服务和行业应用建立起高效、可靠和可信的系统，而大规模、多平台、多业务类型使业务安全日益复杂且难以控制。可见，物联网的安全特征体现了感知信息的多样性、网络环境的多样性和应用需求的多样性。网络规模和数据量大，决策控制复杂，这些都给安全研究提出了新的挑战。

自律计算根据系统的内外需求变化自主调整软、硬件资源来提高服务性能，被认为是实现系统自治、解决系统安全性能下降问题的新的有效途径。不少研究人员开始借助自律思想，解决系统的可靠性、可信性、可用性等问题，当前，自律计算已成为国际前沿领域一个具有多学科交叉性质的研究热点。在物联网自律安全研究方面，近期发表的参考文献中逐渐出现了具有自律特征的分布式网络安全、提供理论参考的自律网络通信安全模型及平台和面向自律管理的安全控制研究。此外，自律网络中无线信息理论安全机制为物联网的自律安全策略研究起到积极的推动作用。由于物联网自律安全研究尚处于起步阶段，目前与其直接相关的文献资料相对较少，但已有研究所展现的良好应用前景和迅猛发展趋势，都为借鉴计算机网络与系统自律安全机制和方法，充分结合物联网本身的属性特征，实现自律特性与物联网安全的深度融合，寻求物联网自律安全的发展趋势和核心本质提供了理论参考和技术方向。因此，本课题组提出智慧物联网自律安全

(autonomic security)理念，自律安全通过充分发挥物联网的分布式系统优势，通过自律思想与安全策略的有机耦合，赋予物联网智慧特性，使物联网系统具备在复杂动态的安全环境中，自主保障服务质量和恢复其规定系统状态的能力，其自律特性涵盖自感知、自配置、自愈合等层面的内容。

本章将从智慧物联网自律安全的自配置角度出发，采用线性规划及与多维无约束最优化相结合的方法研究物联网系统安全配置的自主协同调节策略，通过簇用户协作方法实施智慧物联网安全要素层内与层间的配置调节，以实现一个物联网安全策略配置、性能优化和自身安全性自主管理的方法。

12.2 相 关 工 作

针对系统不同的安全时序阶段和感知结果，找出与自律计算的契合点，在非确定及混杂异构环境下，从信息处理、配置决策、优化策略等多个角度分析物联网系统的自主配置机理，是保障物联网系统安全属性自主配置和维护系统整体安全的核心研究内容。系统安全性能的自律配置成为国内外的热点研究问题。文献[1]建议在具有较好收敛属性的传输层和应用层，根据 QoS 对其动态性和不确定性分别考虑鲁棒性、自适应性和分布式优化方法。在安全服务优化方面，文献[2]提出一种以中间件形式工作的安全服务，能够动态改变两个对等实体间的安全协议。配置优化策略的研究根据系统类型和操作方式的不同而各有特色。文献[3]提供了当系统的操作变化时，能够采用机器学习技术来自动推导风险自适应策略，以重配置网络安全架构的思路。针对移动目标位置的情况，文献[4]提出一种新的基于传感器泰森多变形几何中心的自主配置机制。文献[5]研究了以降低无线传感器网络的能耗为目标的可进化自学习机制。这些配置优化策略为各自领域的配置实施提供了不同的思路。文献[6]以自主计算系统的自优化模型和自配置模型为研究内容，重点研究面向服务的自治计算的自配置方法，为自治计算在自配置、服务匹配、策略以及系统的开发实现等发面的研究进行了有益的系统性尝试，提出解决问题较通用的方法，为自治计算研究工作的系统化和标准化做出了贡献。但是，针对某类服务的性能优化无法满足计算系统安全性的整体优化方面，目前的服务匹配算法有一定的局限性。

认知网络被定义为一种具有感知过程的网络，其可以感知当前的网络状况，然后根据这些状况计划、决定并执行决策[7]。从网络角度看，通过学习，认知方法可逐步提高智能管理、网络接口控制、连接及基于上下文的 QoS 协商[8,9]。作为认知网络的两个主要自主功能，自我配置和自我优化在网络中的意义重大。在认知网络体系中，认知管理实体(cognitive management entity,CME)[10]需要完成认知引擎功能。

物联网即加即用(plus and play)技术可以完成物联网服务发现、智能配置、服务映射等功能，具有支持异构网络通信、动态网络扩展、协同信息处理等特点。为实现即加即用的关键功能智能配置，文献[11]提出一种模糊自适应配置方法 EasiFLC(easinet fuzzy logic control)。通过真实场景的实验表明，EasiFLC 在应用层需求、无线通信环境、感知层拓扑结构变化时，通过动态调整网络参数以最小代价保证服务质量，具有较好的网络环境适应性和鲁棒性。

在通过网络配置保证系统稳定性层面，文献[12]设计了一种无须人工干预实现 WSN 实时监测和自动配置的系统，文献[13]设计了一个面向服务的三层物联网体系结构，用户可以使用统一的命令灵活方便地控制不同类型的节点。

数据提供与获取服务能够提高服务效率和服务质量。数据提供和缓存服务可以根据上下文信息来准备信息，以此提高服务效率和质量[14,15]。针对高计算复杂度问题，文献[16]提出一个新的快速自配置算法。编码拓扑信息的逻辑地址作为数据中心网络(data center network,DCN)的一个新趋势，它可以帮助提高可扩展性和路由效率。在自动配置方面，以前的研究大多忽略了给定的拓扑结构的相关属性，造成计算复杂度的提升。文献[17]提出一种新的基于中心点的自动配置算法，其中，使用与网络互联相关联的特定加权图的基尔霍夫指数 KI 作为用户通信吞吐量的代理。在其他相关领域，自动配置也得到广泛的研究与应用，如 VPN 的自动配置以及使用模糊集的智能配置。文献[18]通过基于 IP 的 VPN 自动配置、解释和分组机制确定了一套全面的目标，用于分析目标的优势和弱点。文献[19]针对移动应用提出一种基于上下文感知的智能配置推荐方法，其利用模糊集从记录中获取上下文与配置之间的关系，并将配置的合理性、构件的一致性以及用户的自定义配置等特点纳入考虑范围。文献[20]提出了一种联合波束控制与调度算法，并描述了基于该算法的一个实现系统。

12.3 策略分析与建模

12.3.1 问题分析

物联网系统分布地域广泛、组成单元众多、耦合关系复杂，是具有分布复杂特性的网络系统。作为一个多源异构的融合网络，物联网安全要素(security element)受其体系结构安全要素及安全威胁的制约，具有多层次多维度的特性，如图 12.1 所示。

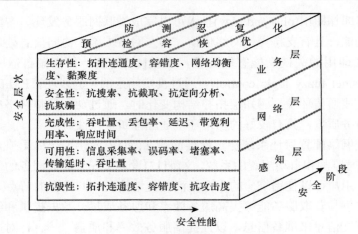

图 12.1　多层次多属性物联网安全需求

物联网安全的多层次多属性具体体现在以下几个方面：

(1)感知层设备安全问题。①终端设备的物理安全问题。由于物联网可取代人来完成一些复杂、危险和机械的工作，因此物联网的终端设备多数部署在无人监控的场景中。如果破坏者接触到这些设备，就可以通过本地操作对物联网系统制造破坏活动。②感知设备的安全问题。感知设备通常由于功能单一、能量有限而无法拥有完备的安全防护能力。③嵌入物品内标签的安全问题。RFID 标签在计算能力和功耗方面的局限性导致其自身没有足够的防护能力，易被攻击者操控。

(2)网络层传输安全问题。①地址庞杂。与互联网不同，物联网会分配给每个物品一个独立的 IP 地址，全球约需几千亿个 IP 地址，是目前 IPv4 协议远远不能满足的。②数据传输链路具有脆弱性。物联网的数据传输一般借助无线、红外线等射频信号进行通信，在通信的过程中没有任何物理或可见的接触，而无线网络固有的脆弱性使 RFID 系统极易受到各种形式的攻击。③数据传输协议标准不一。物联网在核心网络之间使用的是现有的互联网通信协议，但是核心网络与终端设备之间的通信并没有统一的标准，多数是通过无线信号进行传输，这将导致终端设备信号传输过程中难以得到有效的防护，易被攻击者劫持、窃听甚至篡改。

(3)应用层服务安全问题。①使用便捷。理论上，物联网可以将任何物品连接起来，解决人与物、物与物的无线操作和远程控制。许多需要人工操作或亲临现场的工作都可以通过物联网完成，减少了人工成本。②服务类型繁复。物联网中存在大量不同的应用服务，每类服务都有自己独特的服务对象。通过对每类服务进行聚类，实现一小类服务的标识，再对一小类服务的标识聚类实现一大类服务的标识，最终实现服务的树状结构并与互联网连通，这就造成了物联网中服务类型的繁杂性和多样性。

12.3.2　安全指标提取

在各个层次中，安全要素的种类是多元的。例如，感知层的信息要经过信息感知、获取、汇聚、融合、传输、存储、挖掘、决策和控制等处理流程。感知设备和采集方式的差异性使其本身具有独特性，因此影响本层安全的感知安全要素来自感知节点的安全性、感知与汇聚点的资源限制、信息采集的安全性、信息传送的私密性等几方面，应该防止节点伪装、节点能耗增加、信号泄露与干扰、信息篡改、感知软/硬件损坏、非授权使用、感知数据破坏、感知数据窃取等可能存在的安全问题。作为物联网的核心数据转发层次，网络层的网络安全判断需要同时考虑到网络可信与安全性、数据和隐私的安全、路由协议的可靠性。对抗传输带宽被占用、安全威胁的快速传播、报文窃取、报文篡改、报文销毁、协议破坏、flooding/LEACH/PEGASIS/SPIN 等路由协议所带来的缩短网络寿命、等待时延过长、能量消耗巨大等问题。应用层则依据所面向应用的内容特性、工作环境、操作管理等的不同情境而呈现不同的安全属性。应用层依据应用领域及管理机制的不同，应用安全要素受服务行业、访问控制、信息存储、管理模式的制约，包括服务类型、服务对象、隐私保护、异构网络的认证、应用终端的远程签约识别、病毒/黑客/恶意软件的攻击、3G 终端的非法利用、内部身份认证、管理契约等多方面内容。

从多元安全要素中提取并抽象影响系统安全性能的关键安全要素，并将其影射至系统的安全性能指标，是第一步工作。本章选取的系统安全性能指标和关键安全要素如下。

(1)生存性。生存性描述的是系统在部件随机性失效的情况下的可靠性。生存性不仅和系统的拓扑结构有关，也和系统部件的故障概率、外部故障以及维修策略等因素有关。主要受拓扑连通度(簇用户)、容错度、网络均衡度、黏聚度、端端可靠度、K 端可靠度、全端可靠度、路由覆盖率、业务性能的影响。

(2)安全性。安全性包括物理安全、数据安全、网络安全和应用安全，是系统抗搜索、抗截取、抗定向分析、抗欺骗等抗外界入侵的能力。

(3)完成性。完成性是指系统在任务开始时可用性一定的情况下，在规定的任务剖面内的任一随机时刻，系统正常运行或降级完成服务要求的能力，主要体现在吞吐量、丢包率、延迟、带宽利用率、响应时间、资源利用率等方面。

(4)可用性。可用性指在规定的条件下，在规定时间内的任意时刻，网络系统保持可工作或可使用状态的能力，主要基本测度参数包括信息采集率、误码率、堵塞率、传输延时、吞吐量、并发用户数量、软件的容错性等。

12.3.3　优化模型

物联网的安全要素具有明显的多层多维特性，这些安全要素使物联网安全的自我配置和自我调节能力受到限制。因此，在这种情景下，一步到位的安全调节是不存在的。面向物联网系统的安全指标，将自律的理念融合至决定系统综合安全性能的安全要素的单层用户协同微调过程中，在实现单层配置优化的基础上，实现系统的多层整体安全性能调节，即由微观至全局、由单层到多层的自主配置与调节，可达到系统整体安全配置的自我更新与优化。

本章从最优资源配置的角度来研究保障系统的安全性，基于簇用户协作的自律思想，通过寻找系统组成结构的关键点或薄弱环节，采用线性规划和多维无约束最优化原理来考虑系统的单层与全局安全性问题，然后对系统进行优化配置，最终通过优化层内和层间安全要素的配置达到保障系统安全的目的。系统优化模型如图 12.2 所示。

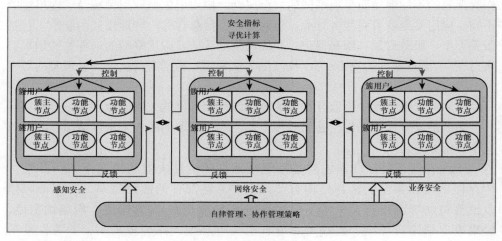

图 12.2　系统优化模型

通过考察系统安全检测指标与簇用户安全要素变化规律之间的映射关系，如感知节点伪装和能耗增加对物理安全的影响规律、传输带宽被占用和安全威胁的快速传播对网络安全的影响关系、应用终端的远程签约识别和病毒/黑客/恶意软件的攻击与业务安全之间的变化规律等，激发簇节点之间的沟通与协作，实现单层寻优的局部微调和全局寻优的最佳配置。在分析系统安全检测指标与簇用户安全要素变化规律时，结合各层的功能特性与安全属性，从层内的各个细节和环节上建立监控量的变化规律函数，以此作为线性优化的基础，并计算和求解各层的优化配置，之后根据计算的值调节层内簇用户配置，在此基础上采用多维无约束最优化方法实现全局配置寻优，并将配置需求以全局反馈的形式反馈给各层簇用户，从全局角度触发安全配置优化。最终达到稳定系统工作状态、预防系统事故发生、保障系统安全运行的目的。系统的优化配置流程如图 12.3 所示。

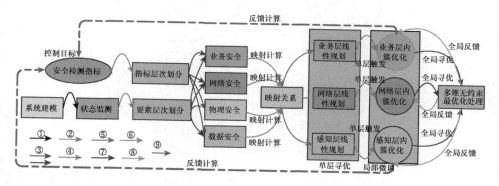

图 12.3　优化配置流程图

12.3.4　簇用户协作

由优化工作流程可见，以安全检测指标的提升为控制目标的调节策略，其最终落足点需要依赖于各层内部的局部优化，即微调。因此，局部微调的微调对象的抽象分析与微调过程的形式化描述，是自调节模型建立之前首先要讨论的对象。

定义 12-1(簇用户)　物联网的某层中，按照功能耦合程度的紧密性，划分出实现该功能的最小功能元素节点集合，每一个集合为一个簇，每一个簇有一个簇内主节点，其他元素节点称为功能节点。簇用户的功能体现在层内(平面)和层间(立体)两个层面上。簇用户是按照功能划分的最小功能元素节点集合，就安全属性而言，簇用户可以具化为衡量某层特定安全性能的一个安全要素。

簇用户层内功能。在安全层次的每一层中均存在着多个以功能耦合的紧密程度所形成的簇用户，每个簇包含一个主节点和若干功能节点。簇内主节点是整个簇用户的集中控制核心，负责收集、存储、更新本簇内的功能节点信息与状态，保障系统安全性能的正常运作。受单层触发的激励，簇内主节点将根据安全检测指标的提升目标，自主调配簇内节点的组合关系，并在需要的时候，与其他簇用户的主节点发生交互，通过参数传递、消息会话等方式进行沟通和协调，并协同完成簇用户的集合更新与功能配置优化，实现面向安全检测指标提升的单层局部优化。簇内功能节点则根据功能划分协作完成簇用户的既定功能，定时向主节点汇报状态信息，并在微调过程中，遵照主节点的调配，动态迁移所属簇。簇用户的平面分布如图 12.4 所示。

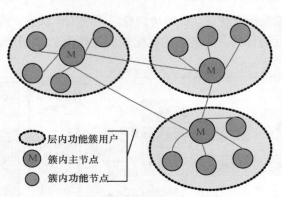

图 12.4　单层功能簇用户平面图

　　簇用户层间功能。单层寻优过程完成后，多维无约束最优化处理的方法将在全局寻优的目标指导下，形成全局反馈，指导簇用户内部及簇用户之间功能节点的二次协同与优化；并在三层簇用户内部优化的基础上，激发层间簇用户主节点之间的交互，面向全局优化的需求，重新组合层内节点的功能耦合，并完成层间相互支撑簇用户的重新布排。三层功能簇用户的协作过程如图 12.5 所示。

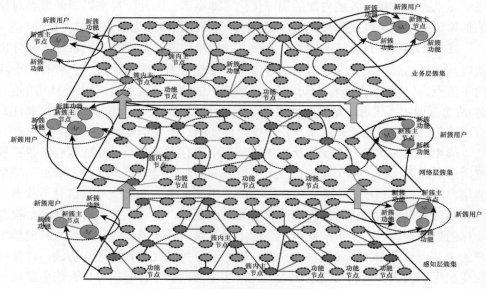

图 12.5　簇用户协作立体图

12.4　最优资源配置

12.4.1　要素抽取及描述

　　感知层安全要素(security element of perception layer,E_p)中，信息采集率

(information collection rate，C_r)、黏聚度(cohesiveness，C_h)、端到端可靠度(terminal pair reliability，T_r)、资源利用率(resource utilization，R_u)将作为关键要素影响本层的感知生存性(survivability of perception，SV_p)、感知安全性(safety of perception，SF_p)、感知完成性(completion of perception，CP_p)、感知可用性(availability of perception，AB_p)。由此可知，感知生存性 SV_p 受端到端可靠度 T_r 和信息采集率 C_r 的制约，其计算公式为

$$SV_p = \sum_i (\varpi_{1i} E_{p1i}) = \varpi_{11} T_r + \varpi_{12} C_r, \quad \sum_i \varpi_{1i} = 1 \tag{12-1}$$

感知安全性 SF_p 受端到端可靠度 T_r、资源利用率 R_u 和黏聚度 C_h 制约，其计算公式为

$$SF_p = \sum_i (\varpi_{2i} E_{p2i}) = \varpi_{21} T_r + \varpi_{22} R_u + \varpi_{23} C_h, \quad \sum_i \varpi_{2i} = 1 \tag{12-2}$$

感知完成性 CP_p 受信息采集率 C_r 和资源利用率 R_u 制约，其计算公式为

$$CP_p = \sum_i (\varpi_{3i} E_{p3i}) = \varpi_{31} C_r + \varpi_{32} R_u, \quad \sum_i \varpi_{3i} = 1 \tag{12-3}$$

感知可用性 AB_p 受信息采集率 C_r 和黏聚度 C_h 制约，其计算公式为

$$AB_p = \sum_i (\varpi_{4i} E_{p4i}) = \varpi_{41} C_r + \varpi_{42} C_h, \quad \sum_i \varpi_{4i} = 1 \tag{12-4}$$

网络层安全要素(security element of network layer，E_N)中，路由覆盖率(route coverage，R_c)、响应时间(response time，R_t)、丢包率(packet loss rate，P_r)、抗定向分析度(antidirectional analysis，A_d)作为关键要素影响本层的网络生存性(survivability of network，SV_N)、网络安全性(safety of network，SF_N)、网络完成性(completion of network，CP_N)、网络可用性(availability of network，AB_N)。

网络生存性 SV_N 受响应时间 R_t、丢包率 P_r、抗定向分析度 A_d 和路由覆盖率 R_c 制约，其计算公式为

$$SV_N = \sum_i (\varpi_{1i} E_{N1i}) = \varpi_{11} R_t + \varpi_{12} P_r + \varpi_{13} A_d + \varpi_{14} R_c, \quad \sum_i \varpi_{1i} = 1 \tag{12-5}$$

网络安全性 SF_N 受抗定向分析度 A_d、丢包率 P_r、路由覆盖率 R_c 和响应时间 R_t 制约，其计算公式为

$$SF_N = \sum_i (\varpi_{2i} E_{N2i}) = \varpi_{21} A_d + \varpi_{22} P_r + \varpi_{23} R_c + \varpi_{24} R_t, \quad \sum_i \varpi_{2i} = 1 \tag{12-6}$$

网络完成性 CP_N 受响应时间 R_t 和丢包率 P_r 制约，其计算公式为

$$CP_N = \sum_i (\varpi_{3i} E_{N3i}) = \varpi_{31} R_t + \varpi_{32} P_r, \quad \sum_i \varpi_{3i} = 1 \tag{12-7}$$

网络可用性 AB_N 受丢包率 P_r 和响应时间 R_t 制约，其计算公式为

$$AB_N = \sum_i (\varpi_{4i} E_{N4i}) = \varpi_{41} P_r + \varpi_{42} R_t, \quad \sum_i \varpi_{4i} = 1 \tag{12-8}$$

业务层安全要素(security element of business layer，E_B)中，抗截取度

(antiinterception degree，A_i)、输入识别度(inputrecognition，I_r)、软件的容错性(fault tolerant of software，F_t)、并发用户数量(number of concurrent users，N_c)作为关键要素影响本层的业务生存性(survivability of business，SV_B)、业务安全性(safety of business，SF_B)、业务完成性(completion of business，CP_B)、业务可用性(availability of business，AB_B)。

业务生存性 SV_B 受软件的容错性 F_t、抗截取度 A_i 和并发用户数量 N_c 制约，其计算公式为

$$SV_B = \sum_i (\varpi_{1i} E_{B1i}) = \varpi_{11} F_t + \varpi_{12} A_i + \varpi_{13} N_c, \quad \sum_i \varpi_{1i} = 1 \quad (12\text{-}9)$$

业务安全性 SF_B 受输入识别度 I_r、抗截取度 A_i 和软件的容错性 F_t 制约，其计算公式为

$$SF_B = \sum_i (\varpi_{2i} E_{B2i}) = \varpi_{21} I_r + \varpi_{22} A_i + \varpi_{23} F_t, \quad \sum_i \varpi_{2i} = 1 \quad (12\text{-}10)$$

业务完成性 CP_B 受并发用户数量 N_c 和软件的容错性 F_t 制约，其计算公式为

$$CP_B = \sum_i (\varpi_{3i} E_{B3i}) = \varpi_{31} N_c + \varpi_{32} F_t, \quad \sum_i \varpi_{3i} = 1 \quad (12\text{-}11)$$

业务可用性 AB_B 受软件的容错性 F_t 和并发用户数量 N_c 制约，其计算公式为

$$AB_B = \sum_i (\varpi_{4i} E_{B4i}) = \varpi_{41} F_t + \varpi_{42} N_c, \quad \sum_i \varpi_{4i} = 1 \quad (12\text{-}12)$$

12.4.2　局部优化

定义 12-2[优化代价(optimization cost，OC)]　在给定安全要素初始取值的前提下，在层内进行局部优化时，面向安全性能最大化的安全要素取值必定发生变化，发生该变化的离差称为本次的优化代价。例如，在业务层中，安全要素集合 $E_B = \{F_t, A_i, N_c, I_r\}$，若初始安全要素值分别为 F_{t0}、A_{i0}、N_{c0}、I_{r0}，最优化配置为 F_{tOC}、A_{iOC}、N_{cOC}、I_{rOC}，则本次层内调节的优化代价可表示为 $OC = \sum (|F_{tOC} - F_{t0}|, |A_{iOC} - A_{i0}|, |N_{cOC} - N_{c0}|, |I_{rOC} - I_{r0}|)$。

定义 12-3[局部最优化目标(local optimization object，LO)]　以本层的安全性能最大化为目标的最优配置与优化代价差值的最大值为局部优化目标。需要说明的是，层内调节中，以最小的代价实施最优的配置为本次调节的理想目标，但由于最优配置和优化代价同时受安全要素取值的制约，因此，在实际应用中，选取两者差值的最大值为本次的最优化目标。

定义 12-4[可变要素 $\alpha(0 \leqslant \alpha \leqslant 1)$]　除了几个关键要素值外，决定安全性能指标的剩余变量值称为可变因素 $\alpha(0 \leqslant \alpha \leqslant 1)$，可变因素 α 与关键因素综合值 $\beta(0 \leqslant \beta \leqslant 1)$ 确定的安全性能指标为理想安全性能值 1，即 $\alpha + \beta = 1$。

定义 12-5(配额弥补) 某项关键要素特别突出时，能够有效弥补系统安全性能，可采用该关键要素的配额弥补来提升系统的安全性能。例如，$T_r + 3C_h = \beta$ 或者 $2C_r + R_u = 1$。

12.4.3 感知层局部优化

1)构造优化目标函数

$$f(E_P) = \sum \varpi_p(SV_p, SF_p, CP_p, AB_p)$$

$$= \sum [\varpi_{SV_p} \sum_i (\varpi_{1i} E_{p1i}), \varpi_{SF_p} \sum_j (\varpi_{2j} E_{p2j}), \varpi_{CP_p} \sum_k (\varpi_{3k} E_{p3k}), \varpi_{AB_p} \sum_l (\varpi_{4l} E_{p4l})]$$

$$(12\text{-}13)$$

因此，感知层优化目标为

$$\max f(E_P) = (\varpi_{SV_p} \varpi_{11} + \varpi_{SF_p} \varpi_{21})T_r + (\varpi_{SV_p} \varpi_{12} + \varpi_{CP_p} \varpi_{31} + \varpi_{AB_p} \varpi_{41})C_r$$

$$+ (\varpi_{SF_p} \varpi_{22} + \varpi_{CP_p} \varpi_{32})R_u + (\varpi_{SF_p} \varpi_{23} + \varpi_{AB_p} \varpi_{42})C_h \qquad (12\text{-}14)$$

$$s.t. \begin{cases} T_r + C_r + R_u + C_h = \beta \\ 配额弥补项 \\ T_r, C_r, R_u, C_h \leqslant \beta \\ T_r, C_r, R_u, C_h \geqslant 0 \end{cases}$$

此外，$\sum \varpi_{1i} = 1, \sum \varpi_{2j} = 1, \sum \varpi_{3k} = 1, \sum \varpi_{4l} = 1, \sum (\varpi_{SV_p}, \varpi_{SF_p}, \varpi_{CP_p}, \varpi_{AB_p})$
$= 1, 0 \leqslant \beta \leqslant 1$。

2)标准化处理

标准化处理后得到的优化函数为

$$\min z = -(\varpi_{SV_p} \varpi_{11} + \varpi_{SF_p} \varpi_{21})T_r - (\varpi_{SV_p} \varpi_{12} + \varpi_{CP_p} \varpi_{31} + \varpi_{AB_p} \varpi_{41})C_r$$

$$- (\varpi_{SF_p} \varpi_{22} + \varpi_{CP_p} \varpi_{32})R_u - (\varpi_{SF_p} \varpi_{23} + \varpi_{AB_p} \varpi_{42})C_h \qquad (12\text{-}15)$$

$$z = -f(E_p) \qquad (12\text{-}16)$$

3)算例分析

保持标准化处理后的目标函数不变，将上述优化条件中的配额弥补项具化为 $(T_r + 3C_h = \beta) \wedge (2C_r + R_u = 1)$，则当前的优化条件变成

$$s.t. \begin{cases} T_r + C_r + R_u + C_h = \beta \\ T_r + 3C_h = \beta \\ 2C_r + R_u = 1 \\ T_r, C_r, R_u, C_h \leqslant \beta \\ T_r, C_r, R_u, C_h \geqslant 0 \end{cases}$$

为了体现一般性，对目标函数中的权重 ϖ_{SV_p}、ϖ_{SF_p}、ϖ_{CP_p}、ϖ_{AB_p}、ϖ_{1i}、ϖ_{2j}、

ϖ_{3k}、ϖ_{4l} 和关键因素综合值 $\beta(0 \leqslant \beta \leqslant 1)$ 进行随机赋值。需要说明的是，关键因素综合值 β 一定是大于可变要素 $\alpha(0 \leqslant \alpha \leqslant 1)$ 的，因此，在本算例中，$\beta > 0.5$。基于以上条件，计算目标函数 z 在任何条件下的最优解。具体计算结果如表 12.1 所示。

表 12.1　算例运算结果

ϖ_{SV_p}	ϖ_{SF_p}	ϖ_{CP_p}	ϖ_{AB_p}	ϖ_{11}	ϖ_{12}	ϖ_{21}	ϖ_{22}	ϖ_{23}	ϖ_{31}
0.532	0.167	0.221	0.08	0.674	0.326	0.846	0.1	0.054	0.579
0.315	0.256	0.12	0.309	0.258	0.742	0.289	0.543	0.168	0.426
0.567	0.023	0.125	0.285	0.563	0.437	0.659	0.232	0.109	0.349
0.257	0.367	0.313	0.063	0.736	0.264	0.159	0.101	0.74	0.601
0.359	0.063	0.213	0.365	0.144	0.856	0.265	0.507	0.228	0.389
0.467	0.174	0.222	0.137	0.289	0.711	0.164	0.058	0.778	0.689
0.356	0.251	0.066	0.327	0.678	0.322	0.013	0.165	0.822	0.156
0.369	0.222	0.101	0.308	0.103	0.897	0.749	0.111	0.14	0.365
0.746	0.116	0.105	0.033	0.819	0.181	0.722	0.022	0.256	0.356
0.458	0.259	0.036	0.247	0.568	0.432	0.322	0.368	0.31	0.643
0.583	0.211	0.046	0.16	0.458	0.542	0.268	0.253	0.479	0.364

ϖ_{32}	ϖ_{41}	ϖ_{42}	T_r	C_r	R_u	C_h	β	f	配额弥补
0.421	0.586	0.414	0.05	0.5	0	0.25	0.8	0.2097	
0.574	0.268	0.732	0	0.6178	0	0.3089	0.612	0.3103	
0.651	0.458	0.542	0.005	0.5	0	0.25	0.755	0.2519	
0.399	0.364	0.636	0	0.5342	0	0.2671	0.71	0.2322	
0.611	0.458	0.542	0.147	0.5	0	0.25	0.897	0.3418	$T_r + 3C_h = \beta$
0.311	0.514	0.486	0.194	0.5	0	0.25	0.944	0.3599	
0.844	0.898	0.102	0.245	0.5	0	0.25	0.995	0.3291	$2C_r + R_u = 1$
0.635	0.566	0.434	0	0.5521	0	0.276	0.689	0.3448	
0.644	0.823	0.177	0.106	0.5	0	0.25	0.856	0.1823	
0.357	0.589	0.411	0.018	0.5	0	0.25	0.768	0.2349	
0.636	0.521	0.479	0.062	0.5	0	0.25	0.812	0.2725	

由表 12.1 可知，当各类权重和 β 进行有效值范围内的任意值设定时，感知层的 4 个关键要素都能够根据目标安全性能的需求寻求到最优解。同时，由于配额弥补项的选取比较特殊，安全要素 R_u 的取值始终为 0，但这并不影响在最优解基础上进行局部最优化目标的计算。因此，在此基础上，依据定义 12-2 和定义 12-3 中对优化代价和局部最优化目标的定义推导出该算例的局部最优化目标计算公式如下：

$$
L_{o} = \begin{cases} \sum_{i} ep_{i_0}, & \forall ep_i \in E_p, \text{满足} ep_{i_0} \leqslant ep_{i_{OC}} \\ \sum_{j,k} (|\,2ep_{j_{OC}} - ep_{j_0}\,|, ep_{k_0}), & \forall ep_j \in E_p, \text{满足} ep_{j_0} > ep_{j_{OC}}, \text{同时} \forall ep_k \in E_p, \text{满足} ep_{k_0} \leqslant ep_{k_{OC}} \\ \sum_{i} |\,2ep_{i_{OC}} - ep_{i_0}\,|, & \forall ep_i \in E_p, \text{满足} ep_{i_0} > ep_{i_{OC}} \end{cases}
$$

$$(12\text{-}17)$$

式中，$E_p = (ep_1, ep_2, \cdots, ep_m, ep_{m+1}, \cdots, ep_n); i \in [1, \cdots, n]; j \in [1, \cdots, m]; k \in [m+1, \cdots, n]$。

　　由此，随机对优化对象的初始值 ep_{i_0} $(i \in [1, \cdots, n])$ 进行赋值。由于 R_u 最优值始终为零，因此这里只考虑 T_r、C_r 和 C_h 的取值变化对局部最优化目标的选择。据此可以计算出初始值 ep_{i_0} $(i \in [1, \cdots, n])$ 对应的最优化目标如表 12.2 所示。随机初始值条件离散点图和曲面图分别如图 12.6 和图 12.7 所示。

表 12.2　初始值 ep_{i_0} $(i \in [1, \cdots, n])$ 对应表 12.1 的最优化目标

T_{r0}	C_{r0}	C_{h0}	L_o
0.0346	0.6608	0.1265	0.7359
0.2646	0.4218	0.3149	0.9893
0.1285	0.5216	0.2516	0.9017
0.1483	0.7683	0.3516	0.8818
0.0869	0.2549	0.5726	0.4144
0.1586	0.0346	0.3186	0.4924
0.6526	0.2156	0.0542	0.9224
0.0864	0.4682	0.3107	0.8617

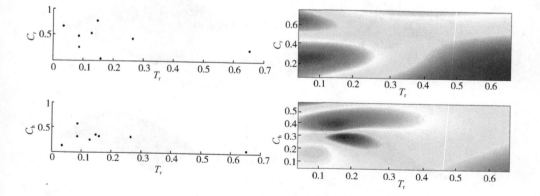

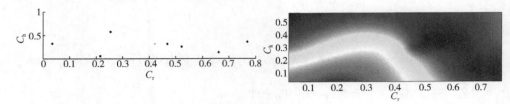

图 12.6 T_{r0}、C_{r0}、C_{h0} 离散点

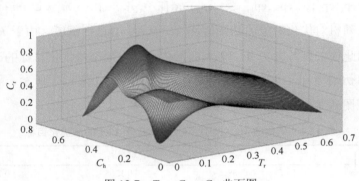

图 12.7 T_{r0}、C_{r0}、C_{h0} 曲面图

对于表 12.1 中的 11 种情况，在 $\mathrm{ep}_{i0}\,(i \in [1, \cdots, n])$ 的每一组赋值中，都可以计算出该表中最优解所对应的最优化目标。例如，当 $T_{r0}=0.2646$，$C_{r0}=0.4218$，$C_{h0}=0.3149$ 时，表 12.1 中的最优化目标 $L_o=0.9893$，最优解为 $T_r=0$，$C_r=0.6178$，$C_h=0.3089$。由此可得初始值条件下的优化目标如图 12.8 所示。

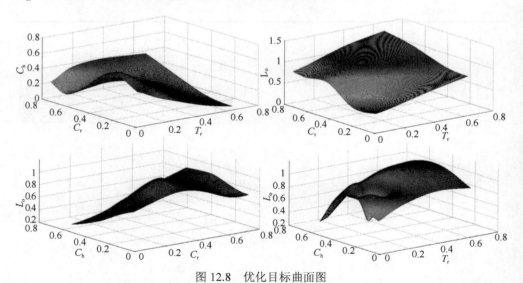

图 12.8 优化目标曲面图

12.4.4　网络层局部优化

1. 构造优化目标函数

$$f(E_N) = \sum \varpi_N(SV_N, SF_N, CP_N, AB_N)$$
$$= \sum [\varpi_{SV_N} \sum_i (\varpi_{1i} E_{N1i}), \varpi_{SF_N} \sum_j (\varpi_{2j} E_{N2j}), \varpi_{CP_N} \sum_k (\varpi_{3k} E_{N3k}), \varpi_{AB_N} \sum_l (\varpi_{4l} E_{N4l})]$$

$$(12\text{-}18)$$

因此，网络层优化目标为

$$\max f(E_N) = (\varpi_{SV_N} \varpi_{11} + \varpi_{SF_N} \varpi_{24} + \varpi_{CP_N} \varpi_{31} + \varpi_{AB_N} \varpi_{42}) R_t$$
$$+ (\varpi_{SV_N} \varpi_{12} + \varpi_{SF_N} \varpi_{22} + \varpi_{CP_N} \varpi_{32} + \varpi_{AB_N} \varpi_{41}) P_r$$
$$+ (\varpi_{SV_N} \varpi_{13} + \varpi_{SF_N} \varpi_{21}) A_d + (\varpi_{SV_N} \varpi_{14} + \varpi_{SF_N} \varpi_{23}) R_c \qquad (12\text{-}19)$$

$$\text{s.t.} \begin{cases} R_t + P_r + A_d + R_c = \beta \\ \text{配额弥补项} \\ R_t, P_r, A_d, R_c \leqslant \beta \\ R_t, P_r, A_d, R_c \geqslant 0 \end{cases}$$

此外，$\sum \varpi_{1i} = 1, \sum \varpi_{2j} = 1, \sum \varpi_{3k} = 1, \sum \varpi_{4l} = 1, \sum (\varpi_{SV_N}, \varpi_{SF_N}, \varpi_{CP_N}, \varpi_{AB_N}) = 1, 0 \leqslant \beta \leqslant 1$。

2. 标准化处理

标准化处理后的优化函数为

$$\min z' = -(\varpi_{SV_N} \varpi_{11} + \varpi_{SF_N} \varpi_{24} + \varpi_{CP_N} \varpi_{31} + \varpi_{AB_N} \varpi_{42}) R_t$$
$$- (\varpi_{SV_N} \varpi_{12} + \varpi_{SF_N} \varpi_{22} + \varpi_{CP_N} \varpi_{32} + \varpi_{AB_N} \varpi_{41}) P_r$$
$$- (\varpi_{SV_N} \varpi_{13} + \varpi_{SF_N} \varpi_{21}) A_d$$
$$- (\varpi_{SV_N} \varpi_{14} + \varpi_{SF_N} \varpi_{23}) R_c \qquad (12\text{-}20)$$
$$z' = -f(E_N) \qquad (12\text{-}21)$$

12.4.5　业务层局部优化

1. 构造优化目标函数

$$f(E_B) = \sum \varpi_B(SV_B, SF_B, CP_B, AB_B)$$
$$= \sum [\varpi_{SV_B} \sum_i (\varpi_{1i} E_{B1i}), \varpi_{SF_B} \sum_j (\varpi_{2j} E_{B2j}), \varpi_{CP_B} \sum_k (\varpi_{3k} E_{B3k}), \varpi_{AB_B} \sum_l (\varpi_{4l} E_{B4l})]$$

$$(12\text{-}22)$$

因此，业务层优化目标为

$$\max f(E_B) = (\varpi_{SV_B}\varpi_{11} + \varpi_{SF_B}\varpi_{23} + \varpi_{CP_B}\varpi_{32} + \varpi_{AB_B}\varpi_{41})F_t$$
$$+ (\varpi_{SV_B}\varpi_{12} + \varpi_{SF_B}\varpi_{22})A_i$$
$$+ (\varpi_{sv_B}\varpi_{13} + \varpi_{CP_B}\varpi_{31} + \varpi_{AB_B}\varpi_{42})N_c + \varpi_{SF_B}\varpi_{21}I_r \quad (12\text{-}23)$$

$$\text{s.t.} \begin{cases} R_t + P_r + A_d + R_c = \beta \\ \text{配额弥补项} \\ R_t, P_r, A_d, R_c \leqslant \beta \\ R_t, P_r, A_d, R_c \geqslant 0 \end{cases}$$

此外，$\sum\varpi_{1i} = 1, \sum\varpi_{2j} = 1, \sum\varpi_{3k} = 1, \sum\varpi_{4l} = 1, \sum(\varpi_{SV_N}, \varpi_{SF_N}, \varpi_{CP_N}, \varpi_{AB_N}) = 1, 0 \leqslant \beta \leqslant 1$。

2. 标准化处理

标准化处理后得到优化函数为

$$\min z'' = -(\varpi_{SV_B}\varpi_{11} + \varpi_{SF_B}\varpi_{23} + \varpi_{CP_B}\varpi_{32} + \varpi_{AB_B}\varpi_{41})F_t$$
$$-(\varpi_{SV_B}\varpi_{12} + \varpi_{SF_B}\varpi_{22})A_i$$
$$-(\varpi_{sv_B}\varpi_{13} + \varpi_{CP_B}\varpi_{31} + \varpi_{AB_B}\varpi_{42})N_c - \varpi_{SF_B}\varpi_{21}I_r \quad (12\text{-}24)$$

$$z'' = -f(E_B) \quad (12\text{-}25)$$

12.4.6　全局调节算法

在物联网各层寻得局部最优目标之后，从全局的角度寻求三层协同自主调节的优化方法，在面向系统安全性能最大化的同时，考虑调节和优化簇用户中功能节点可能带来的层间协同失效等问题，并在此基础上找到在设定条件下的最终优化结果，将成为本章的最终目标。

决定系统安全性能的安全要素种类繁多，为了反映真实情况，在进行全局优化模型设定时，首先需要突破在局部优化中所设定的有限安全要素的个数，即每层的安全要素均需扩展至可能存在的若干个。在这里设定感知层的安全要素个数为 m 个，其中正向因素 m_{11} 个，逆向因素 m_{12} 个，其安全要素的安全性能值用 x_1 表示，全局权重为 ϖ_1。网络层的安全要素个数为 n，其中正向因素 n_{21} 个，逆向因素 n_{22} 个，其安全要素的安全性能值用 x_2 表示，全局权重为 ϖ_2。业务层的安全要素个数为 p，其中正向因素 p_{31} 个，逆向因素 p_{32} 个，其安全要素的安全性能值用 x_3 表示，全局权重为 ϖ_3。对簇用户功能节点调节带来的系统失效问题，进行如下定义。

定义 12-6　层协同度面向系统安全性能全局最优化的目标，对某层簇用户功能节点的调节势必带来本层某些特定功能的可靠性下降，可能影响层与层之间的协同程度，由此，若某层中需要有 γ_{ij} 个功能节点进行调节，则该层与相邻层次之间的层协同度表示为 $\dfrac{1}{\gamma_{ij}}$ 。

据此，全局最优化目标函数可构造如下：

$$f(x) = \frac{\varpi_1}{\gamma_{11}} x_1^{m_{11}} - \frac{\varpi_1}{\gamma_{12}} x_1^{m_{12}} + \frac{\varpi_2}{\gamma_{21}} x_2^{n_{21}} - \frac{\varpi_2}{\gamma_{22}} x_2^{n_{22}} + \frac{\varpi_3}{\gamma_{31}} x_3^{p_{31}} - \frac{\varpi_3}{\gamma_{32}} x_3^{p_{32}}$$

$$\sum_i \varpi_i = 1, \ \gamma_{ij} \geqslant 1, i = 1,2,3; \quad m_{11}, m_{12}, n_{21}, n_{22}, p_{31}, p_{32} \in z^+ \tag{12-26}$$

$$0 \leqslant x_1, x_2, x_3 \leqslant 1$$

即

$$\min f(x) = -\frac{\varpi_1}{\gamma_{11}} x_1^{m_{11}} + \frac{\varpi_1}{\gamma_{12}} x_1^{m_{12}} - \frac{\varpi_2}{\gamma_{21}} x_2^{n_{21}} + \frac{\varpi_2}{\gamma_{22}} x_2^{n_{22}} - \frac{\varpi_3}{\gamma_{31}} x_3^{p_{31}} + \frac{\varpi_3}{\gamma_{32}} x_3^{p_{32}} \tag{12-27}$$

根据全局优化的目标函数特征以及寻优需求，这里给出基于共轭梯度法的全局寻优算法。算法描述如下。

算法 12-1　基于共轭梯度法的全局寻优算法

输入：(1)目标函数 $f(x)$ 表达式。

(2) $\varpi_i, \gamma_{ij}, i = 1,2,3, j = 1,2; m_{11}, m_{12}, n_{21}, n_{22}, p_{31}, p_{32}$ 。

输出：目标函数的最大值 $f^*(x)$ ，三层安全要素的安全性能值 $x^* = (x_1^*, x_2^*, x_3^*)$ 。

(1) 选取 $x^{(0)} = (x_1^{(0)}, x_2^{(0)}, x_3^{(0)})$ ，确定允许误差 ε ，令 $k = 0$ ；$0 \leqslant x_i^{(0)} \leqslant 1, i = 1,2,3$ 。

(2)计算 $\Lambda(x^{(0)})$ ，令 $p^{(0)} = -\Lambda(x^{(0)})$ 。

(3)进行优化解的一维搜索，计算 λ_k ，使其满足以下条件： $f(x^{(k)} + \lambda_k p^{(k)}) = \min\limits_{\lambda > 0} f(x^{(k)} + \lambda p^{(k)})$ ，并计算得到下一个迭代点 $x^{(k+1)}$ ： $x^{(k+1)} = x^{(k)} + \lambda_k p^{(k)}$ ；// $x^{(k)} = [x_1^{(k)}, x_2^{(k)}, x_3^{(k)}]$ 。

(4)令 $k = k+1$ ，计算 $\Lambda(x^{(k)})$ 。

(5)收敛性检查：若 $\| \Lambda(x^{(k)}) \| \leqslant \varepsilon$ ，则 $x^* = x^{(k)}$ ，终止计算，返回 $x^* = (x_1^*, x_2^*, x_3^*)$ 值，并计算目标函数的最大值 $f^*(x)$ ；否则转步骤(6)。

(6)循环变量检查：若 $k = n$ ，则转步骤(8)，否则转步骤(7)。

(7)计算 $p^{(k)} = -\Lambda(x^{(0)}) + \dfrac{(\Lambda(x^{(k)}))^{\mathrm{T}} A p^{(k-1)}}{(p^{(k-1)})^{\mathrm{T}} A p^{(k)}} p^{(k-1)}$ ，转步骤(3)。

(8)开始下一轮迭代：令 $x^{(0)} = x^{(n)}, p^{(0)} = -\Lambda(x^{(0)})$ ，转步骤(3)。

根据寻优算法流程，首先对权重及相关参数进行赋值，如表 12.3 所示。

表 12.3　全局优化赋值

序号	ϖ_1	γ_{11}	m_{11}	γ_{12}	m_{12}	ϖ_2	γ_{21}	n_{21}	γ_{22}	n_{22}
1	0.3516	2	3	3	1	0.2415	4	2	3	3
2	0.7546	3	2	4	1	0.1453	2	3	4	2
3	0.3546	4	5	7	4	0.2546	2	4	5	3
4	0.2548	4	7	1	3	0.4534	4	8	3	4
5	0.3578	3	7	5	4	0.2789	3	9	4	3
6	0.6485	2	9	2	5	0.3000	2	5	2	4
7	0.3549	3	6	3	4	0.2103	3	8	3	6
8	0.1121	4	3	4	8	0.3485	2	4	2	7
9	0.1213	3	5	3	4	0.2156	5	4	8	6
10	0.0456	3	4	5	5	0.1350	3	5	4	3

序号	ϖ	γ_{31}	p_{31}	γ_{32}	p_{32}	x_1	x_2	x_3	$f(x)$
1	0.4069	4	3	5	2	0	0.5006	0	0.0050
2	0.1001	3	3	2	1	0	0	0	0
3	0.3908	3	5	7	4	0	0.0067	0.0799	1.8687×10^{-6}
4	0.2918	4	9	5	3	0.0015	0.0569	0.0050	1.5925×10^{-6}
5	0.3633	4	6	6	4	0.0855	0.0050	0.0879	7.4110×10^{-6}
6	0.0515	2	5	2	4	0.0876	0.1000	0.1000	1.9060×10^{-5}
7	0.4348	3	5	3	3	0.1000	0.0999	0.0086	7.0686×10^{-6}
8	0.5394	3	5	7	9	0.8221	0.8298	1.0000	0.1479
9	0.6631	5	4	5	4	0.0978	0.1046	0.8164	0.0737
10	0.8194	2	3	1	4	0.1016	0.0688	0.3756	0.0054

由表 12.3 可知，在全局优化过程中，考虑的安全要素较少时(如表中的 1，2)，最优解所对应的安全要素取值容易收敛为 0，较难体现系统全局优化的真实需求。而在真实的情况下，各层的安全要素往往较多，此时能够找到非 0 的最优化解及对应的安全要素值。据此得出最优安全要素值的曲面图如图 12.9 所示。

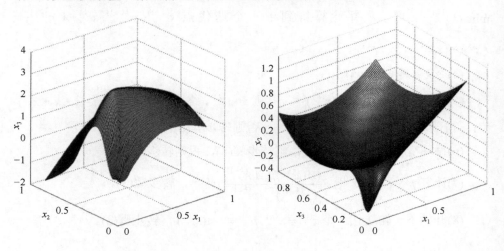

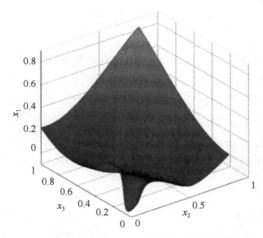

图 12.9　全局安全要素曲面图

对于图 12.6 中的全局拟合，只需要考虑各项指标在[0,1]区间上的拟合关系即可。x_1，x_2，x_3，$f(x)$ 的优化效果图如图 12.10 所示。

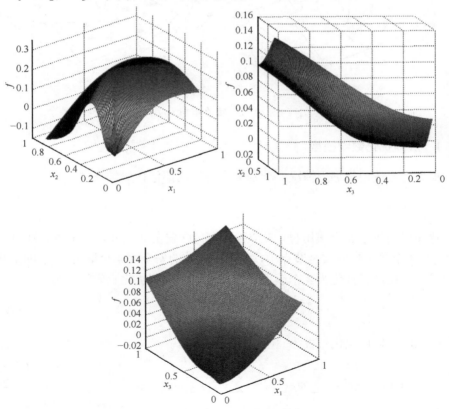

图 12.10　优化效果图

12.5 仿 真 实 验

为了验证并分析局部优化与全局寻优策略的有效性和实用性，本章设计了一个具有典型意义的实验方案，具体拓扑如图 12.11 所示。

本实验选取 9 个簇用户形成簇用户功能实体的集合，如图 12.11(a)所示。为了实现分层与全局优化的两个步骤，将簇用户平均分配到 3 个层次中，即每个层次包含 3 个簇用户，如图 12.11(b)所示，这里用不同的颜色代表不同层次的簇用户性能指标。下面基于该拓扑结构，分别进行层内和全局优化，并对优化效果进行分析与对比。

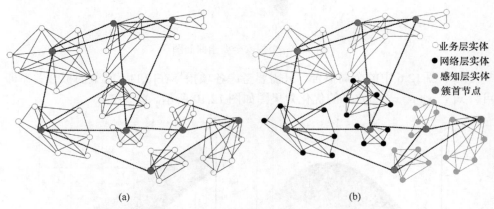

(a)		(b)

图 12.11　实验拓扑图

12.5.1　层内优化数学模型

根据三层簇用户划分情况，分别建立三层局部优化数学模型。

1. 感知层

感知层共包含 3 个簇用户，3 个簇用户包含安全功能节点的个数分别为 7、5 和 3。在 3 个簇用户的安全节点中，其共有特性的安全要素个数为 3。因此，感知层的局部优化过程具化为 3 个簇用户的优化过程，其优化数学模型为

$$\max f = \sum_{i=1}^{3} \varpi_{E_{pi}} E_{pi} \tag{12-28}$$

因此，感知层优化目标为

$$\min z' = -f' = -\sum_{i=1}^{3} \varpi_{E_{pi}} E_{pi} = -\sum_{i=1}^{3} \varpi_{E_{pi}} (\sum_{j=1}^{k} \varpi_{En_{ij}} E_{pij}), \begin{cases} k=1,\cdots,6, i=1 \\ k=1,\cdots,5, i=2 \\ k=1,\cdots,4, i=3 \end{cases} \tag{12-29}$$

$$\text{s.t.}\begin{cases}\sum_{ij}\mathrm{ep}_{ij}=\beta\\4\mathrm{ep}_{13}+2\mathrm{ep}_{21}=1\\\forall i,\ \mathrm{ep}_{ij}\in[\mathrm{ep}_{11},\mathrm{ep}_{12},\mathrm{ep}_{13}]\\\text{当}j>3\text{时，}\ \mathrm{ep}_{ij}\in[\mathrm{ep}_{i1},\mathrm{ep}_{i2},\mathrm{ep}_{i3}]\\\mathrm{ep}_{ij}\leqslant\beta\\\mathrm{ep}_{ij}\geqslant0\end{cases}$$

通过赋值运算，得出感知层在各种权重条件下的最优化解及对应的安全要素取值如表 12.4 所示。

表 12.4　感知层最优化解

$\varpi_{E_{\mathrm{p1}}}$	$\varpi_{E_{\mathrm{p2}}}$	$\varpi_{E_{\mathrm{p3}}}$	$\varpi_{E_{\mathrm{p11}}}$	$\varpi_{E_{\mathrm{p12}}}$	$\varpi_{E_{\mathrm{p13}}}$	β
0.2156	0.3146	0.4698	0.2456	0.03518	0.71922	0.9
0.5456	0.2079	0.2465	0.3458	0.2578	0.3964	0.99
0.6647	0.1052	0.2301	0.2386	0.1478	0.6136	0.999
0.3678	0.4236	0.2086	0.1006	0.304	0.5954	0.8566
0.0124	0.8354	0.1522	0.3156	0.0014	0.683	0.8674
0.7593	0.1115	0.1292	0.2564	0.2943	0.4493	0.9535
0.2312	0.475	0.2938	0.3652	0.2104	0.4244	0.9341
0.6064	0.3121	0.0815	0.1684	0.3478	0.4838	0.9634
0.4516	0.2341	0.3143	0.4423	0.0756	0.4821	0.9425
0.0747	0.0258	0.8995	0.8444	0.1044	0.0512	0.8964

ep_{11} 系数	ep_{12} 系数	ep_{13} 系数	ep_{11}	ep_{12}	ep_{13}	f
0.42876848	0.061417244	0.71922	0.8667	0	0.0333	0.3956
0.79502878	0.59270798	0.3964	0.9867	0	0.0033	0.7857
0.58089556	0.35983388	0.6136	0.9987	0	0.0003	0.5803
0.21721552	0.6563968	0.5954	0	0.6066	0.25	0.547
0.58707912	0.00260428	0.683	0.8232	0	0.0442	0.5135
0.67435764	0.77403843	0.4493	0	0.7035	0.25	0.6569
0.70753848	0.40762896	0.4244	0.9121	0	0.022	0.6547
0.42519316	0.87816022	0.4838	0	0.7134	0.25	0.7474
0.94532779	0.16157988	0.4821	0.9233	0	0.0192	0.8821
0.99233888	0.12269088	0.0512	0.8619	0	0.0345	0.857

由表 12.4 可知，权重分布具有广泛性，因此该层的优化条件具有一般性特征，从而在该前提下所得到的最优化解具有代表性。据此生成的最优化 ep_{11}、ep_{12}、ep_{13} 曲面图和最优化解分别如图 12.12 和图 12.13 所示。

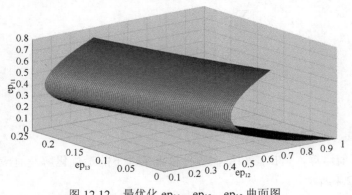

图 12.12　最优化 ep_{11}、ep_{12}、ep_{13} 曲面图

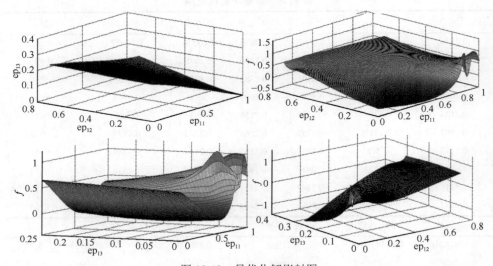

图 12.13　最优化解影射图

2. 网络层

网络层共包含 3 个簇用户，3 个簇用户包含安全功能节点(即安全要素)的个数分别为 6、5 和 4，在 3 个簇用户的安全节点中，其共有特性的安全要素个数为 4。因此感知层的层内优化目标为这些安全要素确定 3 个簇用户的优化过程，其优化数学模型为

$$\max f' = \sum_{i=1}^{4} \varpi_{E_{Ni}} E_{Ni} \tag{12-30}$$

$$\min z' = -f' = -\sum_{i=1}^{3} \varpi_{E_{Ni}} E_{Ni} = -\sum_{i=1}^{3} \varpi_{E_{Ni}} \left(\sum_{j=1}^{k} \varpi_{en_{ij}} en_{ij} \right), \quad \begin{cases} k=1,\cdots,6, i=1 \\ k=1,\cdots,5, i=2 \\ k=1,\cdots,4, i=3 \end{cases} \tag{12-31}$$

$$\text{s.t.} \begin{cases} \sum_{ij} \text{en}_{ij} = \beta' \\ 3\text{en}_{14} + \text{en}_{11} = 1 \\ \forall i, \ \text{en}_{ij} \in [\text{en}_{11}, \text{en}_{12}, \text{en}_{13}, \text{en}_{14}] \\ \text{当} j > 4\text{时}, \ \text{en}_{ij} \in [\text{en}_{i1}, \text{en}_{i2}, \text{en}_{i3}, \text{en}_{i4}] \\ \text{en}_{ij} \leqslant \beta' \\ \text{en}_{ij} \geqslant 0 \end{cases}$$

通过赋值运算，得出网络层在各种权重条件下的最优化解及对应的安全要素取值，如表 12.5 所示。

表 12.5 网络层最优化解

$\varpi_{E_{N1}}$	$\varpi_{E_{N2}}$	$\varpi_{E_{N3}}$	$\varpi_{\text{en}_{11}}$	$\varpi_{\text{en}_{12}}$	$\varpi_{\text{en}_{13}}$	$\varpi_{\text{en}_{14}}$	en_{11}	en_{12}
0.2345	0.2147	0.55072	0.4562	0.4785	0.02035	0.04495	0.9805	0
0.1489	0.3178	0.5333	0.0456	0.2789	0.3735	0.302	0	0
0.0752	0.5103	0.4145	0.1478	0.0675	0.5822	0.2025	0	0
0.3777	0.0447	0.5776	0.0758	0.12	0.2447	0.5595	0	0
0.6422	0.1546	0.2032	0.2478	0.577	0.0147	0.1605	0	0.4227
0.4777	0.4471	0.0752	0.3458	0.1878	0.3754	0.091	0	0
0.5787	0.1471	0.2742	0.8325	0.1045	0.0544	0.0086	0.6655	0
0.3478	0.2356	0.4166	0.2147	0.5201	0.1864	0.0788	0	0.3557
0.4226	0.3458	0.2316	0.3654	0.1236	0.1421	0.3689	0.4675	0
0.0456	0.0648	0.8896	0.0384	0.2648	0.0648	0.632	0	0.2787

en_{13}	en_{14}	f'	β'	en_{11} 系数	en_{12} 系数	en_{13} 系数	en_{14} 系数
0	0.0065	0.4477	0.987	0.4562	0.59070825	0.024720773	0.055490775
0.6207	0.3333	0.4211	0.954	0.0456	0.32042821	0.4921983	0.3469678
0.5307	0.3333	0.5392	0.864	0.1478	0.072576	0.87929666	0.217728
0.5287	0.3333	0.3921	0.862	0.0758	0.165324	0.25563809	0.77082315
0	0.3333	0.4884	0.756	0.2478	0.9475494	0.01697262	0.2635731
0.4627	0.3333	0.2962	0.796	0.3458	0.27751206	0.54324134	0.1344707
0	0.1115	0.5555	0.777	0.8325	0.16497415	0.06240224	0.01357682
0	0.3333	0.2847	0.689	0.2147	0.70099078	0.23031584	0.10620664
0	0.1775	0.264	0.645	0.3654	0.17583336	0.19123818	0.52479714
0	0.3333	0.2974	0.612	0.0384	0.27687488	0.06899904	0.6608192

由表 12.5 可见，随着 β' 着的减小，最优解的取值大体上呈下降趋势。这也表明，在优化过程中，若关键安全要素的选取较少或者在整体安全中所占比例较小，安全性能的优化效果将受到一定影响。

据此生成最优化解影射图如图 12.14 所示。

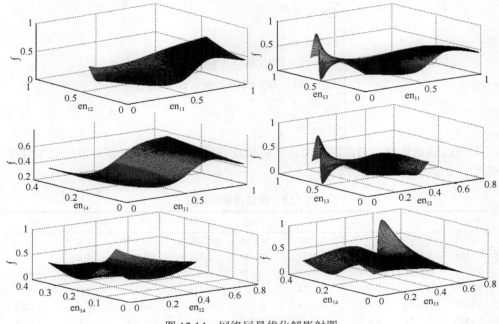

图 12.14　网络层最优化解影射图

3. 业务层

业务层共包含 3 个簇用户，3 个簇用户包含安全功能节点(即安全要素)的个数分别为 5、5 和 4，在 3 个簇用户的安全节点中，其共有特性的安全要素个数为 3。因此业务层的层内优化数学模型为

$$\max f'' = \sum_{i=1}^{3} \varpi_{E_{Bi}} E_{Bi} \tag{12-32}$$

$$\min z'' = -f'' = -\sum_{i=1}^{3} \varpi_{E_{Bi}} E_{Bi} = -\sum_{i=1}^{3} \varpi_{E_{Bi}} (\sum_{j=1}^{k} \varpi_{eb_{ij}} eb_{ij}), \begin{cases} k=1,\cdots 5, i=1 \\ k=1,\cdots,5, i=2 \\ k=1,\cdots,4, i=3 \end{cases}$$

(12-33)

$$\text{s.t.} \begin{cases} \sum_{ij} eb_{ij} = \beta'' \\ eb_{11} + 3eb_{12} = 1 \\ eb_{ij} \leqslant \beta'' \\ \forall i, \ eb_{ij} \in [eb_{11}, eb_{12}, eb_{13}] \\ \text{当} j > 3 \text{时}, \ eb_{ij} \in [eb_{i1}, eb_{i2}, eb_{i3}] \\ eb_{ij} \geqslant 0 \end{cases}$$

通过赋值运算，可以得出业务层在各种权重条件下的最优化解及对应的安全要素取值，如表 12.6 所示。

表 12.6 业务层最优化解

$\varpi_{E_{B1}}$	$\varpi_{E_{B2}}$	$\varpi_{E_{B3}}$	$\varpi_{eb_{11}}$	$\varpi_{eb_{12}}$	$\varpi_{eb_{13}}$	eb_{11}
0.3569	0.14589	0.49721	0.6547	0.1256	0.2197	0.9835
0.2478	0.0245	0.7277	0.3547	0.43269	0.21261	0.925
0.3556	0.4256	0.2188	0.0368	0.3587	0.6045	0
0.5544	0.2478	0.1978	0.2544	0.5254	0.2202	0
0.478	0.2444	0.2776	0.5444	0.0356	0.42	0.868
0.3544	0.3785	0.2671	0.2544	0.3144	0.4312	0
0.5254	0.0777	0.3969	0.5577	0.0544	0.3879	0.85
0.32474	0.2454	0.42986	0.2774	0.4452	0.2774	0
0.5444	0.1014	0.3542	0.5447	0.1041	0.3512	0.736
0.4455	0.4221	0.1324	0.1034	0.4232	0.4734	0

eb_{12}	eb_{13}	f''	β''	eb_{11} 系数	eb_{12} 系数	eb_{13} 系数
0.0055	0	0.8747	0.989	0.888362	0.18875	0.36098907
0.025	0	0.4232	0.95	0.442595	0.550511	0.372535242
0.3333	0.6297	0.8389	0.963	0.049886	0.638916	0.9940398
0.3333	0.5897	0.5033	0.923	0.395439	0.946876	0.31832112
0.044	0	0.7011	0.912	0.804623	0.061317	0.63924
0.3333	0.5697	0.5858	0.903	0.344559	0.544824	0.70958272
0.05	0	0.7275	0.9	0.850716	0.087209	0.57199734
0.3333	0.5227	0.4759	0.856	0.367483	0.699026	0.464717124
0.088	0	0.6342	0.824	0.841235	0.171328	0.51120672
0.3333	0.4787	0.6157	0.812	0.149465	0.790368	0.7359003

由表 12.6 可知，在大部分权重条件下都可以找到理想的最优化解和对应的安全要素取值，但在某些权重条件下，可能会在寻求最优解时，造成某个安全要素的取值为 0，因此权重的选取对寻优结果具有决定性的作用。

据此生成最优化 eb_{11}、eb_{12}、eb_{13} 曲面图和最优化解映射图分别如图 12.15 和图 12.16 所示。

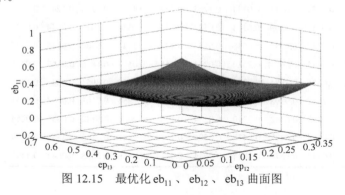

图 12.15 最优化 eb_{11}、eb_{12}、eb_{13} 曲面图

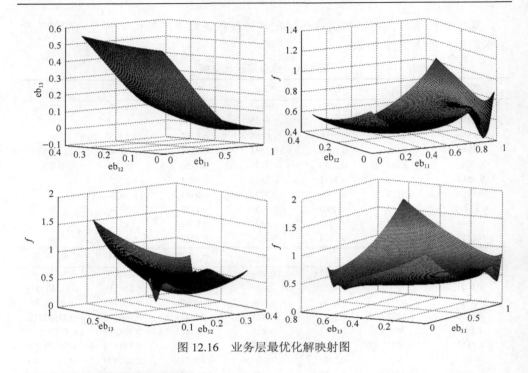

图 12.16　业务层最优化解映射图

12.5.2　各层安全要素初始值

为了体现优化前后系统安全性能的变化情况，对三层的安全要素进行初始值的随机分配，并依据计算流程，在考虑优化代价的前提下，分别计算各层的最优化目标，如表 12.7 所示。

表 12.7　初始值对应的最优化目标

$ep_{11}^{(0)}$	$ep_{12}^{(0)}$	$ep_{13}^{(0)}$	L_{oep}	$en_{11}^{(0)}$	$en_{12}^{(0)}$	$en_{13}^{(0)}$	$en_{14}^{(0)}$	L_{oen}	$eb_{11}^{(0)}$	$eb_{12}^{(0)}$	$eb_{13}^{(0)}$	L_{oeb}
0.3523	0.0215	0.0358	0.4096	0.3514	0.5577	0.1414	0.0474	0.9979	0.2444	0.45474	0.0114	0.69954
0.0211	0.1414	0.4554	0.6113	0.0144	0.1254	0.2444	0.4563	0.8275	0.1245	0.4747	0.0744	0.6736
0.0545	0.4477	0.0247	0.5269	0.0114	0.0144	0.0414	0.0344	0.1016	0.0444	0.0544	0.0647	0.1635
0.0446	0.4545	0.1747	0.6738	0.0648	0.5254	0.1441	0.1041	0.8384	0.0445	0.5447	0.2544	0.8326
0.0354	0.05254	0.1444	0.23234	0.2514	0.0244	0.5554	0.0574	0.8886	0.0647	0.0456	0.3025	0.4128
0.2565	0.0654	0.0655	0.3884	0.0254	0.5445	0.1554	0.1698	0.8951	0.6844	0.1465	0.0358	0.8667
0.3402	0.3544	0.2447	0.9393	0.2747	0.0555	0.1447	0.2354	0.7103	0.0254	0.5554	0.2444	0.8142
0.2041	0.4144	0.0357	0.6542	0.2310	0.0244	0.1541	0.2047	0.6142	0.0351	0.0254	0.1454	0.2059
0.5322	0.0011	0.0144	0.5477	0.4477	0.0504	0.1744	0.2441	0.9166	0.3555	0.4174	0.1254	0.8873
0.2364	0.1554	0.0344	0.8574	0.0644	0.0644	0.0314	0.0466	0.2068	0.0644	0.4457	0.3567	0.8558

12.5.3 层内优化计算与测试

1. 感知层

针对感知层中的 10 种情况，对于本层权重和初始性能的取值设定，均可计算出每一行的最优解所对应的最优化目标。例如，当 $ep_{11}^{(0)}=0.3523$，$ep_{12}^{(0)}=0.0215$，$ep_{13}^{(0)}=0.0358$ 时，最优化目标 $L_{oep}=0.4096$，最优解 $ep_{11}=0$，$ep_{12}=0.6066$，$ep_{13}=0.25$；当 $ep_{11}^{(0)}=0.2565$，$ep_{12}^{(0)}=0.0654$，$ep_{13}^{(0)}=0.0655$ 时，最优化目标 $L_{oep}=0.3884$，最优解 $ep_{11}=0.8667$，$ep_{12}=0$，$ep_{13}=0.0333$。

将网络层的初始值代入网络层优化计算公式，得出在无法避免优化代价的前提下，基于 β 的感知层优化效果如图 12.17 所示。

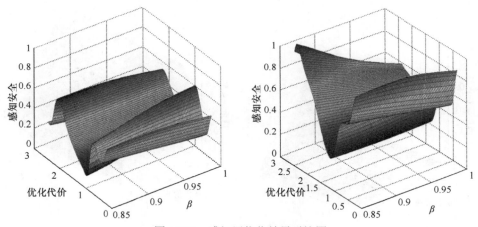

图 12.17 感知层优化效果对比图

由图 12.17 可知，在随机条件下，关键因素综合值可以任意取值，都可在一定程度上提升感知层的优化效果，且优化代价较小。当 $\beta=0.9$ 时，优化代价为 1.0913，感知层安全性能由优化前的 0.178124 提升至优化后的 0.4096，提升为原来的 2.3 倍，优化性能显著；当 $\beta=0.9535$ 时，优化代价为最高值 2.6126，感知层安全性能由优化前的 0.253024 提升至优化后的 0.3884，提升为原来的 1.54 倍；当 $\beta=0.9425$ 时，优化代价为 1.0167，感知层安全性能由优化前的 0.510223 提升至优化后的 0.5477，提升为原来的 1.07 倍。从总体上来看，感知层的平均优化幅度达到了 98.713%，而平均代价只有 1.608906，因此，本层的局部优化效果达到了预期要求。

2. 网络层

同前,针对网络层中的 10 种情况,对于本层权重和初始性能的取值设定,均可计算出每一行的最优解所对应的最优化目标。例如,当 $en_{11}^{(0)}=0.3514$,$en_{12}^{(0)}=0.5577$, $en_{13}^{(0)}=0.1414$, $en_{14}^{(0)}=0.0474$ 时,最优化目标 $L_{oen}=0.9979$,最优解为 $en_{11}=0$, $en_{12}=0$, $en_{13}=0.6207$, $en_{14}=0.3333$;当 $en_{11}^{(0)}=0.0254$, $en_{12}^{(0)}=0.5445$, $en_{13}^{(0)}=0.1554$, $en_{14}^{(0)}=0.1698$ 时,最优化目标 $L_{oen}=0.8951$,最优解为 $en_{11}=0$, $en_{12}=0$, $en_{13}=0.6207$, $en_{14}=0.3333$。

将网络层的初始值代入网络层优化计算公式,得出在无法避免优化代价的前提下,基于 β' 的网络层优化效果如图 12.18 所示。

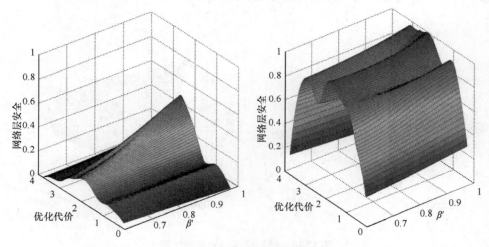

图 12.18　网络层优化效果对比图

由图 12.18 可知,网络层内部优化的优化代价控制在比较合理的范围内。在较小的优化代价下,在关键因素综合值 β' 灵活取值的前提下,层内的优化性能得到较大幅度的提升。当 $\beta'=0.987$ 时,优化代价为 2.5021,优化前的网络层安全性能为 0.489756,优化后的网络层安全性能达到 0.9979,安全性能提升了 1.03755倍;当 $\beta'=0.612$ 时,优化代价为 0.2068,优化前的网络层安全性能为 0.02037,优化后的网络层安全性能达到 0.2068,安全性能提升了 9.15218 倍;当 $\beta'=0.796$时,优化代价为 1.6951,优化前的网络层安全性能为 0.161816,优化后的网络层安全性能达到 0.8951,安全性能提升了 4.53159 倍。整体来看,当 β' 的均值为 0.7942时,优化代价均值达到 1.908,本层的优化幅度平均达到原值的 9.18848 倍,优化效果非常明显。

3. 业务层

同前，针对业务层中的 10 种情况，对于本层权重和初始性能的取值设定，均可计算出每一行的最优解所对应的最优化目标。例如，当 $eb_{11}^{(0)}$ =0.1245，$eb_{12}^{(0)}$ =0.4747，$eb_{13}^{(0)}$ =0.0744 时，最优化目标 L_{oeb} =0.6736，最优解为 eb_{11} =0，eb_{12} =0.3333，eb_{13} =0.5697；当 $eb_{11}^{(0)}$ =0.0445，$eb_{12}^{(0)}$ =0.5447，$eb_{13}^{(0)}$ =0.2544 时，最优化目标 L_{oeb} =0.8326，最优解为 eb_{11} =0.9835，eb_{12} =0.0055，eb_{13} =0。

将业务层的初始值代入业务层优化计算公式，得出在无法避免优化代价的前提下，基于 β'' 的业务层优化效果如图 12.19 所示。

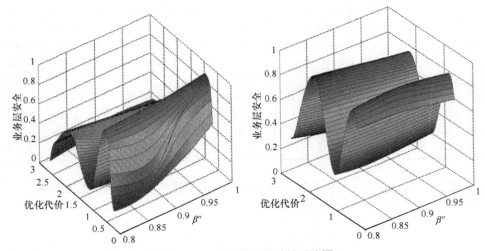

图 12.19　业务层优化效果对比图

由图 12.19 可知，在关键因素综合值 β'' 合理随机取值的前提下，优化代价的极值不超过 2.8365，业务层的安全性能均得到较大幅度的提升。当 β'' =0.95 时，优化代价为 0.4764，优化前的业务层安全性能为 0.344147，优化后的业务层安全性能达到 0.6736，安全性能提升为原来的 1.9573 倍；当 β'' =0.912 时，优化代价为 2.5866，优化前的业务层安全性能为 0.248225，优化后的业务层安全性能达到 0.4128，安全性能提升为原来的 1.66301 倍；当 β'' =0.812 时，优化代价为 0.6329，优化前的业务层安全性能为 0.624388，优化后的业务层安全性能达到 0.8558，安全性能提升为原来的 1.37062 倍。从整体上来看，优化代价的平均值为 1.502692 时，业务层的局部性能优化为原来的 1.07976 倍，优化效果比较理想。

12.5.4　全局优化计算与分析

根据系统拓扑，构建全局优化的数学模型为

$$f(x) = \frac{\varpi_1}{\gamma_{11}} x_1 - \frac{\varpi_1}{\gamma_{12}} x_1^2 + \frac{\varpi_2}{\gamma_{21}} x_2^2 - \frac{\varpi_2}{\gamma_{22}} x_2^2 + \frac{\varpi_3}{\gamma_{31}} x_3 - \frac{\varpi_3}{\gamma_{32}} x_3^2 \qquad (12\text{-}34)$$

通过赋值运算，得出在各种权重条件下，全局优化对应的最优化解及相应的安全要素取值如表 12.8 所示。

表 12.8　全局最优化解

序号	ϖ_1	γ_{11}	γ_{12}	ϖ_2	γ_{21}	γ_{22}	ϖ_3	γ_{31}	γ_{32}	x_1	x_2	x_3	$f(x)$
1	0.2689	1	1	0.3514	1	2	0.3797	1	2	0.5003	1	1.0000	0.4328
2	0.6214	1	2	0.2047	2	1	0.1739	1	1	0.9999	0	0.5012	0.3542
3	0.3558	1	1	0.5124	1	2	0.1318	1	2	0.5000	1	1.0000	0.4110
4	0.0144	1	2	0.4444	2	1	0.5412	1	1	0.9998	0	0.5005	0.1425
5	0.0547	1	1	0.5741	1	2	0.3712	1	2	0.5002	1	0.9998	0.4863
6	0.8447	1	2	0.0455	2	1	0.1098	1	1	1.0000	0	0.5012	0.4498
7	0.2554	1	1	0.5541	1	2	0.1905	1	2	0.5000	1	1.0000	0.4361
8	0.6477	1	2	0.0144	2	1	0.3379	1	1	1.0000	0	0.4991	0.4083
9	0.3541	1	1	0.2454	1	2	0.4005	1	2	0.5000	1	1.0000	0.4115
10	0.3248	1	2	0.1444	2	1	0.5308	1	1	1.0000	0	0.4999	0.2951

将全局的初始值代入全局优化模型，得出全局优化效果如图 12.20 所示。

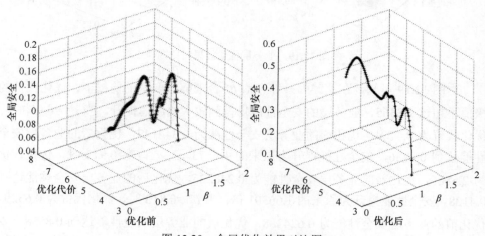

图 12.20　全局优化效果对比图

由图 12.20 可知，在全局优化函数权重随机赋值即保持优化函数一般性的前提下，优化代价被保持在较小的范围(3.3181, 6.96626)内，全局优化性能均有较大程度的提升。当优化前全局安全性能为 0.1025 时，在优化代价为 3.3181 的条件下，采用本章的优化方法，系统的全局安全性能达到 0.1425，提升为原来的 1.39 倍；当优化前全局安全性能为 0.10886 时，在优化代价为 4.73456 的条件下，系统的全局安全性能达到 0.4361，提升为原来的 4.00606 倍；当优化前全局安全性能为 0.16126 时，在优化代价为 5.1018 的条件下，系统的全局安全性能达到 0.4115，提升为原来的 2.55178 倍。整体来看，全局性能的优化幅度达到原值的 2.67269 倍，而优化代价的平均值为 5.019598，达到较理想的优化效果。

12.6　小　　结

本章从智慧物联网自律安全的自配置角度出发，面向物联网系统安全指标，基于物联网的分层思想，将自律计算的簇用户协作理念融入系统自主优化的过程，分别采用线性规划和多维无约束最优化方法研究并仿真了一种物联网系统安全配置的自主协同调节策略。在局部优化的层内，基于安全要素融合结果，抽象了物联网复杂多源的安全参数变量与物联网系统配置变量、安全环境变量，运用线性规划理论推导各层安全要素与安全性能指标之间的映射关系，得出面向信息决策的智慧物联网层内自治配置调节机制。同时，在层内调节机制的基础上，引入多维无约束最优化理论，建立系统跨层配置机制和跨层配置调度策略数学模型。在保障公平的前提下，在各层局部配置调节寻优的同时，完成系统配置的统一协调，提出系统整体配置调节算法。算例与仿真结果均验证了在随机条件下，关键因素综合值可以任意取值，均可在一定程度上提升局部和全局的优化效果，且保持较小的优化代价。

参 考 文 献

[1] Carofiglio G, Peloso P, Pouyllau H. Realizing self-management via self-optimization in dynamic networks:Two examples of dynamic resource allocation. Bell Labs Technical Journal, 2010, 15(3):177–192.

[2] Rocha B, Costa D N O, Moreira R A, et al. Adaptive security protocol selection for mobile computing. Journal of Network & Computer Applications, 2010, 33(5):569–587.

[3] Tapiador J, Clark J. Learning autonomic security reconfiguration policies//Proceedings of IEEE International Conference on Computer and Information Technology, Chengdu, 2010:902–909.

[4] Han Y, Heon-Jong L, Min S. Fast self-expansion of sensing coverage in autonomous mobile sensor networks. IEICE Transactions on Communications, 2010, 93-B(11):3148–3151.

[5] Niu J J. Evolutionary self-learning scheduling approach for wireless sensor network//Proceeding of International Conference on Intelligent Computation Technology and Automation, Changsha, 2010:245–249.

[6] 葛宝磊. 自治计算系统研究[硕士学位论文]. 大连:大连理工大学, 2008.

[7] Thomas R. Cognitive networks//Proceeding of First IEEE International Symposium on New Frontiers in Dynamic Spectrum Access Networks, Baltimore, 2005:352–360.

[8] Demestichas P, Stavroulaki V, Boscovic D, et al. m@ANGEL:Autonomic management platform for seamless cognitive connectivity to the mobile internet. IEEE Communications Magazine, 2006, 44(6):118–127.

[9] Bourse D, Elkhazen K. End-to-end reconfigurability(E^2R)research perspectives. IEICE Transactions on Communications, 2005, 88(11):4148–4157.

[10] Balamuralidhar P, Prasad R. A context driven architecture for cognitive radio nodes. Wireless Personal Communications, 2008, 45(3):423–434.

[11] 方远, 刘强, 赵泽, 等. 物联网即加即用及其智能配置技术研究. 电子学报, 2013, 41(9):1744–1752.

[12] Neves P, Vaidya B, Rodrigues J. User-centric plug-and-play functionality for IPv6-enabled wireless sensor networks//Proceedings of 2010 IEEE International Conference on Communications, Cape Town, 2010:1–5.

[13] Marin-Perianu M, Meratnia N, Havinga P, et al. Decentralized enterprise systems:A multi-platform wireless sensor networks approach.IEEE Wireless Communications, 2007, 14(6):57–66.

[14] Drakatos S, Pissinou N, Makki K, et al. A context-aware cache structure for mobile computing environments. Journal of Systems & Software, 2007, 80(7):1102–1119.

[15] Pils C, Roussaki I, Strimpakou M. Distributed spatial database management for context aware computing systems//Proceedings of Mobile and Wireless Communications Summit, Budapest, 2007:1–5.

[16] Lu C, Jiang Z, Cai Y, et al. Pivot-based fast automatic address configuration for data center network//Proceedings of IEEE International Conference on Cloud Networking, Paris, 2012:164–166.

[17] Hackett A, Ajwani D, Ali S, et al. A network configuration algorithm based on optimization of kirchhoff index//Proceedings of IEEE International Symposium on Parallel & Distributed Processing, Boston, 2013:407–417.

[18] Rossberg M, Schaefer G. A survey on automatic configuration of virtual private networks. Computer Networks the International Journal of Computer & Telecommunications Networking, 2011, 55(8):1684–1699.

[19] Xie H, Meng X. Intelligent configuration recommendation of context-aware mobile application// Proceedings of GLOBECOM Workshops, Boston, 2011:1263–1268.

[20] Anderson E, Phillips C, Sicker D, et al. Optimization decomposition for scheduling and system configuration in wireless networks. IEEE/ACM Transactions on Networking, 2014, 22(22):271–284.